ポアンカレ群と波動方程式

ポアンカレ群と波動方程式

大貫義郎著

〔応用数学叢書〕

岩波書店

まえがき

本書は，大学院修士課程の物理学科の学生を対象にして行った講義のメモをもとにして，これにかなりの加筆を行い，より低学年あるいは専門を異にする方々にも読んで頂けることを意図してまとめたものである．

量子力学に特殊相対性理論を融和させようとする試みは，1920年代の終り近くにディラックによって手がけられ，有名な電子に対するディラックの方程式をはじめ，またこれに続いて有限質量をもつ任意スピンの粒子の相対論的な波動方程式が発見された．この線に沿った研究は，質量0の粒子に関するものをも含めてその後も多くの人々によって行われてきている．しかしこの種の方程式に従う波動はディラックの最初の考えとは異なって，一般に確率振幅そのものを表わすものにはなっていない．一例をあげるならば，1個の光子に対する確率波としての波動関数は，マックスウェルの方程式を満たす電場や磁場ではないのである．いわば，光子の状態ベクトルはマックスウェルの方程式の背後にある．類似の事情は他の粒子の場合にも存在する．この意味で，通常相対論的波動方程式と呼ばれるものは，1体粒子の確率波に関する記述の間接的な表現になっているとみなされるべきもので，方程式の形そのものはむしろ相対論的な物質波，つまり場の理論の方程式に直結するものと言える．

他方，波動方程式を媒介とすることなしに，相対論的な粒子の量子力学的状態を直接定式化しようとする考えはウィグナーによって提起された(1939年)．彼は，1個の自由粒子の状態はポアンカレ群，つまりミンコフスキー空間での平行移動とローレンツ変換のつくる群，のユニタリーな既約表現によって与えられるという観点に立って，この群のユニタリー表現論に取り組み，その構造を明らかにしたのである．群表現に関する数学の論文として書かれたこの労作は，物理学との具体的な関連づけに必ずしもその重点が置かれてはいないが，しかしそこで展開された議論は，量子力学に従う相対論的な粒子像を把握する上で重要な意味を持っている．実際，ポアンカレ群のユニタリーな既約表現がことごとく求められたならば，すべての自由粒子の状態とその振舞に関する知識は，ここに完全に尽くされてしまうからである．ポアンカレ群というこの単純な枠組が量子論に融合するとき，われわれの持ち得る粒子像を，かくも強烈に，しかも一歩もそこから外に出ることのできないような形で定着してしまうことは驚くべきことと言えよう．当然の結果として，ウィグナーの考えがその後の相対論的な量子力学ないしは素粒子論の基礎的な理解に大きな影響を及ぼしてきていることは見逃すことができない．

それにもかかわらず，ポアンカレ群のユニタリー表現論と物理学との関連を詳しく論じた成書は，筆者の知る限りまだないようである．その意味では，この問題に重点をおいて書かれたものが出版されることは，必ずしも無意味ではあるまいという気がする．少なくとも筆者にとって執筆の動機の一つはここにあった．

本書の内容は大別して三つの部分から成る．第1章から第5章までがポアンカレ群のユニタリー表現論とその具体的な内容，第6章，第7章がこれの共変的な形式への関連づけ，第8章で場の量子論との関係が議論される．分量からいうとこの最後の部分が最も少ないが，ここでは問題を基礎的な面にだけ限定した．場の理論の素粒子論への応用は，本書の範囲を越えることでもあるし，それは他の適当な教科書にゆずればよいと思った．

言うまでもないことだが，本書は純粋な意味での数学の本ではない．従って，物理学的にみて不要と思われるような一般性や厳密さにはあまり意を払っていない．それよりもむしろ，議論をできる限り具体的に展開することを心がけた．そのために，やや冗長と思えるような計算も述べてあり，式の運びに繁雑なきらいがなしとはしないが，自然科学においては，いかに抽象的な議論でもそれの具体的な理解ということが，何よりも先ず必要と思われるので，これはある程度やむを得ないことであると思っている．執筆にあたっては，多くの文献を渉猟してそれを適当に並べるという安易な作業は行わなかった．文献には限度があり，いかにそれの配置に腐心してみたところで結局は印象の淡いものになってしまう危険はまぬがれない．加えて既成の文献だけでは埋められないような事柄がいろいろあった．そのために，やや我流の議論を行い，多くの式は一つ一つ自分で計算したが，思わぬ誤記や誤解がありはしないかと惧れる．

執筆前に立てた計画のうちで，二，三の項目はページ数の関係で割愛せざるを得なかったが，しかし全体としてできるだけ一貫したスタイルにすることを終始心がけた．その目的が果してどこまで達成できたか，読者諸賢の御批判を俟って，機会があれば蛇足を落し不足を補って少しでも良いものにしたいと思っている．その他，用いられた記号などには筆者の習慣によるものが多々ある．もとよりこれらは本質的なことではないので，できれば読者が自分の好みにあったスタイルでこれを理解されるよう希望する．

本書の出版をおすすめ下さった並木美喜雄教授は，原稿を通読されて，貴重な御意見を寄せられた．また，出版に至るまで岩波書店の片山宏海氏には種々お世話になった．これらの方々に感謝の意を表する次第である．

1976年3月

大貫義郎

目　　次

まえがき

第1章　序　　論 ………… 1

§1.1　変換と不変性 ………… 1

§1.2　ポアンカレ群と自由粒子 ………… 4

第2章　ローレンツ群 ………… 8

§2.1　表現の2価性 ………… 8

§2.2　スピノル表現 ………… 14

§2.3　無限小変換 ………… 21

第3章　ポアンカレ群の既約表現 ………… 26

§3.1　平行移動の変換 ………… 26

§3.2　ローレンツ変換 ………… 30

§3.3　リトル・グループ ………… 33

§3.4　表現の既約性 ………… 35

第4章　リトル・グループのユニタリー表現 ………… 39

§4.1　回　転　群 ………… 39

§4.2　2次元ユークリッド群 ………… 40

§4.3　ローレンツ群 ………… 46

§4.4　3次元ローレンツ群 ………… 52

§4.5　自由粒子の分類 ………… 56

第5章　ウィグナー回転 ………… 59

§5.1　有限質量の粒子 ………… 59

§5.2　質量0の粒子 ………… 63

§5.3 虚数質量の粒子 …………………………………………………… 70
§5.4 質量0粒子の角運動量 …………………………………………… 72
第6章 共変形式I——有限質量の粒子 ………………… 81
§6.1 スピン0の粒子 …………………………………………………… 81
§6.2 ディラック粒子 …………………………………………………… 85
§6.3 高階スピンの粒子 ………………………………………………… 90
§6.4 一般化されたバーグマン・ウィグナーの方程式 …………… 97
§6.5 γマトリックス ……………………………………………………104
§6.6 不連続変換 ………………………………………………………111
a) 空間反転(111) b) 時間反転(113) c) 荷電共役変換(116)
§6.7 その他の共変形式 ………………………………………………117
a) スピン1の粒子(117) b) スピン3/2の粒子(119)
c) 一般化(122)
第7章 共変形式II——質量0の粒子 ……………………132
§7.1 不連続スピンの粒子 ……………………………………………132
§7.2 不連続変換 ………………………………………………………140
§7.3 共変内積 …………………………………………………………145
a) スピン1の粒子(145) b) スピン3/2の粒子, その他(148)
§7.4 連続スピンの粒子 ………………………………………………153
a) 1価表現に属する粒子(153) b) 2価表現に属する粒子(162)
第8章 量子化された場……………………………………166
§8.1 物質波の量子論 …………………………………………………166
§8.2 調和振動子 ………………………………………………………172
§8.3 スカラー場 ………………………………………………………180
§8.4 スピンと統計 ……………………………………………………187
§8.5 ポアンカレ群と自由場 …………………………………………195
文献・参考書 ………………………………………………………205
索 引 ……………………………………………………………207

第1章 序　　論

§1.1 変換と不変性

量子力学に従う系を記述するための状態ベクトル(または単に状態とよぶ)を $|A\rangle, |B\rangle, \cdots$ などをもって記すことにしよう．c を任意の複素数とするとき，$c|A\rangle$ もまた一つの状態ベクトルであることは勿論であるが，状態ベクトルの間には**重ね合せの原理**(superposition principle)が成立して

$$|C\rangle=|A\rangle+|B\rangle \tag{1.1.1}$$

も系の一つの状態を与えることはよく知られている．また任意の状態 $|A\rangle, |B\rangle$ に対して内積 $\langle A|B\rangle$ が定義される．これは，これら二つの状態によって与えられる複素数で，

$$\langle A|B\rangle^* = \langle B|A\rangle, \tag{1.1.2}$$

$$\langle A|c|B\rangle = c\langle A|B\rangle, \tag{1.1.3}$$

$$\langle A|A\rangle \geqq 0, \tag{1.1.4}$$

さらに(1.1.1)の $|C\rangle$ に対しては

$$\langle D|C\rangle = \langle D|A\rangle+\langle D|B\rangle \tag{1.1.5}$$

である．ただし＊記号は複素共役を意味し，また(1.1.4)で等号がなりたつのは $|A\rangle=0$ に限られる．$\langle A|A\rangle$ を状態 $|A\rangle$ の**ノルム**(norm)という*)．状態ベクトルのもう一つの重要な性質は，観測結果の確率がそれを用いてあらわされることである．すなわち $|A\rangle, |B\rangle$ はともに規格化されている($\langle A|A\rangle=\langle B|B\rangle=1$)とし，ある物理量を系の状態 $|A\rangle$ において観測した結果，その固有状態 $|B\rangle$ に $|A\rangle$ が遷移する確率 P_{BA} は

$$P_{BA} = |\langle B|A\rangle|^2 \tag{1.1.6}$$

で与えられることである．

われわれは状態ベクトルについてのこれらの性質を前提として状態の変換と

---

*) 数学では通常 $\sqrt{\langle A|A\rangle}$ をノルムとよぶが，この本では上記の定義を用いる．

いうことを考えよう．そのために，$|A\rangle, |B\rangle, \cdots$ のおのおのにやはり同じ系を記述するダッシのついた状態ベクトル $|A'\rangle, |B'\rangle, \cdots$ を対応させ

$$\left.\begin{aligned} |A\rangle &\to |A'\rangle, \\ |B\rangle &\to |B'\rangle, \\ &\cdots\cdots\cdots \end{aligned}\right\} \tag{1.1.7}$$

なる置きかえを考える．ダッシのついた状態つまり変換された状態は(1.1.2)～(1.1.5)をみたさねばならぬことは勿論であるが，さらにここで理論が上の変換によって不変であることを要求するならば，少なくとも重ね合せの原理と確率の定義が不変に保たれる必要がある*⁾．いいかえれば，任意の $|A\rangle, |B\rangle$ に対し(1.1.1)により $|C\rangle$ が与えられたとき

$$|C'\rangle = |A'\rangle + |B'\rangle, \tag{1.1.8}$$

$$|\langle B|A\rangle|^2 = |\langle B'|A'\rangle|^2 \tag{1.1.9}$$

がみたされなければならない．このとき内積に関して

$$\langle B|A\rangle = \langle B'|A'\rangle \tag{1.1.10}$$

もしくは

$$\langle B|A\rangle = \langle A'|B'\rangle \tag{1.1.11}$$

なる関係がなりたつことを次のようにして導くことができる．

まず，(1.1.9)で $|A\rangle = |B\rangle$ とすれば(1.1.4)より $\langle A|A\rangle = \langle A'|A'\rangle$，これは任意の $|A\rangle$ に対してなりたつから $\langle C|C\rangle = \langle C'|C'\rangle$ として，この $|C\rangle, |C'\rangle$ に(1.1.1)，(1.1.8)を用いれば

$$\mathrm{Re}\langle B|A\rangle = \mathrm{Re}\langle B'|A'\rangle. \tag{1.1.12}$$

ここで，$\mathrm{Re}\langle B|A\rangle$ は $\langle B|A\rangle$ の実数部分，また以下の $\mathrm{Im}\langle B|A\rangle$ はその虚数部分である．(1.1.12)を(1.1.9)に代入して直ちに

$$\mathrm{Im}\langle B|A\rangle = \mathrm{Im}\langle B'|A'\rangle \tag{1.1.13}$$

もしくは

$$\mathrm{Im}\langle B|A\rangle = -\mathrm{Im}\langle B'|A'\rangle \tag{1.1.14}$$

を得る．(1.1.12)，(1.1.13)，(1.1.14)は(1.1.10)，(1.1.11)に他ならない．

したがって $|A\rangle, |B\rangle, \cdots$ と $|A'\rangle, |B'\rangle, \cdots$ の関係を

---

*⁾ あるいはこれを広い意味での不変性の定義とみなすことができる．

$$\left.\begin{aligned} |A'\rangle &= D|A\rangle, \\ |B'\rangle &= D|B\rangle, \\ &\cdots\cdots\cdots \end{aligned}\right\} \tag{1.1.15}$$

とかくならば，(1.1.10)の場合は内積を不変にすることからDは**ユニタリー**演算子でなければならず，一方(1.1.11)がなりたつときは，**アンチ・ユニタリー**(antiunitary)演算子となる．

ところで状態ベクトルの変換には外から系に何らかの作用をおよぼして他の状態に移行させるということもあり得るが，それとは別に系を記述するための枠組の変換，例えば座標軸の方向を変えるというようなことによって，状態ベクトルに変換を与えることができる*)．

しかし，いずれの場合にせよ，変換の集合$\{a, b, c, \cdots\}$を考え，理論がこれによって不変であるとするならば，状態ベクトルはそれに対応して$D(a), D(b), D(c), \cdots$なるユニタリーまたはアンチ・ユニタリー演算子による変換を受ける．特に$\{a, b, c, \cdots\}$が群Gをつくり，$ab=c$であるときに

$$D(a)D(b) = D(c) \tag{1.1.16}$$

なる関係がなりたつとしよう．このときわれわれは$D(a), D(b), \cdots$を群Gの表現とよび，状態ベクトルは群Gに従って変換するという．全く変換が行われない場合，これも変換の一つと考えて恒等変換とよぶならば，これの表現は1とみなすことができる**)．もちろんこれはユニタリー表現である．それゆえGが連続群であってGの任意の要素gがつねに恒等変換に無限小変換をくりかえし掛けることにより得られる場合には，$D(g)$もそれに対応した無限小変換の表現の積としてあらわされ，従って表現の連続性から$D(g)$は必ずユニタリーとなることがわかる．このことはアンチ・ユニタリー表現は不連続変換を含む場合にのみ可能であることを意味し，量子力学では時間反転の変換がその代表的な例であることはよく知られている(§6.6参照)．

---

*) ここでは話の混乱を避けるために，力学変数は変換されず状態ベクトルのみが変換を受けると考える．

**) これは，Gの単位元eの表現が1以外には存在し得ないことを意味するものではない．恒等変換から出発して何回かの変換を行った後に得られたeに対しては$D(e)=1$とおけない場合があるからである．いわゆる多価表現がこれにあたる(§2.1参照)．

§1.2　ポアンカレ群と自由粒子

素粒子の世界では，光速度に近い速さをもつ粒子の運動がしばしば起るので，その記述に特殊相対性理論を欠かすことはできない．量子力学と特殊相対性理論というこの二つの柱はこれから議論を展開するにあたっての基本的な前提である．

まず，本論に入る前に，この本で用いる記号について若干の説明をしておこう．

$x_\mu=(x_1, x_2, x_3, x_4)$ および $y_\mu=(y_1, y_2, y_3, y_4)$ をローレンツ(Lorentz)空間の4次元ベクトルとするとき，その内積 $\sum_{\mu=1}^{4} x_\mu y_\mu$ を

$$x_\mu y_\mu = \boldsymbol{x}\boldsymbol{y}+x_4y_4 = \boldsymbol{x}\boldsymbol{y}-x_0y_0 \tag{1.2.1}$$

とかくことにする．ここで $\boldsymbol{x}$ などの太文字は3次元ベクトルで，その成分は $x_i\ (i=1,2,3)$，また $\boldsymbol{x}\boldsymbol{y}$ は $\boldsymbol{x}$ と $\boldsymbol{y}$ の内積で

$$\boldsymbol{x}\boldsymbol{y} = \sum_{i=1}^{3} x_i y_i, \tag{1.2.2}$$

x_4, y_4 などは

$$x_4 = ix_0, \qquad y_4 = iy_0 \tag{1.2.3}$$

とかく．一般の4次元テンソルの場合にも添字4があれば，その都度虚数因子 i を外に出してこれを添字0に変えることができる．3次元ベクトル $\boldsymbol{x}$ の大きさ $\sqrt{\boldsymbol{x}^2}$ は

$$|\boldsymbol{x}| = \sqrt{\boldsymbol{x}^2} \tag{1.2.4}$$

とかくことにする．また，$\boldsymbol{x}\times\boldsymbol{y}$ は $\boldsymbol{x}$ と $\boldsymbol{y}$ のベクトル積で，その成分は

$$(\boldsymbol{x}\times\boldsymbol{y})_i = \sum_{j,k=1}^{3} \varepsilon_{ijk}x_j y_k \tag{1.2.5}$$

である．ここで ε_{ijk} は添字 i, j, k に対して完全に反対称，かつ $\varepsilon_{123}=1$ である．

単位系としてはプランク(Planck)定数 $\hbar=h/2\pi$ および光速度 c を1とするいわゆる**自然単位系**(natural unit)

$$\hbar = c = 1 \tag{1.2.6}$$

を用いる．したがって x_μ が4次元時空間内の点の位置をあらわすときは，x_0 は時間 t を意味する．本書では，時間をあらわすパラメータとして x_0 と t がしばしば混用されるが，もとよりこれは同じものである．その他の記号について

は必要に応じて述べることにしよう．

x_μ にローレンツ変換をほどこしたものを $x_\mu'=\Lambda_{\mu\nu}x_\nu$ とかくと $x_\mu'x_\mu'=x_\mu x_\mu$ であるから

$$\Lambda_{\mu\nu}\Lambda_{\mu\rho}=\delta_{\nu\rho}. \tag{1.2.7}$$

この式は，4行4列のマトリックス Λ の転置行列(transposed matrix) Λ^{T} が逆行列 Λ^{-1} に等しいことを意味するから

$$\Lambda_{\nu\mu}\Lambda_{\rho\mu}=\delta_{\nu\rho} \tag{1.2.8}$$

ともかきかえられる．Λ_{ij} $(i,j=1,2,3)$ および Λ_{44} は実数，Λ_{i4} および Λ_{4i} は純虚数である．

以後われわれは恒等変換から出発し，それに無限小ローレンツ変換を逐次行うことによって得られる Λ にのみ話を限ろう．(1.2.7)により一般に Λ の行列式 $\det(\Lambda)$ は $(\det(\Lambda))^2=1$ をみたし，また $\Lambda_{44}{}^2=1-\sum_{i=1}^{3}(\Lambda_{i4})^2\geqq 1$ であるが，この場合変換の連続性から Λ はさらに制限されて

$$\det(\Lambda)=1, \tag{1.2.9}$$

$$\Lambda_{44}\geqq 1 \tag{1.2.10}$$

をみたさなければならない．

(1.2.7)～(1.2.10)によって定義されたローレンツ変換の全体は明らかに群をつくっており，これを**本義ローレンツ群**(continuous Lorentz group, または orthochronous proper Lorentz group)というが，本書では単に**ローレンツ群**とよぶことにする．このような Λ は，条件(1.2.7)を考慮すれば6個の実数パラメータによってあらわされることは容易に理解される．そうしてこれらのパラメータの連続的な変化に応じて Λ もまた連続的に変化する．

しかし素粒子の世界を論ずるにはこれだけでは不十分で，さらに座標を a_μ だけ平行移動させる変換

$$x_\mu'=x_\mu+a_\mu \tag{1.2.11}$$

を導入する．この変換と上記のローレンツ変換を合わせた全体は明らかに連続群をつくっており，**非斉次本義ローレンツ群**または**本義ポアンカレ群**(proper Poincaré group または continuous Poincaré group)とよばれるが，われわれは以下簡単のためにこれを単に**ポアンカレ群**とよぶことにしよう．(1.2.11)を考慮すれば，従ってポアンカレ群は10個の実数パラメータであらわされる連

続群である．理論がこの変換によって不変であり，状態ベクトルがポアンカレ群に従って変換するとき，前節の議論によればその表現はユニタリーでなければならない．いいかえれば状態ベクトルはポアンカレ群のユニタリー表現に従って変換するわけであるが，以下における議論の焦点はこの状態が特に自由粒子をあらわす場合である．

散乱現象が起る充分前の時刻，あるいは散乱後充分時間が経ったときには，粒子同士は互いに遠く離れて運動すると考えられる．そしてここでは粒子間に働く相互作用は完全に無視できるほど小さくなり，粒子はそれぞれ他の影響を受けることなしに自由粒子として振舞うことができる．その結果個々の粒子の命名，例えば電子とか重陽子という命名は少なくともこのような系において可能になる．しかしながら，1体粒子に関するこのような命名は，通常これがポアンカレ群による座標変換のもとで不変であることを前提として行われていることは注意されなければならない．例えば自由電子が1個存在するとき，ローレンツ変換をした座標系からみても，また原点の異なる他の座標系からみても，その対象をわれわれはやはり電子とよぶということである．すなわち，ポアンカレ群のユニタリー表現は同一の自由粒子の様々な状態ベクトルをつなぐ役割をする．この意味で，ポアンカレ群の変換ではつなぐことのできない二つの状態ベクトルの重ね合せを考えると，われわれはこれを1個の自由粒子の状態ベクトルとみなすわけにはいかないであろう．いいかえれば，自由粒子が一つ与えられたとき，それの任意の二つの状態ベクトルはポアンカレ群の変換のもとで相互に移行しうるものと考えられる．われわれは自由粒子とはこのようなものであるとして，以下話を進めることにしよう．もっとも，右手系を左手系に変換するいわゆる空間反転のような不連続変換をも含めたより広い変換群の中で自由粒子を考えてはどうか，という疑問が残るかも知れない．しかし特殊相対論においては不連続変換のもとで理論が不変でなければならないという要求は本来存在していない．したがって，当面われわれは上記の弱い制限のもとで自由粒子を考えることにし，それの不連続変換のもとでの振舞は後に考察することにする．

U をユニタリー演算子としポアンカレ群のユニタリー表現を D とするならば，$UDU^\dagger$ もまたポアンカレ群のユニタリー表現である．ここに $\dagger$ 記号はエルミート共役をあらわす．二つの表現，D と $UDU^\dagger$ とは互いに**ユニタリー同値** (unitary equivalent) な関係にあるという．いま U を適当にとり $UDU^\dagger$ をマトリックスでかいたとき，ポアンカレ群のすべての元に対して

$$UDU^\dagger=\begin{pmatrix} D_1 & 0 \\ 0 & D_2 \end{pmatrix} \tag{1.2.12}$$

となったとしよう．ここで $D_i\,(i=1,2)$ は d_i 行 d_i 列の正方マトリックス，右上および左下の 0 はそれぞれ d_1 行 d_2 列および d_2 行 d_1 列の 0 のみからなる一般に長方形のマトリックスである．D_1, D_2 がともにポアンカレ群のユニタリー表現であることは明らかであるが，この際 D_1 に従って変換する状態ベクトルと D_2 に従って変換する状態ベクトルとが同じ粒子の異なる状態をあらわすとは言い得ない．ポアンカレ群のいかなる変換も双方を結びつけることができないからである．すなわち上記の意味での 1 体の自由粒子の状態ベクトルは，ポアンカレ群のユニタリーな既約表現，つまりどのような U を用いても (1.2.12) のような二つの表現の直和に分割できないような表現に従って変換されねばならない．それゆえ，もしわれわれがこの群のユニタリーな既約表現をことごとく見出すことができたならば，自由粒子はすべてそのいずれかの既約表現に従って変換するはずであるから，少なくとも 4 次元ミンコフスキー空間の枠内でのあらゆる可能な自由粒子の振舞はそのとき完全に決定されるはずである．われわれはこのような立場からポアンカレ群の性質をしらべていくことにしよう．

第2章　ローレンツ群

§2.1　表現の2価性

ローレンツ変換 $\Lambda_{\mu\nu}$ および座標の a_μ だけの平行移動のユニタリー表現をそれぞれ $L(\Lambda)$, $T(a)$ とかくことにする．そうするとそれらの間には

$$L(\Lambda)L(\Lambda') = L(\Lambda\Lambda'), \tag{2.1.1}$$

$$T(a)T(b) = T(a+b), \tag{2.1.2}$$

$$L(\Lambda)T(a) = T(\Lambda a)L(\Lambda) \tag{2.1.3}$$

なる関係が与えられるであろう．ここで $\Lambda\Lambda'$ は $\Lambda_{\mu\rho}\Lambda'_{\rho\nu}$, Λa は $\Lambda_{\mu\nu}a_\nu$ の略記であって．これからもしばしば用いられる．(2.1.1), (2.1.2)の意味は明らかである．(2.1.3)は a_μ の平行移動の後にローレンツ変換 $\Lambda_{\mu\nu}$ を行ったものは，まずこのローレンツ変換を先に行いその後平行移動 $\Lambda_{\mu\nu}a_\nu$ を行ったものに等しいことを示す．これらはポアンカレ群の表現を求めるための基本的な関係式であるが，それを行うに先だってこの群の表現がいかなる多価性をもち得るかを考察しておこう．

前章でもふれたように，ポアンカレ群の元は10個のパラメータをもち，それらの値に対応して，様々な変換が与えられる．このようなパラメータの値の集合は**パラメータ空間**と呼ばれている．もちろん，恒等変換もこの空間内の1点であって，それをｅと記すことにする．いま，ｅから出発して再びｅにもどるような閉曲線をこの空間内に考えよう．閉曲線上の各点にはそれに対応した変換が存在するが，そのような点を連続的に動かせば，表現の連続性から対応した変換の表現は連続的に変化しなければならない．従ってもし上記の閉曲線がその連続的な変形によって1点ｅに縮まってしまうようなものであるならば，最初の出発点ｅに対する表現と，この閉曲線に沿って一回りしてもどってきた点ｅの表現は同じである．パラメータ空間が単連結であれば，閉曲線をこのように縮めることはいつでも可能であるが，空間の性質が異なるとそれが不可能な閉曲線が必ず存在する．そのような場合，出発点ｅに対する表現と，閉曲線

を一回りしてもどってきた点 e の表現を必ずしも同じにする必要はない．その結果いわゆる多価表現が現われることになる．この方法をポアンカレ群に適用するためには，10個のパラメータのつくる空間の連結性をしらべなければならない．しかしこのような空間を一度に扱うのは，複雑でもあり直観的ではないので，少しずつ順を追ってしらべることにする．

ポアンカレ群の任意の元は，(2.1.1)～(2.1.3)を用いれば，つねに LT という L と T の積の形にかくことができる．そこでまず，部分群である平行移動のつくる群を考えると，これはパラメータ a_1, a_2, a_3, a_0 によって記述され，これによってつくられるパラメータ空間は4次元のユークリッド空間でこれは単連結，従ってポアンカレ群が多価表現をもつとすればそれは部分群のローレンツ群に由来するはずである．

そこで，ローレンツ群をしらべる必要があるが，その準備として，(1.2.7)～(1.2.10)をみたす任意の $\Lambda_{\mu\nu}$ は常に

$$\Lambda_{\mu\nu} = R_{\mu\rho} B_{\rho\sigma}(\tau) R'_{\sigma\nu} \tag{2.1.4}$$

とかかれることを証明しておこう．ここで R, R' は適当な空間回転でともに(1.2.7)～(1.2.10)をみたし，$R_{i4}=R_{4i}=0, R_{44}=1$ で定義される．R' についても同様である．また $B(\tau)$ は第1軸方向へのローレンツ変換であって

$$B(\tau) = \begin{pmatrix} \cosh\tau & 0 & 0 & i\sinh\tau \\ 0 & 1 & 0 & 0 \\ 0 & 0 & 1 & 0 \\ -i\sinh\tau & 0 & 0 & \cosh\tau \end{pmatrix}. \tag{2.1.5}$$

これの証明は次のようにやればよい．いま3次元ベクトル $\boldsymbol{x}=(i\Lambda_{14}, i\Lambda_{24}, i\Lambda_{34})$ を導入しよう．まず $\boldsymbol{x}=0$ のときは，(1.2.7)より $(\Lambda_{44})^2=1$，これを $\Lambda_{4\mu}\Lambda_{4\mu}=1$ に代入すれば $\Lambda_{4i}=0$，かつ(1.2.10)より $\Lambda_{44}=1$ となるから，結局 Λ は空間回転で(2.1.4)は，$B_{\mu\nu}=\delta_{\mu\nu}$ とおけば得られることがわかる．次に $\boldsymbol{x}\neq 0$ としよう．$\boldsymbol{x}$ を規格化して $\boldsymbol{e}_1=\boldsymbol{x}/|\boldsymbol{x}|=(\alpha_1, \alpha_2, \alpha_3)$ とかき，またこれに直交する二つの単位ベクトルを $\boldsymbol{e}_2=(\beta_1, \beta_2, \beta_3)$, $\boldsymbol{e}_3=(\gamma_1, \gamma_2, \gamma_3)$ とする．$\boldsymbol{e}_3=\boldsymbol{e}_1\times\boldsymbol{e}_2$ とすれば，

$$\bar{R} = \begin{pmatrix} \alpha_1 & \alpha_2 & \alpha_3 & 0 \\ \beta_1 & \beta_2 & \beta_3 & 0 \\ \gamma_1 & \gamma_2 & \gamma_3 & 0 \\ 0 & 0 & 0 & 1 \end{pmatrix} \tag{2.1.6}$$

は空間回転をあらわし，$\bar{\Lambda}=\bar{R}\Lambda$ は(1.2.7)～(1.2.10)を満足している．$\boldsymbol{e}_1$ が $\boldsymbol{e}_2, \boldsymbol{e}_3$ に直交することから $\bar{\Lambda}$ としては

$$\bar{\Lambda}=\begin{pmatrix} a_{11} & a_{12} & a_{13} & a_{14} \\ a_{21} & a_{22} & a_{23} & 0 \\ a_{31} & a_{32} & a_{33} & 0 \\ \Lambda_{41} & \Lambda_{42} & \Lambda_{43} & \Lambda_{44} \end{pmatrix} \tag{2.1.7}$$

なる形を得る．このとき $\boldsymbol{f}_1=(a_{21}, a_{22}, a_{23})$ と $\boldsymbol{f}_2=(a_{31}, a_{32}, a_{33})$ は互いに直交する単位ベクトルであるから，$\boldsymbol{f}_3=\boldsymbol{f}_1\times\boldsymbol{f}_2=(c_1, c_2, c_3)$ とおいて $\bar{R}'$ を

$$\bar{R}'=\begin{pmatrix} c_1 & a_{21} & a_{31} & 0 \\ c_2 & a_{22} & a_{32} & 0 \\ c_3 & a_{23} & a_{33} & 0 \\ 0 & 0 & 0 & 1 \end{pmatrix} \tag{2.1.8}$$

で定義すると，これは空間回転をあらわす．ここで $B=\bar{\Lambda}\bar{R}'$ を計算すると

$$B=\begin{pmatrix} b_{11} & 0 & 0 & b_{14} \\ 0 & 1 & 0 & 0 \\ 0 & 0 & 1 & 0 \\ b_{41} & 0 & 0 & b_{44} \end{pmatrix} \tag{2.1.9}$$

となり，これはもちろん(1.2.7)～(1.2.10)をみたす．したがって，$b_{11}=b_{44}=\cosh\tau, b_{14}=-b_{41}=i\sinh\tau$ とかくことができるから，$R=\bar{R}^{-1}, R'=\bar{R}'^{-1}$ とおけば，$B=R^{-1}\Lambda R'^{-1}$ より(2.1.4)が導かれる．

このようにして，任意のローレンツ変換は二つの空間回転 R, R' と1軸方向のローレンツ変換 $B(\tau)$ の積にかかれるが，このうち $B(\tau)(-\infty<\tau<\infty)$ は群をつくっており，そのパラメータ空間は直線で，これは単連結であるから，ここからローレンツ群の多価性はでてこない．それゆえローレンツ群，従ってポアンカレ群の多価性は，R または R' すなわち回転群のそれに他ならず，通常いわれているように回転群の表現は高々2価であるということを認めるならば，その結果としてポアンカレ群は1価および2価の二つのタイプの表現をもち得ることになる．いいかえればポアンカレ群の既約表現が与えられたとき，その部分群である回転群の表現が1価であるか2価であるかに応じて，ポアンカレ群の表現も1価または2価になり，これ以外の表現は存在し得ないことになる*)．

---

*) この事情はポアンカレ群の表現がユニタリーであるかないかとは無関係であることはこれまでの議論から明らかであろう．

ここで回転群の表現が高々2価である理由について簡単に述べておこう．

すでに述べたように，空間回転は3行3列のマトリックス

$$R=\begin{pmatrix} R_{11} & R_{12} & R_{13} \\ R_{21} & R_{22} & R_{23} \\ R_{31} & R_{32} & R_{33} \end{pmatrix} \tag{2.1.10}$$

によって与えられる．ただし

$$\sum_i R_{ij}R_{ik}=\delta_{jk}, \tag{2.1.11}$$

$$\det(R)=1. \tag{2.1.12}$$

R_{ij} が実数であることはいうまでもない．R はユニタリーであるから，対角化して固有値 ρ_1, ρ_2, ρ_3 を求めると，これらはいずれも絶対値が1である．一方固有値を決定する永年方程式(secular equation)は実係数の3次方程式で，必ず実根を一つもち他の二根はともに実数であるかあるいは複素共役の関係にある．ここで $\det(R)=\rho_1\rho_2\rho_3=1$ を考慮すれば少なくとも一つの実根は1でなければならない．

その固有ベクトルを $\boldsymbol{n}^{(1)}=(n_1{}^{(1)}, n_2{}^{(1)}, n_3{}^{(1)})$ とかくと

$$\sum_j R_{ij}n_j{}^{(1)}=n_i{}^{(1)} \tag{2.1.13}$$

で，R_{ij} が実数であることから $n_i{}^{(1)}$ は実数にとることができる．すなわち $\boldsymbol{n}^{(1)}$ は3次元空間における実ベクトルであって，(2.1.13)からわかるようにこれは回転 R のもとで不変であるから，$c\boldsymbol{n}^{(1)}(-\infty<c<\infty)$ によってあらわされる直線は R の回転軸とよばれる．いま，$\boldsymbol{n}^{(1)}$ の長さを1とし，これに直交する二つの単位ベクトルを $\boldsymbol{n}^{(2)}=(n_1{}^{(2)}, n_2{}^{(2)}, n_3{}^{(2)})$, $\boldsymbol{n}^{(3)}=(n_1{}^{(3)}, n_2{}^{(3)}, n_3{}^{(3)})$ としよう．すなわち

$$\boldsymbol{n}^{(l)}\boldsymbol{n}^{(m)}=\delta_{lm}, \qquad (l, m=1, 2, 3) \tag{2.1.14}$$

ただし

$$\boldsymbol{n}^{(3)}=\boldsymbol{n}^{(1)}\times\boldsymbol{n}^{(2)} \tag{2.1.15}$$

とする．ここで W を

$$W=\begin{pmatrix} n_1{}^{(1)} & n_2{}^{(1)} & n_3{}^{(1)} \\ n_1{}^{(2)} & n_2{}^{(2)} & n_3{}^{(2)} \\ n_1{}^{(3)} & n_2{}^{(3)} & n_3{}^{(3)} \end{pmatrix} \tag{2.1.16}$$

で定義すると，W^{-1} は W の行と列を入れかえることによって得られ，これら

はともに空間回転をあらわす．したがって WRW^{-1} も一つの空間回転であって，

$$WRW^{-1}=\begin{pmatrix}1 & 0 & 0\\ 0 & c_{22} & c_{23}\\ 0 & c_{32} & c_{33}\end{pmatrix} \tag{2.1.17}$$

となる．ただし

$$\left.\begin{aligned} c_{22}&=\sum_{i,j}n_i^{(2)}R_{ij}n_j^{(2)}, & c_{23}&=\sum_{i,j}n_i^{(2)}R_{ij}n_j^{(3)},\\ c_{32}&=\sum_{i,j}n_i^{(3)}R_{ij}n_j^{(2)}, & c_{33}&=\sum_{i,j}n_i^{(3)}R_{ij}n_j^{(3)}\end{aligned}\right\} \tag{2.1.18}$$

である．(2.1.17)を導くにあたり，(2.1.13)，(2.1.14)および $\sum_i R_{ij}n_i^{(1)}=n_j^{(1)}$ を用いた．この最後の関係は，(2.1.11)に $n_k^{(1)}$ をかけて k についての和をとり(2.1.13)を用いれば導かれる．ここでわれわれは，$c_{23}\geqq 0$ とおくことができる．なぜならば c_{23} が負の場合は $\boldsymbol{n}^{(1)}$ の向きを逆にしてやると，(2.1.15)により $\boldsymbol{n}^{(3)}$ の向きが逆転し，結局(2.1.18)により c_{23} の符号が変わるからである．したがって $(c_{22})^2+(c_{23})^2=(c_{32})^2+(c_{33})^2=1$，$c_{22}c_{32}+c_{23}c_{33}=0$ を考慮するならば，

$$WRW^{-1}=\begin{pmatrix}1 & 0 & 0\\ 0 & \cos w & \sin w\\ 0 & -\sin w & \cos w\end{pmatrix}, \tag{2.1.19}$$

$$0\leqq w\leqq \pi \tag{2.1.20}$$

とかくことができる．これは $\boldsymbol{n}^{(1)}$ のまわりの，回転角 w の回転をあらわしている．ここで，$\boldsymbol{n}^{(2)}$ は単に $\boldsymbol{n}^{(1)}$ に直交する単位ベクトルというだけであった．したがってそのとり方には任意性があるが，しかし w の値はそのような任意性とは無関係であることに注意せねばならない．実際，$\boldsymbol{n}^{(2)}, \boldsymbol{n}^{(3)}$ のかわりに $\boldsymbol{n}^{(2)\prime}=\cos\delta\cdot\boldsymbol{n}^{(2)}+\sin\delta\cdot\boldsymbol{n}^{(3)}, \boldsymbol{n}^{(3)\prime}=-\sin\delta\cdot\boldsymbol{n}^{(2)}+\cos\delta\cdot\boldsymbol{n}^{(3)}$ を用いても，$c_{lm}(l, m=2, 3)$ は不変であることが容易に確かめられる．したがって，R が与えられれば $\boldsymbol{n}^{(1)}$ と w は一意的に決まり，逆に $\boldsymbol{n}^{(1)}$ と w が与えられればこの議論の逆をたどることによってただ一つの R が決まることがわかる．そうして計算の結果，R の行列要素は $\boldsymbol{n}^{(1)}$ と w を用いて

$$\begin{aligned} R_{ij}=n_i^{(1)}n_j^{(1)}&+(\delta_{ij}-n_i^{(1)}n_j^{(1)})\cos w\\ &+\sum_k\varepsilon_{ijk}n_k^{(1)}\sin w \end{aligned} \tag{2.1.21}$$

とあらわすことができる．ここでε_{ijk}は§1.2に述べられた反対称テンソルである．要するに任意のRは$\boldsymbol{n}^{(1)}$の方向を与える二つの角とwという計3個のパラメータによって決定される．従って3次元空間でその座標原点を中心とする半径πの球の内部の点はベクトル$w\boldsymbol{n}^{(1)}(0\leqq w<\pi)$によって一意的に指定され，この点に対応した空間回転は常に存在する．また，球面上の点Pは，球の中心を対称の中心として，これとちょうど対称の位置にある点P′と同一点であるとみなす必要がある(図2.1(c))．なぜならば(2.1.21)よりわかるように，$w=\pi$のときは$\boldsymbol{n}^{(1)}$を$-\boldsymbol{n}^{(1)}$でおきかえても同一のRが与えられるからである．

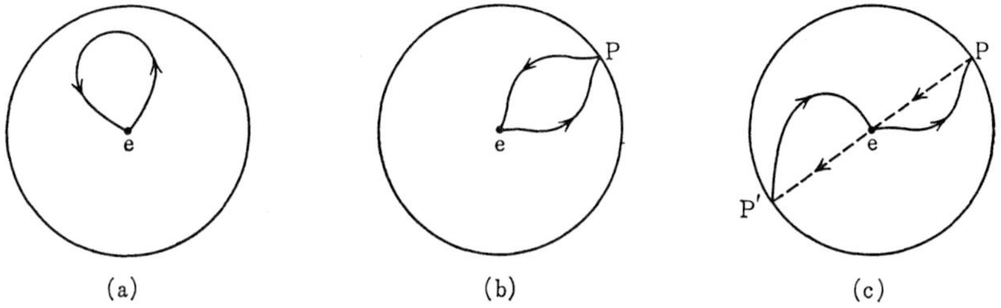

図 2.1

回転群のパラメータ空間はこのような構造をもっている．球の中心eは恒等変換をあらわし，これから出発して図2.1の(a)または(b)のような経路をたどりeにもどる閉曲線は，連続的な変形によってeに収縮させることができる．しかし，図2.1(c)のようにeから出発し球面上の点Pに達した後対称点P′にジャンプしそこからeにもどるような閉曲線は連続的にeに収縮させることはできない．もっとも，二度ジャンプを行うと今度は連続的な収縮が可能となる(図2.2).

一般に偶数回のジャンプが行われた場合は，閉曲線は連続的な変形によって図2.1(a)に帰着させ得るが，奇数回のジャンプの場合には帰着できる閉曲線は図2.1(c)のタイプである*)．パラメータ空間におけるこれら二つのタイプの閉曲線のうち後者の場合は，すでに述べたように，出発点eの表現D(e)と，最後にもどってきた点e(これを一応eと区別してe′とかく)の表現D(e′)が同

*) このことはパラメータ空間が単連結でないことを意味する．

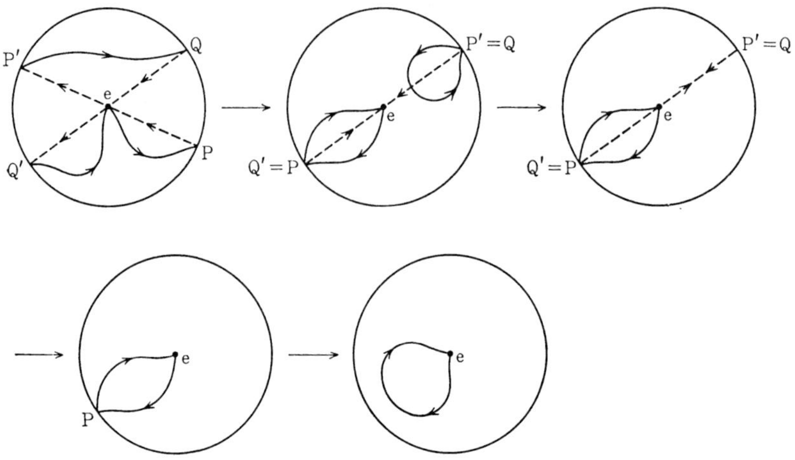

図 2.2

じになるという保証はない．しかし e′ にもどった後再び出なおして途中一度ジャンプを行い再び球の中心にもどると今度は e に到着する．したがって $D(\mathrm{e}')\times D(\mathrm{e}')=D(\mathrm{e})$ となり，一方 $D(\mathrm{e})=1$ であるから $D(\mathrm{e}')=\pm 1$ を得る．ここに $D(\mathrm{e}')=1$ の場合が 1 価表現を，$D(\mathrm{e}')=-1$ が 2 価表現を与える．この結果，ポアンカレ群の表現には，1 価および 2 価の二つのタイプの表現のみが存在することになるのである．

§2.2　スピノル表現

ローレレツ群の表現の 2 価性を示すよく知られた例にスピノル表現がある．ただしこれはユニタリー表現ではなく，その意味ではわれわれの直接の目的とするものではないが，あとで用いられるのでこの節で述べておくことにする．

2 行 2 列のマトリックス σ_μ $(\mu=1,2,3,4)$ を次の式で定義する．

$$\left.\begin{aligned} \sigma_1 &= \begin{pmatrix} 0 & 1 \\ 1 & 0 \end{pmatrix}, \qquad \sigma_2 = \begin{pmatrix} 0 & -i \\ i & 0 \end{pmatrix}, \\ \sigma_3 &= \begin{pmatrix} 1 & 0 \\ 0 & -1 \end{pmatrix}, \qquad \sigma_4 = \begin{pmatrix} i & 0 \\ 0 & i \end{pmatrix}. \end{aligned}\right\} \tag{2.2.1}$$

σ_i $(i=1,2,3)$ は通常**パウリ** (Pauli)・**マトリックス**とよばれている．$\mathrm{Tr}(M)$ はマ

トリックスMの対角要素の和，略して**対角和**(trace)をあらわすとすれば，容易にわかるように，

$$\mathrm{Tr}(\sigma_\mu{}^\dagger\sigma_\nu) = 2\delta_{\mu\nu} \tag{2.2.2}$$

がなりたつから，4個のσ_μは1次独立で，任意の2行2列のマトリックスMはこれらを用いて展開することができる.

$$\left.\begin{aligned} M &= c_\mu\sigma_\mu, \\ c_\mu &= \frac{1}{2}\mathrm{Tr}(\sigma_\mu{}^\dagger M). \end{aligned}\right\} \tag{2.2.3}$$

また，M^{T}をMの転置行列とすれば直接の計算により

$$M\sigma_2M^{\mathrm{T}}\sigma_2 = \det(M) \tag{2.2.4}$$

がなりたつことが確かめられる.

いま，gを行列式の値が1の2行2列のマトリックスとし，$g\sigma_\mu g^\dagger$をσ_νで展開して

$$g\sigma_\mu g^\dagger = \Lambda_{\nu\mu}\sigma_\nu, \tag{2.2.5}$$

$$\det(g) = 1 \tag{2.2.6}$$

とする．$\Lambda_{\nu\mu}$はもちろんgの関数であって，(2.2.3)を用い

$$\Lambda_{\nu\mu} = \frac{1}{2}\mathrm{Tr}(\sigma_\nu{}^\dagger g\sigma_\mu g^\dagger) \tag{2.2.7}$$

となる．ところでこのようにして定義された4行4列のマトリックスΛは，ローレンツ変換を与えるものであることを下に示そう.

まず，$\mathrm{Tr}(M)$の複素共役$[\mathrm{Tr}(M)]^*$は$\mathrm{Tr}(M^\dagger)$であること，および$\sigma_i{}^\dagger=\sigma_i$ $(i=1,2,3)$, $\sigma_4{}^\dagger=-\sigma_4$を考慮すれば直ちに$\Lambda_{ij}, \Lambda_{44}$は実数，$\Lambda_{i4}, \Lambda_{4i}$は純虚数であることがわかる.

また，(2.2.5)の両辺の転置行列をつくり，σ_2を両側からかけて(2.2.4), (2.2.6)を用いれば

$$g^{-1\dagger}\sigma_\mu{}^\dagger g^{-1} = \Lambda_{\nu\mu}\sigma_\nu{}^\dagger. \tag{2.2.8}$$

ここで，$\det(\sigma_\mu)=-1, \sigma_2\sigma_\mu{}^{\mathrm{T}}\sigma_2=-\sigma_\mu{}^{-1}=-\sigma_\mu{}^\dagger$なる関係を使った．(2.2.5), (2.2.8)から

$$\begin{aligned} g\sigma_\mu g^\dagger g^{-1\dagger}\sigma_\nu{}^\dagger g^{-1} &= g\sigma_\mu\sigma_\nu{}^\dagger g^{-1} \\ &= \Lambda_{\lambda\mu}\Lambda_{\rho\nu}\sigma_\lambda\sigma_\rho{}^\dagger \end{aligned}$$

となるゆえ，両辺の対角和をとって(2.2.2)を用いると

$$\delta_{\mu\nu} = \Lambda_{\lambda\mu}\Lambda_{\lambda\nu} \tag{2.2.9}$$

を得る．さらに(2.2.7)より $\Lambda_{44}=\mathrm{Tr}(g^\dagger g)/2>0$，これと(2.2.9)から

$$\Lambda_{44} \geqq 1 \tag{2.2.10}$$

となる．

つぎに Λ の行列式を計算してみよう．(2.2.5)，(2.2.8)から導かれる

$$g\sigma_1 g^\dagger = \Lambda_{\mu 1}\sigma_\mu, \qquad g^{-1\dagger}\sigma_2{}^\dagger g^{-1} = \Lambda_{\nu 2}\sigma_\nu{}^\dagger,$$
$$g\sigma_3 g^\dagger = \Lambda_{\lambda 3}\sigma_\lambda, \qquad g^{-1\dagger}\sigma_4{}^\dagger g^{-1} = \Lambda_{\rho 4}\sigma_\rho{}^\dagger$$

なる4個の式の積をつくると

$$g\sigma_1\sigma_2{}^\dagger\sigma_3\sigma_4{}^\dagger g^{-1} = \Lambda_{\mu 1}\Lambda_{\nu 2}\Lambda_{\lambda 3}\Lambda_{\rho 4}\sigma_\mu\sigma_\nu{}^\dagger\sigma_\lambda\sigma_\rho{}^\dagger. \tag{2.2.11}$$

いま，$\varepsilon_{\mu\nu\lambda\rho}$ は $\varepsilon_{1234}=1$ で，かつ添字 μ, ν, λ, ρ について完全反対称，つまり任意の2個の添字の入れかえによって符号を変える量とするとき，

$$\frac{1}{2}\mathrm{Tr}(\sigma_\mu\sigma_\nu{}^\dagger\sigma_\lambda\sigma_\rho{}^\dagger) = \delta_{\mu\nu}\delta_{\lambda\rho} - \delta_{\mu\lambda}\delta_{\nu\rho} + \delta_{\mu\rho}\delta_{\nu\lambda} + \varepsilon_{\mu\nu\lambda\rho} \tag{2.2.12}$$

なる関係式がなりたつことが直接の計算により確かめられる．したがって(2.2.11)の両辺の対角和をとり，(2.2.12)および(2.2.9)を用いると

$$1 = \varepsilon_{\mu\nu\lambda\rho}\Lambda_{\mu 1}\Lambda_{\nu 2}\Lambda_{\lambda 3}\Lambda_{\rho 4} = \det(\Lambda) \tag{2.2.13}$$

となる．

以上の結果として $\Lambda_{\mu\nu}$ は(1.2.7)～(1.2.10)をみたしていることがわかり，$x_\mu'=\Lambda_{\mu\nu}x_\nu$ とすれば，これはローレンツ変換を与えている．いいかえれば，(2.2.5)に x_μ をかけて

$$\begin{pmatrix} ix_4'+x_3' & x_1'-ix_2' \\ x_1'+ix_2' & ix_4'-x_3' \end{pmatrix} = g\begin{pmatrix} ix_4+x_3 & x_1-ix_2 \\ x_1+ix_2 & ix_4-x_3 \end{pmatrix}g^\dagger \tag{2.2.14}$$

とおくとき，この式によって結ばれる x_μ' と x_μ の関係はローレンツ変換である．

ところでこれの逆，すなわち(1.2.7)～(1.2.10)のローレンツ変換に対応するような g は常に存在するといえるであろうか．それをみるには次のようにやればよい．任意のローレンツ変換は(2.1.4)の形にかけるから，(2.1.5)の $B(\tau)$ に対応した $g_B(\tau)$ および(2.1.21)の R に対応した g_R が存在することを示せばよい．(2.2.5)を用いると，$B(\tau)$ を与えるような $g_B(\tau)$ は

$$g_B(\tau)=\begin{pmatrix}\cosh\frac{\tau}{2} & \sinh\frac{\tau}{2}\\ \sinh\frac{\tau}{2} & \cosh\frac{\tau}{2}\end{pmatrix} \tag{2.2.15}$$

および，これにマイナス符号をつけたもの，また計算は少々面倒だが，(2.1.21)の R_{ij} を与える g_R は

$$g_R=\begin{pmatrix}\cos\frac{w}{2}+in_3{}^{(1)}\sin\frac{w}{2} & (in_1{}^{(1)}+n_2{}^{(1)})\sin\frac{w}{2}\\ (in_1{}^{(1)}-n_2{}^{(1)})\sin\frac{w}{2} & \cos\frac{w}{2}-in_3{}^{(1)}\sin\frac{w}{2}\end{pmatrix} \tag{2.2.16}$$

とこれにマイナス符号をつけたものが解であることがわかる．つまりローレンツ変換 Λ に対応した g としてはプラス，マイナス二通りのものが存在する．実際，これ以外に解がないことは次のようにしてわかる．行列式の値が1であるような二つの2行2列のマトリックス，g, g' がともに(2.2.14)をみたすとすると $x_\mu'\sigma_\mu=x_\mu g\sigma_\mu g^\dagger=x_\mu g'\sigma_\mu g'^\dagger$，これは任意の x_μ に対してなりたつから，$g'^{-1}g\sigma_\mu=\sigma_\mu g'^\dagger g^{\dagger-1}\,(\mu=1,2,3,4)$ を得る．他方(2.2.4)によれば $g'^\dagger g^{\dagger-1}=(g'^{-1}g)^{\dagger-1}=\sigma_2(g'^{-1}g)^{\dagger T}\sigma_2$，したがって $g'^{-1}g$ を σ_ν で展開して $g'^{-1}g=c_\nu\sigma_\nu$ とおけば結局 $c_\nu\sigma_\nu\sigma_\mu=-\sigma_\mu c_\nu{}^*\sigma_\nu$ がなりたたなければならない．これを解くと $c_i=0\,(i=1,2,3)$, $c_4=-c_4{}^*$ となることは容易にわかる．それゆえ $c_4=ic$ (c；実数)とおけば $g=-cg'$，ここで両辺の行列式をとれば $c^2=1$，すなわち $g'=\pm g$ が導かれる．

ところで g は(2.2.15)と(2.2.16)の積であらわされるから，このような符号の任意性は g_R に押しこめることができるが，しかしここで g_R に対し一方の符号のものだけを採用して他をすててしまうわけにはいかない．実際，(2.2.16)からわかるように，$w=w_0$(このときの g_R を $g_R{}^0$ とする)から出発して w の値および $\boldsymbol{n}^{(1)}$ の向きを連続的に変化させ，その結果 w が $2\pi-w_0$ になったとき $\boldsymbol{n}^{(1)}$ がはじめとはちょうど逆方向を向いたとすれば，g_R は $-g_R{}^0$ に移行し，しかも $-g_R{}^0$ を排除しようとすれば表現(2.2.16)の連続性に反することになる．つまり，前節の R_{ij} のときのように，w を $0\leqq w\leqq\pi$ に制限することは不可能で，この表現の連続性を保つためには

$$0\leqq w\leqq 2\pi \tag{2.2.17}$$

とおく必要がある．このときパラメータ空間は，e および e′ を中心としたとも

に半径πの二つの球によってあらわされ，g_Rは$0\leqq w\leqq\pi$のときは球e内の点$w\boldsymbol{n}^{(1)}$で，また$\pi\leqq w\leqq 2\pi$のときは球e′内の点$(2\pi-w)\boldsymbol{n}^{(1)}$であたえられる．ただしそれぞれの場合，ベクトル$\boldsymbol{n}^{(1)}$はeおよびe′を起点とし，また球eの面上の点$\pi\boldsymbol{n}^{(1)}$は球e′の面上の点$\pi\boldsymbol{n}^{(1)}$と同一点であるとする．その結果パラメータ空間は単連結となる(図2.3)．$0\leqq w'\leqq\pi$とするとき，球e内の点$w'\boldsymbol{n}^{(1)}$と球e′内の点$-w'\boldsymbol{n}^{(1)}$(このとき$w=2\pi-w'$)は同一のR_{ij}を与え，そのような関係にない2点は相異なるR_{ij}を与えるから，g_Rは回転群の2価表現，したがって(2.2.14)のgはローレンツ群の2価表現となる．R_{ij}にのみ着目する限り，球eおよびe′における上記の2点$w'\boldsymbol{n}^{(1)}, -w'\boldsymbol{n}^{(1)}$は同一点であり，それゆえこれを一つの球内の1点としたものが図2.1である．

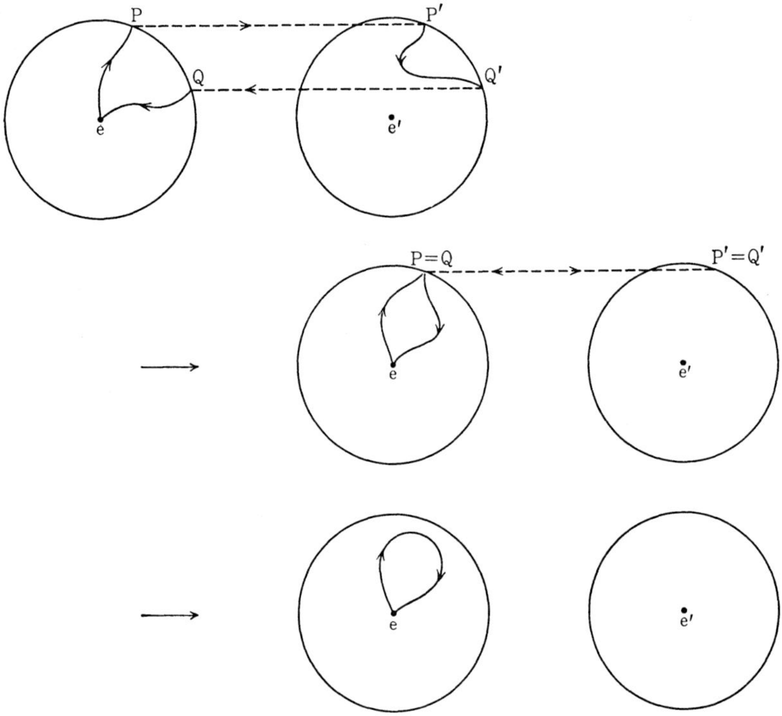

図 2.3

任意のgは(2.2.7)によりローレンツ変換を与え，これは(2.1.4)の形にかけ

るから，(2.2.15)，(2.2.16)を用いて

$$g = g_R g_B(\tau) g_{R'} \tag{2.2.18}$$

となる．g の集合，つまり行列式が1の2行2列のマトリックスの集合は群をつくっており，この群は $SL(2,C)$ とよばれる*)．これまでの議論によれば $SL(2,C)$ はローレンツ群の2価表現であって，これを**スピノル**(spinor)**表現**といい，スピノル表現に従って変換される2成分の量を**スピノル**とよぶ．これはユニタリー表現ではないが既約である．なぜならばすべての g と交換可能な2行2列のマトリックスは単位行列の定数倍のものしかないことを容易に示すことができ，したがって**シューアの補題**(Schur's lemma)**)によりそれが既約であることがわかる．

g に対応して $\Lambda_{\mu\nu}$ は一意的に与えられ，そのため $SL(2,C)$ の任意の表現はローレンツ群の表現となっている．しかも(2.2.18)からわかるように，$SL(2,C)$ のパラメータ空間の連結性は g_R のそれであり，図2.3に示したようにこれは単連結であるから，$SL(2,C)$ の表現はすべて1価表現である．

この意味で(2.1.1)，(2.1.3)の $L(\Lambda)$ を $SL(2,C)$ のユニタリー表現 $L(g)$ と考えた方が便利である．実際 $L(\Lambda)$ は，2価表現の場合，厳密には

$$L(\Lambda)L(\Lambda^{-1}) = \pm 1 \tag{2.2.19}$$

とかかれねばならぬが，$L(g)$ を用いれば

$$L(g)L(g') = L(gg'), \tag{2.2.20}$$

かつ，つねに

$$L(g)L(g^{-1}) = 1 \tag{2.2.21}$$

であるので，± に煩わされることはない．また(2.1.3)は

$$L(g)T(a) = T(\Lambda(g)a)L(g) \tag{2.2.22}$$

とかける．$\Lambda(g)$ は g によってきまる Λ である．しかし，いちいち(2.2.20)～(2.2.22)のようにかくのも面倒なので，以下 $L(\Lambda)$ とかいたものはすべて $L(g)$

---

*) S は特殊(special)の略でその行列式が1であることを意味し，L は線形(linear)演算子，( )の中の2は2行2列のマトリックス，C はその行列要素が複素数(complex number)であることを示す．

**) 表現の既約性に関連してシューアの補題は，しばしば有用である．すなわち，'群 G の表現 $D(g)(g \in G)$ が既約であるための必要十分条件は，すべての g に対し $D(g)$ と可換な演算子は単位行列の定数倍に限られることである.'

であると理解することにし，±の符号をつけるのを省略する．

この節を終るにあたり，スピノル表現について若干の補足をしておく．

$g \in SL(2, C)$ に対して，

$$\tilde{g} = g^{-1\dagger} \tag{2.2.23}$$

とすると $gg'=g''$ のとき $\tilde{g}''=(gg')^{-1\dagger}=g^{-1\dagger}g'^{-1\dagger}=\tilde{g}\tilde{g}'$ となるので $\tilde{g}$ の集合 $\{\tilde{g}\}$ は，$SL(2, C)$ の表現をつくる．$\tilde{g}$ と $\Lambda_{\mu\nu}$ との関係は(2.2.8)で与えられ，これもローレンツ群の2価表現になっている．$\tilde{g}$ を g の**共役表現**(conjugate representation)とよぶ．また g の各行列要素をその複素共役でおきかえた行列を g^* とかく．$gg'=g''$ ならば $g^*g'^*=g''^*$ であるから $\{g^*\}$ もまた $SL(2, C)$ の表現である．g^* は g の**複素共役表現**とよばれる．(2.2.4)によれば $\sigma_2 g^{\mathrm{T}} \sigma_2 = g^{-1}$ であるから，これのエルミート共役をとれば

$$\sigma_2 g^* \sigma_2 = \tilde{g}, \tag{2.2.24}$$

すなわち，スピノル表現では g^* と $\tilde{g}$ が同値であることがわかる．これが既約であることは g の場合と同じようにして証明される．ただし g と $\tilde{g}$ は同値ではない．なぜならば，もし同値であるとすれば(2.2.24)によりすべての g に対して $AgA^{-1}=g^*$ ならしめるような $\det(A)\neq 0$ の2行2列のマトリックス A が存在しなければならない．g の i 行 j 列の要素を g_{ij} として $AgA^{-1}=g^*$ の両辺でマトリックスの対角和をとるならば $g_{11}+g_{22}=g_{11}^*+g_{22}^*$，しかし g は単にその行列式が1というだけであるから明らかにこの式をすべての g に対してなりたたせるわけにはいかない．すなわち g と $\tilde{g}$ は同値ではない．

ユニタリーな g の全体は $SL(2, C)$ の部分群をつくる．この群は**2次元特殊ユニタリー群**とよばれ，$SU(2)$ とかかれる．(2.2.7)より，$g_R \in SU(2)$ に対応した $\Lambda_{\mu\nu}$ は空間回転であり，逆に空間回転に対応した g_R は(2.2.16)およびこれに負号をつけたものであらわされ，つねにユニタリー・マトリックスである．これまでの議論からわかるように $SU(2)$ は回転群の2価表現をつくり，シューアの補題を用いればこの表現は既約である．また $SU(2)$ の表現はすべて1価であって，それによって回転群のすべての表現が与えられることは明らかであろう．g_R の共役表現 $\tilde{g}_R$ は，g_R がユニタリーであるから $\tilde{g}_R=g_R^{-1\dagger}=g_R$ となって g_R と同値である．

§2.3　無限小変換

連続群の任意の元は，恒等変換に無限小変換を次々に作用させることによって得られるので，無限小変換の表現を求めれば，それによって連続群の表現がわかる．この方法は物理においてはしばしば用いられ，特に回転群の場合はよく知られている．まずこれを簡単に復習しておこう．第1軸のまわりの角度θ_1の回転は

$$\boldsymbol{x}' = \begin{pmatrix} 1 & 0 & 0 \\ 0 & \cos\theta_1 & \sin\theta_1 \\ 0 & -\sin\theta_1 & \cos\theta_1 \end{pmatrix} \boldsymbol{x} \tag{2.3.1}$$

であるが，θ_1を無限小量としてその1次までをとると

$$\boldsymbol{x}' = (1+i\theta_1 D_1)\boldsymbol{x},$$

$$D_1 = \begin{pmatrix} 0 & 0 & 0 \\ 0 & 0 & -i \\ 0 & i & 0 \end{pmatrix} \tag{2.3.2}$$

とかける．同様にして第2軸，第3軸のまわりに無限小角度θ_2, θ_3の回転を考えれば(図2.4)，3個の無限小パラメータを用いて，任意の無限小回転は

$$\boldsymbol{x}' = (1+i\boldsymbol{\theta D})\boldsymbol{x} \tag{2.3.3}$$

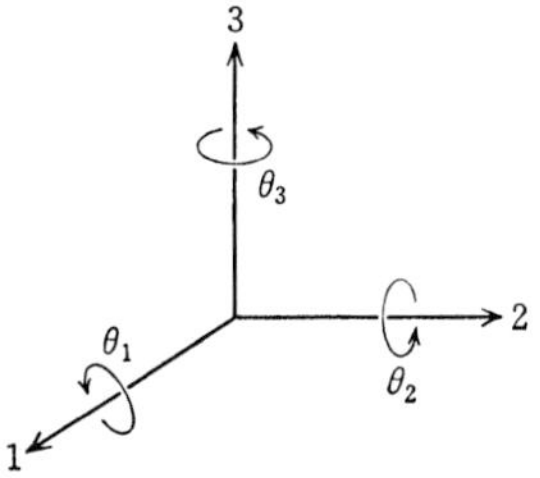

図 2.4

とかくことができる．ここで，$\boldsymbol{\theta D}$は$\sum_{i=1}^{3}\theta_i D_i$の略記で，$\theta_1, \theta_2, \theta_3$を$\boldsymbol{\theta}$のベクトル成分のようにみなした．また$D_2, D_3$は

$$D_2 = \begin{pmatrix} 0 & 0 & i \\ 0 & 0 & 0 \\ -i & 0 & 0 \end{pmatrix}, \qquad D_3 = \begin{pmatrix} 0 & -i & 0 \\ i & 0 & 0 \\ 0 & 0 & 0 \end{pmatrix} \tag{2.3.4}$$

である．D_iの間は交換関係

$$[D_i, D_j] = i\sum_{k=1}^{3} \varepsilon_{ijk} D_k \qquad (2.3.5)$$

がなりたつ．この関係は $\boldsymbol{D}$ を特徴づける重要な式であって，実際，(2.3.5)をみたす3行3列の既約なマトリックスは，(2.3.2)，(2.3.4)の $\boldsymbol{D}$ に同値なもの $ADA^{-1}(\det(A)\neq 0)$ しかないことが示される．ここで $\boldsymbol{D}$ が既約というのは，3個の D_i と可換なものは単位行列の定数倍のものしかないということである．このような無限小回転を逐次行うことによって任意の回転が与えられる．

一般の表現を求めるには，これを無限小パラメータで展開し

$$1+i\theta \boldsymbol{J} \qquad (2.3.6)$$

とおく．これが無限小回転の表現であるためには，$\boldsymbol{J}$ は $\boldsymbol{D}$ と同じ交換関係をみたさなければならない．すなわち

$$[J_i, J_j] = i\sum_{k=1}^{3} \varepsilon_{ijk} J_k \qquad (2.3.7)$$

であって，このような $\boldsymbol{J}$ により一般の角運動量ベクトルが与えられる．また，$\boldsymbol{J}$ が与えられれば無限小回転の表現(2.3.6)を媒介として回転群の表現が生成されるので，$\boldsymbol{J}$ は回転群の**生成子**(generator)ともよばれる．

回転群のユニタリー表現を与えるような $\boldsymbol{J}$ は，もちろんエルミート演算子で，$\boldsymbol{J}$ の既約なマトリックス，したがって回転群の既約表現は $\boldsymbol{J}^2$ の固有値によって一意的に決められることはよく知られている．

同じようにして，ローレンツ群の無限小変換を考えよう．そのためには，上に述べた無限小回転のほかに，第1軸，第2軸，第3軸方向の無限小ローレンツ変換を考える必要がある．例えば第1軸方向に無限小速度 τ_1 で動く座標系へのローレンツ変換は

$$\left.\begin{aligned} \begin{pmatrix} x_1' \\ x_2' \\ x_3' \\ x_4' \end{pmatrix} &= (1-i\tau_1 C_1)\begin{pmatrix} x_1 \\ x_2 \\ x_3 \\ x_4 \end{pmatrix}, \\ C_1 &= \begin{pmatrix} 0 & 0 & 0 & -1 \\ 0 & 0 & 0 & 0 \\ 0 & 0 & 0 & 0 \\ 1 & 0 & 0 & 0 \end{pmatrix} \end{aligned}\right\} \qquad (2.3.8)$$

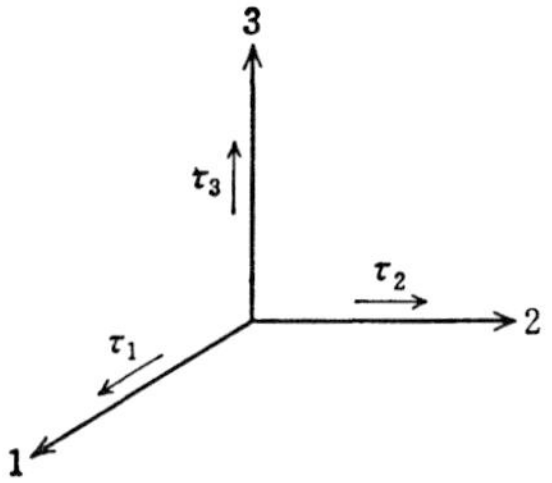

図 2.5

で与えられることがわかる．さらに τ_2, τ_3 をそれぞれ第2軸，第3軸方向へ動く座標の無限小速度とすれば(図2.5)，(2.3.3)をも考慮することにより，結局無限小ローレンツ変換として

$$\begin{pmatrix} x_1' \\ x_2' \\ x_3' \\ x_4' \end{pmatrix} = (1+i\boldsymbol{\theta D}-i\boldsymbol{\tau C})\begin{pmatrix} x_1 \\ x_2 \\ x_3 \\ x_4 \end{pmatrix} \tag{2.3.9}$$

を得る．ただし上式での $\boldsymbol{D}$ は4行4列のマトリックスでその第 i 行第 j 列 $(i, j=1, 2, 3)$ の要素 $\boldsymbol{D}_{ij}$ は(2.3.2)のそれと同じ，また $\boldsymbol{D}_{i4}=\boldsymbol{D}_{4i}=\boldsymbol{D}_{44}=0$ である．さらに，C_2, C_3 は

$$C_2 = \begin{pmatrix} 0 & 0 & 0 & 0 \\ 0 & 0 & 0 & -1 \\ 0 & 0 & 0 & 0 \\ 0 & 1 & 0 & 0 \end{pmatrix}, \qquad C_3 = \begin{pmatrix} 0 & 0 & 0 & 0 \\ 0 & 0 & 0 & 0 \\ 0 & 0 & 0 & -1 \\ 0 & 0 & 1 & 0 \end{pmatrix} \tag{2.3.10}$$

である．ここで，これらの交換関係をつくると

$$\left.\begin{aligned} [D_i, D_j] &= i\sum_{k=1}^{3}\varepsilon_{ijk}D_k, \\ [D_i, C_j] &= i\sum_{k=1}^{3}\varepsilon_{ijk}C_k, \\ [C_i, C_j] &= -i\sum_{k=1}^{3}\varepsilon_{ijk}D_k \end{aligned}\right\} \tag{2.3.11}$$

となる．従って一般の表現の無限小変換を

$$1+i\boldsymbol{\theta J}-i\boldsymbol{\tau K} \tag{2.3.12}$$

とかけば，ローレンツ群の生成子 $\boldsymbol{J}, \boldsymbol{K}$ のみたす交換関係は

$$\left.\begin{aligned}[J_i, J_j] &= i\sum_{k=1}^{3}\varepsilon_{ijk}J_k,\\ [J_i, K_j] &= i\sum_{k=1}^{3}\varepsilon_{ijk}K_k,\\ [K_i, K_j] &= -i\sum_{k=1}^{3}\varepsilon_{ijk}J_k\end{aligned}\right\} \tag{2.3.13}$$

で与えられる．ユニタリー表現においてはもちろん $\boldsymbol{J}, \boldsymbol{K}$ はエルミートである．また，

$$\left.\begin{aligned}J_{[ij]} &= \sum_{k=1}^{3}\varepsilon_{ijk}J_k,\\ J_{[j4]} &= -J_{[4j]} = iK_j\end{aligned}\right\} \tag{2.3.14}$$

によって，μ, ν について反対称な $J_{[\mu\nu]}$ を定義すると(2.3.13)は

$$[J_{[\mu\nu]}, J_{[\lambda\rho]}] = i(\delta_{\mu\lambda}J_{[\nu\rho]}+\delta_{\mu\rho}J_{[\lambda\nu]}+\delta_{\nu\rho}J_{[\mu\lambda]}+\delta_{\nu\lambda}J_{[\rho\mu]}) \tag{2.3.15}$$

とかくこともできる．ここで $\boldsymbol{\theta}$ と $\boldsymbol{\tau}$ を一まとめにして

$$\left.\begin{aligned}\omega_{[ij]} &= \sum_{k=1}^{3}\varepsilon_{ijk}\theta_k,\\ \omega_{[j4]} &= -\omega_{[4j]} = i\tau_j\end{aligned}\right\} \tag{2.3.16}$$

で与えられる6個の無限小量 $\omega_{[\mu\nu]}$ を用いてかくことにすると(2.3.12)の無限小変換は

$$1+\frac{i}{2}J_{[\mu\nu]}\omega_{[\mu\nu]} \tag{2.3.17}$$

なる形にあらわされる．

さらにローレンツ群の既約表現は

$$I_1 = \frac{1}{2}J_{[\mu\nu]}J_{[\mu\nu]} = \boldsymbol{J}^2-\boldsymbol{K}^2, \tag{2.3.18}$$

$$I_2 = \frac{1}{4i}\varepsilon_{\mu\nu\lambda\rho}J_{[\mu\nu]}J_{[\lambda\rho]} = \boldsymbol{J}\boldsymbol{K} \tag{2.3.19}$$

という，$J_{[\mu\nu]}$ と交換する二つの演算子の固有値が与えられると一意的に決定することが知られている．これらは回転群における $\boldsymbol{J}^2$ に相当するもので，このように生成子と可換な，しかもその固有値によって既約表現を指定するような演算子は**カシミア**(Casimir)**演算子**とよばれている．

なお，$SL(2, C)$ の無限小変換を求めると，前節の議論を用いて

$$1+\frac{i}{2}\boldsymbol{\theta\sigma}+\frac{1}{2}\boldsymbol{\tau\sigma} \tag{2.3.20}$$

を得る．また(2.2.23)によって与えられるこれの共役表現は

$$1+\frac{i}{2}\boldsymbol{\theta\sigma}-\frac{1}{2}\boldsymbol{\tau\sigma} \tag{2.3.21}$$

である．ただし $\boldsymbol{\sigma}=(\sigma_1, \sigma_2, \sigma_3)$ であって $\sigma_i(i=1,2,3)$ は (2.2.1)のパウリ・マトリックスである．(2.3.20)および(2.3.21)はいずれもユニタリー表現でない．実際§4.3に述べるように，$\boldsymbol{J}=\boldsymbol{K}=0$ すなわち任意の Λ に対して $L(\Lambda)=1$ という1次元表現を除いては，ローレンツ群のユニタリー表現はすべて無限次元の表現になっているのである(§4.3).

われわれは，後に議論を具体的な問題に適用する際には，ここに述べた無限小変換の方法を用いるであろう．

第3章　ポアンカレ群の既約表現

§3.1　平行移動の変換

ポアンカレ群のユニタリーな既約表現を求めるための出発点となる式は，(2.1.1)～(2.1.3)である．すなわち，これらの式に従うユニタリーでかつ既約な $L(\Lambda)$ および $T(a)$ として，いかなるものが可能かをことごとく決定することがわれわれの当面の目標である．

そこで，まずポアンカレ群の部分群である平行移動 $T(a)$ のつくる群の考察から話を始めよう．$T(a)$ は(2.1.2)に従い，$T(a)$ 同士は互いに可換である．従って，a_μ の平行移動は，第1軸方向に a_1，第2軸方向に $a_2, \cdots$，第4軸(時間軸)方向に a_0 だけ平行移動を次々に行えば達成できる．第1軸方向への a_1 の平行移動の表現を $T^{(1)}(a_1)$ とかけば，パラメータ a_1 は $-\infty<a_1<\infty$ でかつ $T^{(1)}(a_1)T^{(1)}(b_1)=T^{(1)}(a_1+b_1)$，しかも $T^{(1)}(0)=1$ とおけるからこれの一般解は $T^{(1)}(a_1)=\exp(ik_1a_1)$ となる．ここで $T^{(1)}(a_1)$ はユニタリー表現であるから，k_1 はエルミート演算子である．同様の議論を第2, 3, 4軸それぞれの方向への平行移動に適用すれば，結局

$$T(a)=e^{ik_\mu a_\mu} \tag{3.1.1}$$

とかくことができる．もちろん $k_1, k_2, k_3, k_0(=k_4/i)$ はエルミート演算子で互いに可換である．

一方，(2.1.3)を用いれば，

$$\begin{aligned} L(\Lambda)T(a)L(\Lambda)^{-1} &= \exp[iL(\Lambda)k_\mu L(\Lambda)^{-1}a_\mu] \\ &= \exp(ik_\mu \Lambda_{\mu\nu}a_\nu) = \exp[i(\Lambda^{-1})_{\mu\nu}k_\nu a_\mu] \end{aligned}$$

を得る．これは，任意の a_μ に対してなりたつ式であるから

$$L(\Lambda)k_\mu L(\Lambda)^{-1}=(\Lambda^{-1})_{\mu\nu}k_\nu \tag{3.1.2}$$

となり，その結果 $k_\mu{}^2$ は $L(\Lambda), T(a)$ と可換であることがわかる．

$$[k_\mu{}^2, L(\Lambda)] = [k_\mu{}^2, T(a)] = 0. \tag{3.1.3}$$

したがってシューアの補題により，ポアンカレ群の既約表現においては，$k_\mu{}^2$

を実数定数κとおくことができる.

$$k_\mu{}^2 = \kappa \tag{3.1.4}$$

すなわち，κは既約表現を指定するために必要な定数の一つであって，κの値の異なる二つの既約表現は，互いに同値ではない．この意味で$k_\mu{}^2$はポアンカレ群のカシミア演算子の一つであって，既約表現が与えられればそれに応じてκの値がきまることになる．これを用いて既約表現を分類してみよう．以下の［　］が本書での分類の記号である.

[M] ; $\kappa<0$.

この場合，k_μは**時間的**(time-like)であるといい，k_0の固有値は0をとることがない．いま，$\mathrm{sgn}(k_0)$をk_0の固有値の正，負に対応して，それぞれ1, −1をあらわす記号とするとき，$\mathrm{sgn}(k_0)$は任意の$L(\Lambda)$, $T(a)$と可換であることが容易にわかる．それゆえ，この場合次の二種類の相異なる既約表現が可能となる.

[M_+] ; $\mathrm{sgn}(k_0)=1$.

[M_-] ; $\mathrm{sgn}(k_0)=-1$.

[0] ; $\kappa=0$でk_0の固有値が0でない場合.

このとき，k_μは**光円錐上にある**(light-like)，または**ナル・ベクトル**(null vector)といい，[M]のときと同様に

[0_+] ; $\mathrm{sgn}(k_0)=1$,

[0_-] ; $\mathrm{sgn}(k_0)=-1$

によって指定される二つのタイプの既約表現が可能となる．さらに

[L] ; $\kappa=0$で$k_\mu=0(\mu=1,2,3,4)$

および

[T] ; $\kappa>0$

の場合が存在する．[T]はk_μが**空間的**(space-like)とよばれる場合であるが，k_0の固有値は適当なローレンツ変換のもとで符号を変えるので，[M], [0]のときのように$\mathrm{sgn}(k_0)$を用いて既約表現を分類することはできない.

いうまでもなくk_μは平行移動変換の生成子であって，**運動量**，エネルギーの4次元ベクトルをあらわす演算子である．従って，1体問題においては[M]は有限質量の粒子を，[0]は質量0の粒子を記述する．[L]は運動量もエネルギーもことごとく0であって，これは通常の粒子像には対応しない．[T]は

虚数質量の粒子である．

以上，われわれは k_μ だけを用いて既約表現の分類を行った．しかしこれだけではまだポアンカレ群の既約表現が完全に指定できたとはいえない．これまでの議論では(2.1.1)が全く用いられていないからである．従って，既約表現が与えられても，その表現空間において完全直交系をなす状態ベクトルを，上の分類に従う k_μ の固有値 $\bar{k}_\mu$ だけを用いてことごとく指定することは，一般に不可能と考えられる．そこで，それを補うものとして，$\bar{k}_\mu$ とは独立な変数 ξ を導入しよう．そうして，与えられた既約表現空間の完全直交系をつくる状態ベクトルを一般に $|\bar{k},\xi\rangle$ とかこう．すなわち

$$k_\mu|\bar{k},\xi\rangle=\bar{k}_\mu|\bar{k},\xi\rangle. \tag{3.1.5}$$

さらに(3.1.2)を用いれば

$$k_\mu L(\Lambda)|\bar{k},\xi\rangle=\Lambda_{\mu\nu}\bar{k}_\nu L(\Lambda)|\bar{k},\xi\rangle \tag{3.1.6}$$

となるから，$L(\Lambda)|\bar{k},\xi\rangle$ も k_μ の固有状態であって，その固有値は $\Lambda_{\mu\nu}\bar{k}_\nu$ であることがわかる．われわれは ξ の自由度を**スピン自由度**とよぶことにする．

ここで，$|\bar{k},\xi\rangle$ のローレンツ不変な内積を考えよう．

[M] の場合，$-\kappa=m^2(m>0)$ とかく．m は1体問題ではその粒子の質量をあらわす．

$$\omega_k=\sqrt{\boldsymbol{k}^2+m^2} \tag{3.1.7}$$

とおくと(3.1.4)により $\bar{k}_0=\pm\omega_{\bar{k}}$ となって，$+\omega_{\bar{k}}$ のときが [M_+], $-\omega_{\bar{k}}$ のときが [M_-] である．このとき [$M_\pm$] に対応して $|\bar{k},\xi\rangle$ を $|\bar{k},\xi,\pm\rangle$ とかくことにすると，内積は

$$\langle\bar{k},\xi,\pm|\bar{k}',\xi',\pm\rangle=\delta_{\xi\xi'}\omega_{\bar{k}}\delta(\bar{\boldsymbol{k}}-\bar{\boldsymbol{k}}') \tag{3.1.8}$$

であらわすことができる．上式右辺の $\omega_{\bar{k}}\delta(\bar{\boldsymbol{k}}-\bar{\boldsymbol{k}}')$ がローレンツ不変であることは次のようにして証明すればよい．ただし $\delta(\bar{\boldsymbol{k}}-\bar{\boldsymbol{k}}')$ は $\delta(\bar{k}_1-\bar{k}_1')\delta(\bar{k}_2-\bar{k}_2')\times\delta(\bar{k}_3-\bar{k}_3')$ の略記である．ローレンツ変換を

$$\bar{q}_\mu=\Lambda_{\mu\nu}\bar{k}_\nu,\qquad \bar{q}_\mu'=\Lambda_{\mu\nu}\bar{k}_\nu' \tag{3.1.9}$$

とし，$d\bar{\boldsymbol{k}}=d\bar{k}_1d\bar{k}_2d\bar{k}_3$ とかくとヤコビアンを用いて

$$d\bar{\boldsymbol{q}}=\left|\frac{\partial(\bar{q}_1,\bar{q}_2,\bar{q}_3)}{\partial(\bar{k}_1,\bar{k}_2,\bar{k}_3)}\right|d\bar{\boldsymbol{k}}, \tag{3.1.10}$$

したがって $\bar{\boldsymbol{k}}$ を変数とする滑らかな関数 $f(\bar{\boldsymbol{k}})$ に対して

$$\int d\bar{\boldsymbol{q}}\delta(\bar{\boldsymbol{q}}-\bar{\boldsymbol{q}}')f(\bar{\boldsymbol{q}}) = \int d\bar{\boldsymbol{k}}\left|\frac{\partial(\bar{q}_1, \bar{q}_2, \bar{q}_3)}{\partial(\bar{k}_1, \bar{k}_2, \bar{k}_3)}\right|\delta[\Lambda(\bar{\boldsymbol{k}}-\bar{\boldsymbol{k}}')]f(\Lambda\bar{\boldsymbol{k}}) \tag{3.1.11}$$

がなりたつ．ただし $\Lambda\bar{\boldsymbol{k}}$ は $\Lambda_{\mu\nu}\bar{k}_\nu$ の空間成分，すなわち $\Lambda\bar{\boldsymbol{k}}=(\Lambda_{1\nu}\bar{k}_\nu, \Lambda_{2\nu}\bar{k}_\nu, \Lambda_{3\nu}\bar{k}_\nu)$ の意味である．一方(3.1.11)の左辺の積分結果は $f(\bar{\boldsymbol{q}}')$，従って $f(\Lambda\bar{\boldsymbol{k}}')$ であって，これは

$$f(\Lambda\bar{\boldsymbol{k}}') = \int d\bar{\boldsymbol{k}}\delta(\bar{\boldsymbol{k}}-\bar{\boldsymbol{k}}')f(\Lambda\bar{\boldsymbol{k}}) \tag{3.1.12}$$

とかける．これと(3.1.11)の右辺を比較すれば

$$\left|\frac{\partial(\bar{q}_1, \bar{q}_2, \bar{q}_3)}{\partial(\bar{k}_1, \bar{k}_2, \bar{k}_3)}\right|\delta(\bar{\boldsymbol{q}}-\bar{\boldsymbol{q}}')=\delta(\bar{\boldsymbol{k}}-\bar{\boldsymbol{k}}') \tag{3.1.13}$$

を得る．さらにヤコビアン $\partial(\bar{q}_1, \bar{q}_2, \bar{q}_3)/\partial(\bar{k}_1, \bar{k}_2, \bar{k}_3)$ は，$\partial\bar{k}_4/\partial\bar{k}_i=-\bar{k}_i/\bar{k}_4\,(i=1, 2, 3)$ を考慮すれば

$$\Delta = \frac{\partial(\bar{q}_1, \bar{q}_2, \bar{q}_3)}{\partial(\bar{k}_1, \bar{k}_2, \bar{k}_3)} = \begin{vmatrix} \Lambda_{11}-\Lambda_{14}\bar{k}_1/\bar{k}_4 & \Lambda_{12}-\Lambda_{14}\bar{k}_2/\bar{k}_4 & \Lambda_{13}-\Lambda_{14}\bar{k}_3/\bar{k}_4 \\ \Lambda_{21}-\Lambda_{24}\bar{k}_1/\bar{k}_4 & \Lambda_{22}-\Lambda_{24}\bar{k}_2/\bar{k}_4 & \Lambda_{23}-\Lambda_{24}\bar{k}_3/\bar{k}_4 \\ \Lambda_{31}-\Lambda_{34}\bar{k}_1/\bar{k}_4 & \Lambda_{32}-\Lambda_{34}\bar{k}_2/\bar{k}_4 & \Lambda_{33}-\Lambda_{34}\bar{k}_3/\bar{k}_4 \end{vmatrix}$$

$$= \frac{1}{\bar{k}_4}\begin{vmatrix} \Lambda_{11} & \Lambda_{12} & \Lambda_{13} & \Lambda_{14} \\ \Lambda_{21} & \Lambda_{22} & \Lambda_{23} & \Lambda_{24} \\ \Lambda_{31} & \Lambda_{32} & \Lambda_{33} & \Lambda_{34} \\ \bar{k}_1 & \bar{k}_2 & \bar{k}_3 & \bar{k}_4 \end{vmatrix}.$$

ここで $\det(\Lambda^{\mathrm{T}})=1$ を利用して，$\Delta\det(\Lambda^{\mathrm{T}})$ なる行列式の掛算を行い，(1.2.8)および(3.1.9)の第1式を用いると

$$\Delta = \frac{1}{\bar{k}_4}\begin{vmatrix} 1 & 0 & 0 & 0 \\ 0 & 1 & 0 & 0 \\ 0 & 0 & 1 & 0 \\ \bar{q}_1 & \bar{q}_2 & \bar{q}_3 & \bar{q}_4 \end{vmatrix} = \frac{\bar{q}_0}{\bar{k}_0}. \tag{3.1.14}$$

それゆえ(3.1.13)によって $\bar{q}_0\delta(\bar{\boldsymbol{q}}-\bar{\boldsymbol{q}}')=\bar{k}_0\delta(\bar{\boldsymbol{k}}-\bar{\boldsymbol{k}}')$，従って $\omega_{\bar{k}}\delta(\bar{\boldsymbol{k}}-\bar{\boldsymbol{k}}')$ はローレンツ不変である．また完全性の条件は，ディラックの記法*)を用いれば

$$\sum_{\xi}\int\frac{d\bar{\boldsymbol{k}}}{\omega_{\bar{k}}}|\bar{k}, \xi, \pm\rangle\langle\bar{k}, \xi, \pm|=1. \tag{3.1.15}$$

ここで $d\bar{\boldsymbol{k}}/\omega_{\bar{k}}$ がローレンツ不変であることは(3.1.10)，(3.1.14)から容易にわ

*) P. A. M. Dirac: *The Principles of Quantum Mechanics* (4th ed.), Oxford Univ. Press (1958).

かることである.

$[0_\pm]$ の場合も全く同様であって，ただ $[M_\pm]$ における m を 0 とすればよい. 従って

$$\langle \bar{k}, \xi, \pm | \bar{k}', \xi', \pm \rangle = \delta_{\xi\xi'} |\bar{\boldsymbol{k}}| \delta(\bar{\boldsymbol{k}} - \bar{\boldsymbol{k}}') \tag{3.1.16}$$

$$\sum_\xi \int \frac{d\bar{\boldsymbol{k}}}{|\bar{\boldsymbol{k}}|} |\bar{k}, \xi, \pm\rangle\langle \bar{k}, \xi, \pm| = 1 \tag{3.1.17}$$

となる.

$[L]$ の場合は $\bar{k}_\mu = 0$ であるゆえ $|0, \xi\rangle = |\xi\rangle$ とかけば，このときは単に

$$\langle \xi | \xi' \rangle = \delta_{\xi\xi'}, \tag{3.1.18}$$

$$\sum_\xi |\xi\rangle\langle\xi| = 1. \tag{3.1.19}$$

$[T]$ においては，$\kappa > 0$ であるから $[M]$ での m^2 を $-m^2$ におきかえる必要がある．しかしこの場合 $\bar{k}_0$ の二つの値 $\pm\sqrt{\bar{\boldsymbol{k}}^2 - m^2}$ はローレンツ変換のもとで互いに結びつけられることがあるので，状態ベクトルを前のように $\pm$ で分けて考えるのは適当ではない．そこでローレンツ不変な内積を

$$\langle \bar{k}, \xi | \bar{k}', \xi' \rangle \delta(\bar{k}_\mu{}^2 - m^2) = \delta^4(\bar{k} - \bar{k}') \delta_{\xi\xi'} \tag{3.1.20}$$

とかくことにする．ここで $\delta^4(\bar{k} - \bar{k}')$ は $\delta(\bar{k}_1 - \bar{k}_1{}')\delta(\bar{k}_2 - \bar{k}_2{}')\delta(\bar{k}_3 - \bar{k}_3{}')\delta(\bar{k}_0 - \bar{k}_0{}')$ の略記である．(3.1.20) は基本的には前の内積と同じ内容のものであることは，左辺の δ 関数の中の m^2 の符号を変え k_0 について $\omega_{\bar{k}}$ または $-\omega_{\bar{k}}$ の近傍で積分すると (3.1.8) が得られることからわかる．さらに完全性の条件は

$$\sum_\xi \int d^4\bar{k}\, \delta(\bar{k}_\mu{}^2 - m^2) |\bar{k}, \xi\rangle\langle \bar{k}, \xi| = 1 \tag{3.1.21}$$

で与えられる．ただし

$$d^4\bar{k} = d\bar{k}_1 d\bar{k}_2 d\bar{k}_3 d\bar{k}_0 . \tag{3.1.22}$$

以上の議論では ξ は不連続な値をとるとしたが，もし連続値をとるときは，$\delta_{\xi\xi'}$ を $\delta(\xi - \xi')$ で，また ξ の和を積分でおきかえる等の配慮が必要となることはいうまでもない.

§3.2　ローレンツ変換

まず次式で定義される演算子 $P(\Lambda)$ を導入する.

$$P(\Lambda) |\bar{k}, \xi\rangle = |\Lambda\bar{k}, \xi\rangle. \tag{3.2.1}$$

$P(\Lambda)$ は ξ とは無関係で $\bar{k}$ にのみ作用し，また内積を不変にすることからわかるようにユニタリー演算子である．特に分類 [L] の場合は $P(\Lambda)=1$ である．(3.2.1) から容易にわかるように $P(\Lambda)$ は

$$P(\Lambda)P(\Lambda') = P(\Lambda\Lambda') \tag{3.2.2}$$

をみたしており，従ってこれはローレンツ群のユニタリー表現の一つである．

さて $F(k)$ は，この既約表現空間で定義された，k_μ とは可換な演算子であるとしよう．そうすると次の関係がなりたつ．

$$\begin{aligned} P(\Lambda)F(k)|\bar{k},\xi\rangle &= F(\bar{k})P(\Lambda)|\bar{k},\xi\rangle = F(\bar{k})|\Lambda\bar{k},\xi\rangle \\ &= F(\Lambda^{-1}k)|\Lambda\bar{k},\xi\rangle = F(\Lambda^{-1}k)P(\Lambda)|\bar{k},\xi\rangle. \end{aligned} \tag{3.2.3}$$

ここで $|\bar{k},\xi\rangle$ の完全性を考慮すれば (3.2.3) の左右両辺から $|\bar{k},\xi\rangle$ をとり去って

$$P(\Lambda)F(k) = F(\Lambda^{-1}k)P(\Lambda) \tag{3.2.4}$$

とおくことができる．いま $F(k)$ として $T(\Lambda^{-1}a)$ を用いると上式および (3.1.1) から

$$T(\Lambda^{-1}a) = P(\Lambda)^{-1}T(a)P(\Lambda) \tag{3.2.5}$$

を得る．一方 (2.1.3) で a の代りに $\Lambda^{-1}a$ を使えば

$$T(\Lambda^{-1}a) = L(\Lambda)^{-1}T(a)L(\Lambda) \tag{3.2.6}$$

となり，これら二つの式から直ちに

$$P(\Lambda)^{-1}T(a)P(\Lambda) = L(\Lambda)^{-1}T(a)L(\Lambda),$$

従って次の関係が導かれる．

$$[L(\Lambda)P(\Lambda)^{-1},\ T(a)] = 0. \tag{3.2.7}$$

これは任意の a_μ に対してなりたつ式であって，その結果 $L(\Lambda)P(\Lambda)^{-1}$ は k_μ と可換，つまり k_μ に関して対角的 (diagonal) であることがわかる．そこでこれを $Q(\Lambda,k)$ と記すならば $L(\Lambda)$ はつねに

$$L(\Lambda) = Q(\Lambda,k)P(\Lambda) \tag{3.2.8}$$

とかくことができる．$L(\Lambda)$ と $P(\Lambda)$ はともにユニタリー演算子であるから，$Q(\Lambda,k)$ もまたユニタリー演算子である．

(3.2.8) はローレンツ変換の演算子 $L(\Lambda)$ を，ξ に対して対角的な $P(\Lambda)$ と，k_μ に対して対角的な $Q(\Lambda,k)$ に分け，それらの積としてあらわしたものである．これら二つの因子のうち $P(\Lambda)$ はすでに (3.2.1) によって与えられ，これは ξ

とは無関係，したがって残りの $Q(\Lambda,k)$ が決定されればローレンツ変換のもとでの ξ の振舞が完全にわかることになる．そこでまず $Q(\Lambda,k)$ の性質を整理しておこう．

(2.1.1)，(3.2.4)，(3.2.8) を用いると

$$\begin{aligned} L(\Lambda\Lambda') &= L(\Lambda)L(\Lambda') = Q(\Lambda,k)P(\Lambda)Q(\Lambda',k)P(\Lambda') \\ &= Q(\Lambda,k)Q(\Lambda',\Lambda^{-1}k)P(\Lambda\Lambda'), \end{aligned} \tag{3.2.9}$$

一方上式の左辺は $Q(\Lambda\Lambda',k)P(\Lambda\Lambda')$ であるから，Q に関する演算式として

$$Q(\Lambda\Lambda',k) = Q(\Lambda,k)Q(\Lambda',\Lambda^{-1}k) \tag{3.2.10}$$

がなりたつ．

ここで特に $\Lambda'=\Lambda^{-1}$ とおこう．ただし Λ^{-1} の意味は，§2.2 で述べたように，$SL(2,C)$ の元 g に対して $\Lambda=\Lambda(g)$ としたときの g^{-1} である．そうすると (2.2.21) を用いることができるので

$$Q(\Lambda,k)^{-1} = Q(\Lambda^{-1},\Lambda^{-1}k) \tag{3.2.11}$$

としてよい．

さらに表現の同値性に関しては次のようになる．

既約表現 $L(\Lambda)$，$T(a)$ が与えられたとき，これらの代りに $UL(\Lambda)U^{-1}$，$UT(a)\times U^{-1}$ を用いることができる．ただし，U はいま問題にしている既約表現空間において定義された演算子であるが，表現のユニタリー性をこわさないために，これはユニタリー演算子である必要がある．このことは，量子力学はユニタリー変換のもとでその内容が不変であるというよく知られた事実に対応するものである．われわれは後の便宜のために特に限定して，U は k_μ に対して対角的，しかも k_μ の1価関数であると仮定しよう．これを $U(k)$ とかく．$U(k)$ を k_μ の1価関数としたのは，状態ベクトル $|\bar{k},\xi\rangle$ が $\bar{k}_\mu$ の1価関数*)であることから，$U(k)$ の変換でその1価性がくずれないようにするためである．このようなユニタリー演算子によっては，$T(a)$ は変換を受けず，$L(\Lambda)$ だけが $U(k)L(\Lambda)U(k)^{-1}$ なる変換を受ける．ここで (3.2.8) および (3.2.4) を用いれば

---

*) つまり，k_μ の固有値 $\bar{k}_\mu$ に縮退があるときは，その縮退を ξ によってとり除き，与えられた ξ に対して $|\bar{k},\xi\rangle$ が(位相因子の不定性を除いて) $\bar{k}_\mu$ により一意的にきまるようにしてある．このようなことが表現の連続性と抵触することなしにできることは自明ではないが，ここでは，それが可能であるとして話を進める．この前提の保証については，36ページの註**)および§5.4参照.

$$U(k)L(\Lambda)U(k)^{-1} = U(k)Q(\Lambda, k)U(\Lambda^{-1}k)^{-1}P(\Lambda) \qquad (3.2.12)$$

となる．したがって $T(a), P(\Lambda)$ をそのままとし，$Q(\Lambda, k)$ の代りに

$$Q'(\Lambda, k) = U(k)Q(\Lambda, k)U(\Lambda^{-1}k)^{-1} \qquad (3.2.13)$$

を用いても，同値な表現が与えられる．$Q'(\Lambda, k)$ がユニタリーであることはいうまでもない．

§3.3 リトル・グループ

以上の準備のもとに $Q(\Lambda, k)$ を決定するため，ウィグナー(Wigner)に従ってわれわれは**リトル・グループ**(little group)という概念をここに導入しよう．

ポアンカレ群の既約表現が与えられたとき，k_μ したがってその固有値 $\bar{k}_\mu$ は，§3.1 で述べられた $[M_+], [M_-], [0_+], [0_-], [L], [T]$ のいずれかに分類される．そうしてそれぞれの分類の中でそこに属する $\bar{k}_\mu$ はローレンツ変換で互いに結びつけられている．ある分類に属する $\bar{k}_\mu$ の集合 $\{\bar{k}\}$ から一つを選びそれを l_μ とかく．l_μ の選び方は全く任意であるが，ともかく勝手に一つを選べばよい．l_μ を不変にするようなローレンツ変換 λ の集合 $\{\lambda\}$ はローレンツ群の部分群であって，これをリトル・グループとよぶ．すなわち $\lambda_{\mu\nu}l_\nu = l_\mu$ であるが，これを簡単のために

$$\lambda l = l \qquad (3.3.1)$$

とかく．

一方，$\{\bar{k}\}$ の中の任意の $\bar{k}_\mu$ は l_μ とローレンツ変換で結びつけられており，適当なローレンツ変換 $\alpha_{\bar{k}}$ を用いれば

$$\bar{k} = \alpha_{\bar{k}} l \qquad (3.3.2)$$

または

$$l = \alpha_{\bar{k}}^{-1}\bar{k} \qquad (3.3.3)$$

とかける．もちろん，l と $\bar{k}$ が与えられても $\alpha_{\bar{k}}$ は一意的にはきまらないが，(3.3.2)をみたす $\alpha_{\bar{k}}$ を任意に一つ採用してそれを用いることにする．

さて，ローレンツ変換 Λ に対して $\lambda_{\bar{k}}$ を

$$\lambda_{\bar{k}} = \alpha_{\bar{k}}^{-1}\Lambda\alpha_{\Lambda^{-1}\bar{k}} \qquad (3.3.4)$$

で定義する．(3.3.2)，(3.3.3)から容易にわかるように

$$\lambda_{\bar{k}} l = l \qquad (3.3.5)$$

となり，したがって $\lambda_{\bar{k}}$ はリトル・グループの元である．ところで(3.3.4)により $\Lambda=\alpha_{\bar{k}}\lambda_{\bar{k}}(\alpha_{\Lambda^{-1}\bar{k}})^{-1}$ であるから，

$$Q(\Lambda, k) = Q(\alpha_{\bar{k}}\lambda_{\bar{k}}(\alpha_{\Lambda^{-1}\bar{k}})^{-1}, k). \tag{3.3.6}$$

ここで(3.2.10)を用いればこの右辺は変形できて結局

$$Q(\Lambda, k) = Q(\alpha_{\bar{k}}, k)Q(\lambda_{\bar{k}}, \alpha_{\bar{k}}{}^{-1}k)Q((\alpha_{\Lambda^{-1}\bar{k}})^{-1}, \lambda_{\bar{k}}{}^{-1}\alpha_{\bar{k}}{}^{-1}k) \tag{3.3.7}$$

とかくことができる．この左辺をみればわかるように，右辺に入っている $\bar{k}$ は見かけ上のものであって，右辺は全体としては $\bar{k}$ には依存しないはずである．したがって $\bar{k}$ を適当にとることができる．そこで $\bar{k}=k$ としてみよう．$\bar{k}$ は単なる数であり，一方 k は演算子であるからこれを等しいとおくのは少々乱暴のようであるが，Q は k に対して対角的であるため Q 同士の間の関係を論ずる際には k を普通の数と同様にみなして扱えるので，このようなことが許されるのである*)．その結果，(3.3.3), (3.3.1)により，

$$Q(\Lambda, k) = Q(\alpha_k, k)Q(\lambda_k, l)Q((\alpha_{\Lambda^{-1}k})^{-1}, l) \tag{3.3.8}$$

が得られる．

さて，$Q(\alpha_k, k)$ はユニタリー演算子であるので，いまこれを

$$Q(\alpha_k, k) = U(k)^{-1} \tag{3.3.9}$$

とおこう．そうすると(3.2.11), (3.3.3)から

$$U(k) = Q(\alpha_k, k)^{-1} = Q(\alpha_k{}^{-1}, \alpha_k{}^{-1}k) = Q(\alpha_k{}^{-1}, l) \tag{3.3.10}$$

したがって

$$U(\Lambda^{-1}k) = Q((\alpha_{\Lambda^{-1}k})^{-1}, l) \tag{3.3.11}$$

となり，(3.3.8)を用いて

$$Q(\Lambda, k) = U(k)^{-1}Q(\lambda_k, l)U(\Lambda^{-1}k) \tag{3.3.12}$$

を得る．この結果は，(3.2.13)からわかるように，$Q(\Lambda, k)$ の代りに $Q(\lambda_k, l)$ を用いてもポアンカレ群の表現はユニタリー同値であることを意味している．それゆえ，一般性を失うことなしに

$$L(\Lambda) = Q(\lambda_k, l)P(\Lambda) \tag{3.3.13}$$

---

*) このようなやり方が気に入らなければ，(3.3.7)を $|\bar{k}, \xi\rangle$ に作用させ，Q の中の k を $\bar{k}$ におきかえる．そうして(3.3.3), (3.3.1)を用いてその右辺の整理をした後 Q の中の $\bar{k}$ を再び k におきかえて $|\bar{k}, \xi\rangle$ を両辺からはずせばよい．結果として(3.3.8)が導かれる．

とかいてよい*).

$Q(\lambda_k, l)$ は次のような性質をみたしている．いま(3.3.4)に従って

$$\left.\begin{aligned}\lambda_p &= \alpha_p{}^{-1}\Lambda\alpha_{\Lambda^{-1}p},\\ \lambda_p{}' &= \alpha_p{}^{-1}\Lambda'\alpha_{\Lambda'^{-1}p}\end{aligned}\right\} \tag{3.3.14}$$

とおくとき，(3.2.10)により

$$Q(\lambda_p\lambda_p{}', k) = Q(\lambda_p, k)Q(\lambda_p{}', \lambda_p{}^{-1}k) \tag{3.3.15}$$

なる関係がなりたつ．ここで $k=l$ とすれば

$$Q(\lambda_p\lambda_p{}', l) = Q(\lambda_p, l)Q(\lambda_p{}', l), \tag{3.3.16}$$

したがって $Q(\lambda_k, l)$ はリトル・グループのユニタリー表現である．ポアンカレ群のユニタリーな既約表現は，実はこれを用いてことごとく求められる．これは次節で述べよう．ポアンカレ群の既約表現における $Q(\lambda_k, l)$ は通常**ウィグナー回転**(Wigner rotation)とよばれている．

この節のはじめに，l および α_k のとり方に任意性があることを述べたが，しかしこの任意性は理論に本質的な影響を与えるものでないことは，いまや明らかであろう．実際，(3.3.12)の左辺に l や α_k が含まれていないことからもわかるように，l, α_k のとり方を変えてみても結局はユニタリー同値な表現が得られるに過ぎない．したがって $Q(\lambda_k, l)$ の形を具体的に求める際には，それに便利な l や α_k を用いればよいのである．これは第4, 第5章で行う．

§3.4　表現の既約性

ポアンカレ群のユニタリーな既約表現においては，$Q(\lambda_k, l)$ がリトル・グループのユニタリーな既約表現になっていることは，これの対偶を考えれば容易に理解できる．なぜならば，もし $Q(\lambda_k, l)$ が可約であったとしよう．$P(\Lambda)$ は ξ には無関係な演算子であるから，$L(\Lambda)$ の ξ に関係した性質はすべて $Q(\lambda_k, l)$ を通して与えられている．ところで $Q(\lambda_k, l)$ は k に対して対角的なので，その可約性は ξ の自由度に関するものと考えねばならない．それゆえ $Q(\lambda_k, l)$ が可約であれば，これはとりもなおさず $L(\Lambda)$ が ξ の自由度に関して可約であること

---

*)　ただしここで $U(k)^{-1}$ すなわち $Q(\alpha_k, k)$ は k_μ の1価関数であることが仮定されている．この仮定は α_k および $Q(\Lambda, k)$ が k の1価関数であることに基づく．特に後者は $|\bar{k}, \xi\rangle$ が $\bar{k}_\mu$ の1価関数であるという前提による．

を意味する．他方，$T(a)$ は k および ξ について対角的である．以上の結果はポアンカレ群の表現が可約であることを示し，これは仮定に反する．すなわち，ポアンカレ群のユニタリー表現が既約であれば，そのときの $Q(\lambda_k, l)$ は必ずリトル・グループのユニタリーな既約表現になっている．

これの逆，つまり $Q(\lambda_k, l)$ をリトル・グループの任意のユニタリーな既約表現とするとき，それに対応して，ポアンカレ群のユニタリーな既約表現が常に与えられるであろうか．$|\bar{k},\bar{\xi}\rangle$ が $\bar{k}_\mu$ の1価関数のとき $P(\Lambda)$ はユニタリーであるから，$Q(\lambda_k, l)P(\Lambda)$ はもちろんユニタリーになるが，これが果して，(既約であるか否かは別としても)ローレンツ群の表現になっているかどうかを，まずしらべてみよう．そのために $Q(\lambda_k, l)P(\Lambda)$ と $Q(\lambda_k', l)P(\Lambda')$ の積をつくると

$$\begin{aligned} &Q(\lambda_k, l)P(\Lambda)Q(\lambda_k', l)P(\Lambda') \\ &\quad = Q(\lambda_k, l)Q(\lambda_{\Lambda^{-1}k}', l)P(\Lambda)P(\Lambda') = Q(\lambda_k\lambda_{\Lambda^{-1}k}', l)P(\Lambda\Lambda'). \end{aligned} \tag{3.4.1}$$

一方

$$\begin{aligned} \lambda_k\lambda_{\Lambda^{-1}k}' &= \alpha_k^{-1}\Lambda\alpha_{\Lambda^{-1}k}(\alpha_{\Lambda^{-1}k})^{-1}\Lambda'\alpha_{\Lambda'^{-1}\Lambda^{-1}k} \\ &= \alpha_k^{-1}\Lambda\Lambda'\alpha_{(\Lambda\Lambda')^{-1}k} \end{aligned} \tag{3.4.2}$$

となっているから，$Q(\lambda_k, l)P(\Lambda)$ はローレンツ群の表現を与えている．しかし，次のような場合があり得ることは注意する必要がある．それは，リトル・グループの既約表現が3価以上の多価表現となる場合である．このようなことが $[0_\pm]$, $[T]$ のときに実際に起り得ることは次の章で示されるが，§2.1で述べたようにローレンツ群の表現は本来高々2価の表現であるから，そのような $Q(\lambda_k, l)$ をもってしてはローレンツ群の表現はつくり得ないはずである*)．すなわち $Q(\lambda_k, l)P(\Lambda)$ がローレンツ群の表現になるためには $Q(\lambda_k, l)$ がリトル・グループの表現として高々2価までの表現になっている場合に限られる**)．

---

*)　これは，前に述べたように $|\bar{k},\bar{\xi}\rangle$ が $\bar{k}_\mu$ の1価関数であれば，ローレンツ群の表現の多価性は $Q(\lambda_k, l)$ のみに由来するものとみなされるからである．

**)　リトル・グループの既約表現が1価でも2価でもない場合には，実は $Q(\lambda_k, l)\times P(\Lambda)|\bar{k},\xi\rangle$ が $\bar{k}_\mu$ の1価関数ではなくなる．つまり $|\bar{k},\bar{\xi}\rangle$ がポアンカレ群のもとで常に1価関数に保たれるためには，その表現が高々2価である必要があり，これは§2.1に述べたように回転群の表現が高々2価であることによって保証される．言いかえれば，Λ' を空間回転とするとき，$Q(\lambda_k', l)P(\Lambda')$ が正しく回転群の表現になっていれば $|\bar{k}_\mu,\bar{\xi}\rangle$ は $\bar{k}_\mu$ の1価関数となる．これについては，§5.4を参照されたい．すなわちこのような条件のもとで $Q(\lambda_k, l)P(\Lambda)$ は，(3.4.1), (3.4.2)によりローレンツ群の表現となるのである．

以下においては，$Q(\lambda_k, l)$ をこのように制限し，それがユニタリーかつ既約であるとき，$Q(\lambda_k, l)P(\Lambda)$ によって与えられる $L(\Lambda)$ は $T(a)$ とともにポアンカレ群の既約表現をつくっていることを示そうと思う．

ポアンカレ群の元 f に対し，上のようにして与えられたユニタリー表現を $D(f)$ とかく．いま，この表現が可約であると仮定しよう．そうすると表現空間には，すべての f に対して

$$\langle \mathrm{II}|D(f)|\mathrm{I}\rangle = 0 \tag{3.4.3}$$

となるような状態ベクトル $|\mathrm{I}\rangle, |\mathrm{II}\rangle$ ，が存在する．もちろん $D(f)T(a)$ もポアンカレ群の表現であるから，すべての f に対して

$$\langle \mathrm{II}|D(f)T(a)|\mathrm{I}\rangle = 0. \tag{3.4.4}$$

一方，$|\mathrm{I}\rangle$ は $|\bar{k}, \bar{\xi}\rangle$ の重ね合せであるから

$$|\mathrm{I}\rangle = \sum_{\bar{\xi}} \int_{\Sigma} d^4\bar{k} C_{\mathrm{I}}(\bar{k}, \bar{\xi}) |\bar{k}, \bar{\xi}\rangle \tag{3.4.5}$$

とかくことができる．ただし積分領域 Σ は§3.1の分類にもとづく $\bar{k}_\mu$ のとり得る範囲である．(3.4.5)を(3.4.4)に代入すれば

$$\sum_{\bar{\xi}} \int_{\Sigma} d^4\bar{k} C_{\mathrm{I}}(\bar{k}, \bar{\xi}) \langle \mathrm{II}|D(f)|\bar{k}, \bar{\xi}\rangle e^{i\bar{k}_\mu a_\mu} = 0 \tag{3.4.6}$$

となるが，a_μ は任意であるからすべての f に対し

$$\langle \mathrm{II}|D(f)|\bar{k}'\rangle_{\mathrm{I}} = 0 \tag{3.4.7}$$

をみたすような，ゼロでない状態ベクトル

$$|\bar{k}'\rangle_{\mathrm{I}} = \sum_{\bar{\xi}} C_{\mathrm{I}}(\bar{k}', \bar{\xi}) |\bar{k}', \bar{\xi}\rangle \tag{3.4.8}$$

が存在することがわかる．同様のことを $|\mathrm{II}\rangle$ についても行えば，k_μ の固有値が $\bar{k}_\mu''$ であってしかもゼロでない状態ベクトル $|\bar{k}''\rangle_{\mathrm{II}}$ が定義され

$$_{\mathrm{II}}\langle \bar{k}''|D(f)|\bar{k}'\rangle_{\mathrm{I}} = 0 \tag{3.4.9}$$

をみたすようにすることができる．

いま λ をリトル・グループの任意の元とし(3.4.9)の $D(f)$ に $L(\alpha_{\bar{k}''})L(\lambda) \times L(\alpha_{\bar{k}'}{}^{-1})$ を用いてみよう．

$$\begin{aligned} L(\alpha_{\bar{k}'}{}^{-1})|\bar{k}'\rangle_{\mathrm{I}} &= Q(\alpha_k{}^{-1}\alpha_{\bar{k}'}{}^{-1}\alpha_{\alpha_{\bar{k}'}k}, l)P(\alpha_{\bar{k}'}{}^{-1})|\bar{k}'\rangle_{\mathrm{I}} \\ &= Q(\alpha_l{}^{-1}, l)|l\rangle_{\mathrm{I}}, \end{aligned} \tag{3.4.10}$$

同様にして

$$L(\alpha_{\bar{k}''})^{\dagger}|\bar{k}''\rangle_{\rm II} = L(\alpha_{\bar{k}''}{}^{-1})|\bar{k}''\rangle_{\rm II} = Q(\alpha_l{}^{-1}, l)|l\rangle_{\rm II} \tag{3.4.11}$$

を得る．ただし $|l\rangle_{\rm I}$, $|l\rangle_{\rm II}$ はそれぞれ $P(\alpha_{\bar{k}'}{}^{-1})|\bar{k}'\rangle_{\rm I}$, $P(\alpha_{\bar{k}''}{}^{-1})|\bar{k}''\rangle_{\rm II}$ であって，P はユニタリー演算子であるから，これはゼロ・ベクトルではない．しかも

$$k_\mu|l\rangle_{\rm I,II} = l_\mu|l\rangle_{\rm I,II}. \tag{3.4.12}$$

他方，$L(\lambda)=Q(\alpha_k{}^{-1}\lambda\alpha_{\lambda^{-1}k}, l)P(\lambda)$ であるから，(3.4.10)～(3.4.12)を用い，さらに α_l はリトル・グループの元すなわち $\alpha_l l=l$ であることを考慮して(3.3.16)を使うと

$$\begin{aligned}{}_{\rm II}\langle\bar{k}''|L(\alpha_{\bar{k}''})L(\lambda)L(\alpha_{\bar{k}'}{}^{-1})|\bar{k}'\rangle_{\rm I} &= {}_{\rm II}\langle l|Q(\alpha_l, l)Q(\alpha_l{}^{-1}\lambda\alpha_l, l)Q(\alpha_l{}^{-1}, l)|l\rangle_{\rm I} \\ &= {}_{\rm II}\langle l|Q(\lambda, l)|l\rangle_{\rm I}\end{aligned} \tag{3.4.13}$$

となって，(3.4.9)の結果この右辺はゼロでなければならない．ところで λ はリトル・グループの任意の元である．従ってこの結果は，$Q(\lambda, l)$ がリトル・グループの可約な表現になっていることを示し，これは仮定に反する．それゆえいま扱っているポアンカレ群の表現は既約でなければならない．

以上の議論の結果として，われわれは，‘ポアンカレ群のユニタリー表現 $L(\Lambda)$ が既約であるための必要十分条件は，$L(\Lambda)$ が(3.3.13)で与えられ，しかも $Q(\lambda_k, l)$ はリトル・グループの1価もしくは2価のユニタリーな既約表現である’，という結論に達した．

第4章　リトル・グループのユニタリー表現

§4.1　回　転　群

前節の議論によればポアンカレ群のユニタリーな既約表現は，リトル・グループの1価または2価のユニタリーな既約表現をすべて与えれば，完全に決定されることになる．この章では，§3.1で述べられた k_μ の各分類に応じて，リトル・グループはいかなるものになるかをしらべ，それぞれの場合のユニタリー表現を求めることにする．

まず $[M_\pm]$ の場合から考察しよう．

$$\left.\begin{aligned} &k_\mu{}^2 = \kappa = -m^2, \\ &m > 0 \end{aligned}\right\} \tag{4.1.1}$$

とおけば，1体問題においては m はその粒子の質量である．ここでは，リトル・グループを求めるために l_μ として静止系

$$l_\mu = (0, 0, 0, \pm im) \tag{4.1.2}$$

をとる．すなわち l_μ の空間成分はことごとく0，第4成分の $+, -$ はそれぞれ $[M_+], [M_-]$ の場合である．容易にわかるように，この l_μ を不変にするローレンツ群の部分群，すなわちリトル・グループは $[M_+], [M_-]$ いずれの場合も回転群である．

この群の既約表現は，角運動量との関係でよく知られている．ここでは簡単に結果だけを記しておこう．回転群の生成子を $\boldsymbol{S}$ とかこう．$\boldsymbol{S}$ はエルミート演算子で，その各成分は(2.3.7)と同じ交換関係

$$[S_i, S_j] = i\sum_{k=1}^{3} \varepsilon_{ijk} S_k \tag{4.1.3}$$

をみたし，既約表現は $\boldsymbol{S}^2$ の固有値 $s(s+1)$ によって一意的に指定される．ただし s は

$$s = 0, \quad 1/2, \quad 1, \quad 3/2, \cdots \tag{4.1.4}$$

のいずれかである．そうして s が整数ならば1価表現，半整数ならば2価表現

である．既約表現空間の中の完全直交系は S_3 の固有値 ξ によって与えられ $|s,\xi\rangle$ とかける．すなわち

$$\left.\begin{aligned} &S^2|s,\xi\rangle = s(s+1)|s,\xi\rangle,\\ &S_3|s,\xi\rangle = \xi|s,\xi\rangle,\\ &\langle s,\xi|s,\xi'\rangle = \delta_{\xi\xi'},\\ &\xi = s, s-1, s-2, \cdots, -(s-1), -s \end{aligned}\right\} \tag{4.1.5}$$

である．さらに

$$S^{(\pm)} = S_1 \pm iS_2 \tag{4.1.6}$$

とおくと(4.1.5)から

$$\left.\begin{aligned} &S^{(+)}|s,\xi\rangle = \sqrt{(s-\xi)(s+\xi+1)}\,|s,\xi+1\rangle,\\ &S^{(-)}|s,\xi\rangle = \sqrt{(s+\xi)(s-\xi+1)}\,|s,\xi-1\rangle \end{aligned}\right\} \tag{4.1.7}$$

が導かれる*)．

1体問題においては，s はその粒子の**スピン**(spin)，$\boldsymbol{S}$ は**スピン・ベクトル**とよばれている．このようにして有限質量の粒子においては，その質量 m とスピン s および $\mathrm{sgn}(k_0)$ が与えられれば，ポアンカレ群のユニタリーな既約表現は一意的に決定されることになる．

なお，スピン0の場合は $\boldsymbol{S}=0$，スピン1/2では $\boldsymbol{S}=\boldsymbol{\sigma}/2$ である．その他の場合の $\boldsymbol{S}$ も(4.1.5)，(4.1.7)を用いれば計算できる．

§4.2　2次元ユークリッド群

次に [0] すなわち $k_\mu^2=0$ の場合を考えよう．この場合は質量は0であって前節と異なり，静止系が存在しない．そこで l_μ としては

$$l_\mu = (0, 0, 1, \pm i) \tag{4.2.1}$$

を用いることにする．l_μ の第4成分の $+$，$-$ は§3.1の分類の $[0_+]$，$[0_-]$ に対応する．

さて，リトル・グループを求めるために，ここでは§2.2に述べたローレンツ群のスピノル表現をつかって計算しよう．l_μ を不変にするわけであるから，

---

*) 以上の結果を導くための荒すじは§5.4のはじめの部分に述べてある．

(2.2.14)の x_μ, x_μ' をともに l_μ とおく．そうすると $[0_+]$ の場合は

$$g^{(+)}\begin{pmatrix}0 & 0\\ 0 & -2\end{pmatrix}g^{(+)\dagger} = \begin{pmatrix}0 & 0\\ 0 & -2\end{pmatrix} \tag{4.2.2}$$

を満足するような $\det(g^+)=1$ の $g^{(+)}$ を求めればよい．計算の結果 $g^{(+)}$ は

$$g^{(+)} = \delta(\beta)t^{(+)}(a_1, a_2) \tag{4.2.3}$$

で与えられる．ただし

$$\delta(\beta) = \begin{pmatrix}e^{i\beta/2} & 0\\ 0 & e^{-i\beta/2}\end{pmatrix}, \tag{4.2.4}$$

$$t^{(+)}(a_1, a_2) = \begin{pmatrix}1 & 0\\ a_1+ia_2 & 1\end{pmatrix} \tag{4.2.5}$$

であって，a_1, a_2, β は実数である．

同様にして $[0_-]$ の場合の $g^{(-)}$ としては，

$$\sigma_2\begin{pmatrix}0 & 0\\ 0 & 2\end{pmatrix}\sigma_2 = \begin{pmatrix}2 & 0\\ 0 & 0\end{pmatrix} \tag{4.2.6}$$

なる関係に着目すれば(4.2.2)の複素共役をとった式より

$$\sigma_2 g^{(+)*}\sigma_2\begin{pmatrix}2 & 0\\ 0 & 0\end{pmatrix}\sigma_2 g^{(+)\mathrm{T}}\sigma_2 = \begin{pmatrix}2 & 0\\ 0 & 0\end{pmatrix} \tag{4.2.7}$$

となるから

$$g^{(-)} = \sigma_2 g^{(+)*}\sigma_2 = \delta(\beta)t^{(-)}(a_1, a_2), \tag{4.2.8}$$

$$t^{(-)}(a_1, a_2) = \begin{pmatrix}1 & -(a_1-ia_2)\\ 0 & 1\end{pmatrix} \tag{4.2.9}$$

が得られる．ただし $g^{(+)*}$ は，$g^{(+)}$ の各行列要素をその複素共役でおきかえて得られた行列である．

これらの式を用いると，$\delta(\beta)$ や $t^{(\pm)}(a_1, a_2)$ の間には次のような関係が存在することがわかる．

$$\delta(\beta)\delta(\beta') = \delta(\beta+\beta'), \tag{4.2.10}$$

$$t^{(\pm)}(a_1, a_2)t^{(\pm)}(b_1, b_2) = t^{(\pm)}(a_1+b_1, a_2+b_2), \tag{4.2.11}$$

$$\delta(\beta)t^{(\pm)}(a_1, a_2) = t^{(\pm)}(a_1\cos\beta+a_2\sin\beta, -a_1\sin\beta+a_2\cos\beta)\delta(\beta). \tag{4.2.12}$$

これは，ちょうど2次元のユークリッド空間における回転

$$\left.\begin{aligned} x_1 &\to x_1 \cos\beta + x_2 \sin\beta, \\ x_2 &\to -x_1 \sin\beta + x_2 \cos\beta, \end{aligned}\right\} \tag{4.2.13}$$

および平行移動

$$\left.\begin{aligned} x_1 &\to x_1 + a_1, \\ x_2 &\to x_2 + a_2 \end{aligned}\right\} \tag{4.2.14}$$

を与える群の表現になっている．この群は**2次元ユークリッド群**(2-dimensional Euclidian group)とよばれ $E(2)$ とかかれるものである．この場合パラメータ空間の連結性は，ポアンカレ群のときと同じ理由から，変換(4.2.13)だけを考察すればよい．そうするとパラメータ空間は半径1の円周になり，$\beta=0$ の点は恒等変換にあたる(図4.1)．

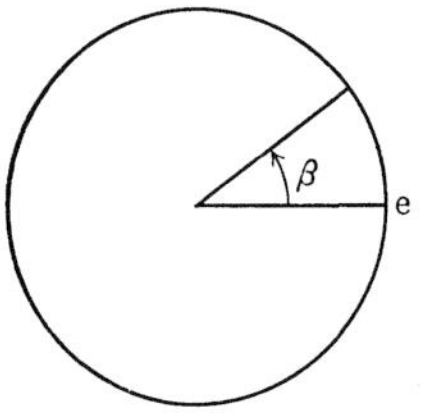

図4.1

この空間における閉曲線には，e から出発し途中まで行って同じ道を e に引きかえすものもあるが，何回か周上を回って e にもどるものもあり，また回り方にも右回りと左回りがある．最初に述べた途中から引きかえすような閉曲線は，連続的な変形によって e に収縮することができるが，その他の場合はこれができない．そればかりか，まわる回数や回転の向きの違った閉曲線は連続的な変形で互いに移り変わることができない．つまり無限の種類の閉曲線が可能であって，このことはパラメータ空間が回転群のときのようにはなっていないことを示す．その結果 $E(2)$ の表現は1価，2価，…，無限価表現が存在することになるが，§3.4で述べたようにポアンカレ群の表現を与えるものはこのうち1価表現と2価表現のものに限られねばならない．

ここで $E(2)$ のユニタリー表現を具体的に求めてみよう．それには，ポアンカレ群のユニタリー表現を求めたときと同じようにやればよい．まず平行移動の変換(4.2.14)のユニタリー表現 $t(a_1, a_2)$ は

$$t(a_1, a_2) = e^{i(\xi_1 a_1 + \xi_2 a_2)} \tag{4.2.15}$$

となる．ξ_1, ξ_2 は互いに可換なエルミート演算子で，ポアンカレ群の k_μ に対応し，いわば2次元空間での“運動量”である．2次元回転(4.2.13)のユニタリー表現を $d(\beta)$ とかくと，$\xi_1{}^2+\xi_2{}^2$ は $t(a_1, a_2)$ および $d(\beta)$ と交換するから，$E(2)$ の既約表現においてはこれは単なる定数である．そうすると既約表現は次の二つのタイプに分類される．

$[0_\pm{}^0]$; $\xi_1{}^2+\xi_2{}^2 = 0$,

$[\Xi_\pm{}^0]$; $\xi_1{}^2+\xi_2{}^2 = \Xi > 0$.

分類の記号に ± をつけたのは $\mathrm{sgn}(k_0)=\pm 1$ に対応する．

$[0_\pm{}^0]$ の場合は $\xi_1=\xi_2=0$ となって

$$t(a_1, a_2) = 1 \tag{4.2.16}$$

であるから

$$d(\beta)d(\beta') = d(\beta+\beta') \tag{4.2.17}$$

をみたす $d(\beta)$ だけが問題になる．これのユニタリーな既約表現は1次元表現だけであって(シューアの補題)，

$$d(\beta) = e^{i\beta S} \tag{4.2.18}$$

とかけることは明らかである．ただし S は任意の実数であり，S の値が異ればそれは別の既約表現となる．しかし，さきに述べたように，われわれは1価または2価の表現の場合だけを考えればよいから

$$|S| = 0, \quad 1/2, \quad 1, \quad 3/2, \cdots \tag{4.2.19}$$

とおくことができる．S が整数のときが1価表現，半整数のときが2価表現である．S の値と $\mathrm{sgn}(k_0)$ が与えられればそれに対応してポアンカレ群のユニタリーな既約表現が決定する．ポアンカレ群のこのような変換に従う粒子を，**質量0の不連続スピン**(discrete spin)**の粒子**という．ここでいうスピンは，前節で述べた，静止系をもつような粒子のスピンの描像とは直結していない．その物理的な内容については§5.4で論ずるであろう．

次に $[\Xi_\pm{}^0]$ の場合を考える．今度は，ξ が生きてくるので，ポアンカレ群のときとの類似性から既約表現空間の完全直交系をつくるベクトルを $|\bar{\xi}, \bar{\sigma}\rangle$ とかこう．ただし $\bar{\xi}$ は ξ の固有値，すなわち $\xi_a|\bar{\xi}, \bar{\sigma}\rangle = \bar{\xi}_a|\bar{\xi}, \bar{\sigma}\rangle$ $(a=1, 2)$ であり，また $\bar{\sigma}$ は完全系を指定するために導入された $\bar{\xi}$ 以外の変数であって，これらはそれぞれポアンカレ群のときの $\bar{k}, \bar{\xi}$ に対応するものである．さらに $|\bar{\xi}, \bar{\sigma}\rangle$

は $\bar{\xi}$ の1価連続関数であって，表現の多価性は $\bar{\sigma}$ に由来すると考える．ここで極座標を用いて $\xi_1=\sqrt{E}\cos\varphi, \xi_2=\sqrt{E}\sin\varphi$ とかくと $|\bar{\xi},\bar{\sigma}\rangle$ の代りに $|\bar{\varphi},\bar{\sigma}\rangle$ を用いることができる．定義によりこれは $\bar{\varphi}$ に関し 2π の周期関数である．

$$|\bar{\varphi}+2\pi,\bar{\sigma}\rangle = |\bar{\varphi},\bar{\sigma}\rangle. \tag{4.2.20}$$

このとき，2次元回転の演算子 $d(\beta)$ は(3.2.8)に対応して

$$d(\beta) = Q(\beta,\varphi)P(\beta), \tag{4.2.21}$$

$$P(\beta)|\bar{\varphi},\bar{\sigma}\rangle = |\bar{\varphi}-\beta,\bar{\sigma}\rangle \tag{4.2.22}$$

となる．$Q(\beta',\varphi)$ と $P(\beta)$ の関係は，$Q(\beta',\varphi)$ が φ の連続関数であることを考慮すれば(3.2.4)と同様の式が導かれるので

$$P(\beta)Q(\beta',\varphi) = Q(\beta',\varphi+\beta)P(\beta) \tag{4.2.23}$$

とおくことができる．それゆえ(4.2.17)より

$$d(\beta+\beta') = d(\beta)d(\beta') = Q(\beta,\varphi)Q(\beta',\varphi+\beta)P(\beta+\beta'),$$

したがって Q のみたす式として

$$Q(\beta+\beta',\varphi) = Q(\beta,\varphi)Q(\beta',\varphi+\beta) \tag{4.2.24}$$

が得られる．ここで $P(\beta)P(\beta') = P(\beta+\beta')$ を用いた．$Q(\beta,\varphi)$ は φ と可換であるから(4.2.24)では φ は β と同様単なる数として扱ってよい．そこで $\varphi=0$ とおくと

$$Q(\beta+\beta',0) = Q(\beta,0)Q(\beta',\beta), \tag{4.2.25}$$

さらにこの式で $\beta'\to\beta, \beta\to\varphi$ なるかきかえを行えば

$$Q(\beta,\varphi) = Q(\varphi,0)^{-1}Q(\varphi+\beta,0) \tag{4.2.26}$$

となって，ここに(4.2.24)の一般解が得られた．その結果，

$$d(\beta) = Q(\varphi,0)^{-1}Q(\varphi+\beta,0)P(\beta) = Q(\varphi,0)^{-1}P(\beta)Q(\varphi,0) \tag{4.2.27}$$

とかくことができる．しかしながら，これからただちに $d(\beta)$ は $P(\beta)$ とユニタリー同値であると考え，その結果として前者の代りに後者がいつでも用いられると思ってはならない．というのは，$Q(\varphi,0)$ が 2π を周期とする φ の関数でない場合には，上の意味でユニタリー同値として新たに得られた状態ベクトルは，条件(4.2.20)をみたさなくなるからである*)．

---

*) $Q(\varphi,0)^{-1}$ は(3.3.8)の $Q(\alpha_k,k)$ に対応している．しかし上記のようなことがあるため，$E(2)$ の既約表現を求めるのにそのリトル・グループを経由する方法はここではとらない．

ところで，われわれが必要とするのは1価および2価の表現のみであり，一方 $P(\beta)$ は表現の多価性とは無関係であるから，$Q(\beta, \varphi)$ に対して1価表現では $Q(0, \varphi)=Q(2\pi, \varphi)$，2価表現では $Q(0, \varphi)=-Q(2\pi, \varphi)$ なる制限が課せられることになる．それゆえ，(4.2.26)で $\beta=2\pi$ とすれば1価の場合には

$$Q(\varphi, 0)=Q(\varphi+2\pi, 0) \tag{4.2.28}$$

が導かれ，$Q(\varphi, 0)$ は 2π の周期関数となって $d(\beta)$ と $P(\beta)$ のユニタリー同値性が保証される．したがって1価表現においては $d(\beta)$ の代りに $P(\beta)$ を用いることができ

$$d(\beta)|\bar{\varphi}\rangle=|\bar{\varphi}-\beta\rangle \tag{4.2.29}$$

となる．ただし $\bar{\sigma}$ はもはや不要なので取り除いた．

2価表現の場合は $Q(\varphi, 0)$ は，(4.2.26)によって

$$Q(\varphi, 0)=-Q(\varphi+2\pi, 0) \tag{4.2.30}$$

をみたす．ここで

$$Q(\varphi, 0)=e^{i\varphi/2}\tilde{Q}(\varphi) \tag{4.2.31}$$

とおけば，(4.2.21), (4.2.26), (4.2.30)より

$$d(\beta)=\tilde{Q}(\varphi)^{-1}e^{i\beta/2}P(\beta)\tilde{Q}(\varphi), \tag{4.2.32}$$

一方 $\tilde{Q}(\varphi)$ は 2π の周期をもつので，結局

$$d(\beta)|\bar{\varphi}\rangle=e^{i\beta/2}|\bar{\varphi}-\beta\rangle \tag{4.2.33}$$

とすることができる．ここでも $\bar{\sigma}$ を省略したが，これは $\bar{\sigma}$ がただ1つの値しかとらないことによるものであって，(4.2.29)の $|\bar{\varphi}\rangle$ と上式のそれとは全く別のものであることはいうまでもない．(4.2.29), (4.2.33)を $\bar{\xi}_1, \bar{\xi}_2$ を用いてかきなおせば，

$$d(\beta)|\bar{\xi}_1, \bar{\xi}_2\rangle=|\bar{\xi}_1\cos\beta+\bar{\xi}_2\sin\beta,\ -\bar{\xi}_1\sin\beta+\bar{\xi}_2\cos\beta\rangle \tag{4.2.34}$$

が1価表現，そうして2価表現は

$$d(\beta)|\bar{\xi}_1, \bar{\xi}_2\rangle_{1/2}=e^{i\beta/2}|\bar{\xi}_1\cos\beta+\bar{\xi}_2\sin\beta,\ -\bar{\xi}_1\sin\beta+\bar{\xi}_2\cos\beta\rangle_{1/2} \tag{4.2.35}$$

となる．ここで状態ベクトルの添字は2価表現を明示するためにつけた．(4.2.35)の代りにこれとユニタリー同値な

$$d(\beta)|\bar{\xi}_1, \bar{\xi}_2\rangle_{-1/2}=e^{-i\beta/2}|\bar{\xi}_1\cos\beta+\bar{\xi}_2\sin\beta,\ -\bar{\xi}_1\sin\beta+\bar{\xi}_2\cos\beta\rangle_{-1/2} \tag{4.2.36}$$

を用いてもよい.

ここに得られた二つのタイプのユニタリー表現(4.2.34), (4.2.35)(または(4.2.36))がそれぞれ $E(2)$ の既約表現になっていることは，もしこれが可約であると仮定すると，§3.4 と似た議論によって矛盾を生ずることが容易に示されるので，それによって保証される.

このようにして，$\Xi>0$ の場合ポアンカレ群の既約表現としては，$\mathrm{sgn}(k_0)=\pm1$ のそれぞれにおいて1価および2価のただ2種類の既約表現のみが可能となることがわかる．もちろん，この場合 Ξ の値が異ればそれは異る既約表現を与えるが，このような表現に従って変換する1体系は，スピン自由度をあらわす変数 ξ が連続固有値をとるため，質量0の**連続スピンの粒子**とよばれている*).

§4.3　ローレンツ群

分類 [L] の場合は，$k_\mu=0(\mu=1,2,3,4)$ したがって l_μ は $l_\mu=(0,0,0,0)$ であって，リトル・グループはローレンツ群そのものにほかならない.

ローレンツ群のユニタリー表現に関しては，数学的には少々面倒な議論を要するが，それを詳説するのは本書の目的ではない**)．ここでは，どのようなユニタリーな既約表現が存在するかだけを簡単に求めておくことにする.

ローレンツ群の生成子は§2.3で述べた $\boldsymbol{J}$ および $\boldsymbol{K}$ で，交換関係(2.3.13)に従い，ユニタリー表現においてはこれらはエルミート演算子である．$\boldsymbol{J}$ はいうまでもなく，ローレンツ群の部分群である回転群の生成子である．いまローレンツ群のユニタリーな既約表現が与えられたとき，その表現空間は回転群のさまざまな既約表現空間をその部分空間として含んでいるはずである．そこで $\boldsymbol{J}^2$ の固有値が $j(j+1)$ となるような部分空間における規格された状態ベクトルを $|j,\mu\rangle$ とかく．μ は J_3 の固有値で $\mu=j,j-1,j-2,\cdots,-j+1,-j$ なる値をとる．また $J^{(\pm)}=J_1\pm iJ_2$ とすれば量子力学の角運動量の議論でよく知られているように

---

*)　連続スピンといってもこの粒子のもつ全角運動量が連続固有値をとるわけではない．全角運動量の大きさは，1価表現では整数(≧0)，2価表現では半整数(>0)である(§5.2, §5.4 参照).

**)　くわしいことに関しては，例えば巻末に掲げた参考書・文献 [6] を参照.

$$\left.\begin{aligned} J^{(+)}|j,\mu\rangle &= \sqrt{(j-\mu)(j+\mu+1)}\,|j,\ \mu+1\rangle, \\ J_3|j,\mu\rangle &= \mu|j,\mu\rangle, \\ J^{(-)}|j,\mu\rangle &= \sqrt{(j+\mu)(j-\mu+1)}\,|j,\ \mu-1\rangle \end{aligned}\right\} \tag{4.3.1}$$

がなりたっている((4.1.7)参照). これによって $\boldsymbol{J}$ のマトリックスは与えられるが問題は $\boldsymbol{K}$ のマトリックスを求めなければならない. そこで, 以下 $\boldsymbol{K}$ の代りに次式で定義される $K^{(\pm)}$ および K_3 を用いることにする.

$$K^{(\pm)} = K_1 \pm iK_2. \tag{4.3.2}$$

これらは, (2.3.13)により

$$\left.\begin{aligned} [K^{(+)}, K_3] &= J^{(+)}, \\ [K^{(-)}, K_3] &= -J^{(-)}, \\ [K^{(+)}, K^{(-)}] &= -2J_3 \end{aligned}\right\} \tag{4.3.3}$$

なる交換関係に従う.

ここで話を簡単にするために, ローレンツ群の既約表現空間には, j によって指定される回転群の既約表現空間は高々一つしか含まれていないとしよう*).

$\boldsymbol{K}$ は空間回転のもとで3次元のベクトル, すなわち $\boldsymbol{x}/|\boldsymbol{x}|$ と同じ変換を受ける. ところで, $Y_1{}^m(\theta,\varphi)$ $(m=1,0,-1)$ を量子力学で使われる, 軌道角運動量1の規格された固有関数とすれば,

$$\left.\begin{aligned} Y_1{}^1(\theta,\varphi) &= -\sqrt{\frac{3}{8\pi}}\frac{x_1+ix_2}{|\boldsymbol{x}|}, \\ Y_1{}^0(\theta,\varphi) &= \sqrt{\frac{3}{4\pi}}\frac{x_3}{|\boldsymbol{x}|}, \\ Y_1{}^{-1}(\theta,\varphi) &= \sqrt{\frac{3}{8\pi}}\frac{x_1-ix_2}{|\boldsymbol{x}|} \end{aligned}\right\} \tag{4.3.4}$$

であるから, $-K^{(+)}/\sqrt{2}, K_3, K^{(-)}/\sqrt{2}$ の空間回転のもとにおける変換性は, $Y_1{}^1(\theta,\varphi)$, $Y_1{}^0(\theta,\varphi)$, $Y_1{}^{-1}(\theta,\varphi)$ のそれに等しい. したがって角運動量 j と1の合成則により

$$\begin{aligned} K^{(+)}|j,\mu\rangle = &-a_j\sqrt{(j+\mu+1)(j+\mu+2)}\,|j+1,\mu+1\rangle \\ &+b_j\sqrt{(j+\mu+1)(j-\mu)}\,|j,\mu+1\rangle \\ &-c_j\sqrt{(j-\mu-1)(j-\mu)}\,|j-1,\mu+1\rangle, \end{aligned} \tag{4.3.5}$$

---

*) これは, 実は仮定ではなく証明されることであるが, ここではその証明を省略する. 巻末参考書・文献 [6] または [7] 参照.

$$K_3|j,\mu\rangle = a_j\sqrt{(j-\mu+1)(j+\mu+1)}\,|j+1,\mu\rangle$$
$$+b_j\mu|j,\mu\rangle$$
$$-c_j\sqrt{j^2-\mu^2}\,|j-1,\mu\rangle, \tag{4.3.6}$$

$$K^{(-)}|j,\mu\rangle = a_j\sqrt{(j-\mu+1)(j-\mu+2)}\,|j+1,\mu-1\rangle$$
$$+b_j\sqrt{(j-\mu+1)(j+\mu)}\,|j,\mu-1\rangle$$
$$+c_j\sqrt{(j+\mu-1)(j+\mu)}\,|j-1,\mu-1\rangle \tag{4.3.7}$$

とかける．ここで，右辺の平方根のついた係数は角運動量を合成する際にあらわれるクレブシ・ゴルダン(Clebsh-Gordan)係数*)として知られている．ただし，j にのみ依存する共通因子は a_j, b_j, c_j にくりこんである．a_j, b_j, c_j のような未定の因子がでてきたのは，$K^{(\pm)}$, K_3 が $Y_1{}^m(\theta,\varphi)$ のようにはまだ規格化できていないことによるものであって，むしろ表現がユニタリーであるという条件からそれらは決定されねばならない．

$|j,\mu\rangle$ の j にのみ依存する位相因子 $e^{i\delta_j}$ は(4.3.1)によっては決められず，これは適当にとることができる．そこでこの自由度を利用すれば c_j を純虚数とおくことができる．

$$c_j{}^* = -c_j \qquad (-ic_j \geqq 0). \tag{4.3.8}$$

また $K^{(+)}$ は $K^{(-)}$ のエルミート共役，したがって

$$\left.\begin{aligned}\langle j+1,\mu+1|K^{(+)}|j,\mu\rangle^* &= \langle j,\mu|K^{(-)}|j+1,\mu+1\rangle,\\ \langle j,\mu+1|K^{(+)}|j,\mu\rangle^* &= \langle j,\mu|K^{(-)}|j,\mu+1\rangle,\\ \langle j-1,\mu+1|K^{(+)}|j,\mu\rangle^* &= \langle j,\mu|K^{(-)}|j-1,\mu+1\rangle\end{aligned}\right\} \tag{4.3.9}$$

がなりたたなければならない．(4.3.9)に(4.3.5), (4.3.7)を代入し，(4.3.8)を用いると

$$b_j = b_j{}^* \qquad (j>0), \tag{4.3.10}$$
$$a_j = c_{j+1} \qquad (j\geqq 0) \tag{4.3.11}$$

なる関係が得られる．全く同じ関係は K_3 のエルミート性を用いても導かれ，これらは表現がユニタリーであることを保証する．ただし $b_0, c_0, c_{1/2}$ に対しては上式は何の関係も与えないが，実はこれらについては知る必要がない．というのは，(4.3.5)～(4.3.7)で $b_0, c_0, c_{1/2}$ を含む項のクレブシ・ゴルダン係数は

*)　例えば，巻末参考書・文献[5]の117ページ参照．

すべて0となるからである．次に(4.3.5), (4.3.7)を用いて $[K^{(+)}, K^{(-)}]|j,\mu\rangle$ を計算すると，

$$[K^{(+)}, K^{(-)}]|j,\mu\rangle = 2\sqrt{(j+1)^2-\mu^2}\,c_{j+1}\{(j+2)b_{j+1}-jb_j\}|j+1,\mu\rangle$$
$$+2\mu\{(2j+3){c_{j+1}}^2+{b_j}^2-(2j-1){c_j}^2\}|j,\mu\rangle$$
$$-2\sqrt{j^2-\mu^2}\,c_j\{(j+1)b_j-(j-1)b_{j-1}\}|j-1,\mu\rangle. \tag{4.3.12}$$

それゆえ，(4.3.3)の第3式を用いれば，上式より

$$c_{j+1}\{(j+2)b_{j+1}-jb_j\}=0 \qquad (j\geqq 0), \tag{4.3.13}$$

$$-(2j+3){c_{j+1}}^2-{b_j}^2+(2j-1){c_j}^2=1 \qquad (j>0) \tag{4.3.14}$$

を得る．同じ関係は，(4.3.3)の第1式，第2式からも同様にして導くことができる．以上で，$\boldsymbol{J}, \boldsymbol{K}$ のみたすべき性質はすべて使ったことになる．これらの結果を用いて，b_j, c_j を求めよう．

与えられたローレンツ群の既約表現に現われる j の最小値を j_0 とする．

まず $j_0>0$ の場合を考えよう．j_0 の定義および(4.3.5)～(4.3.7)から $c_{j_0}=0$ でなければならない．ただし，この関係は $j_0>1/2$ の場合に与えられるものであるが，$c_{1/2}$ については，前に述べたように，特にこれを知る必要はない．実際，(4.3.14)においても $c_{1/2}$ を含む項は0になっている．ここで $c_{j_0+1}, c_{j_0+2}, \cdots, c_j \neq 0$ としよう．そうすると(4.3.13)より

$$b_j=\frac{j-1}{j+1}b_{j-1}=\frac{j_0(j_0+1)}{j(j+1)}b_{j_0}. \tag{4.3.15}$$

ここで

$$(j_0+1)b_{j_0}=i\nu \tag{4.3.16}$$

とおけば

$$b_j=\frac{i\nu j_0}{j(j+1)} \tag{4.3.17}$$

である．ただし b_j は(4.3.10)により実数であるから ν は純虚数もしくは0である．(4.3.17)を(4.3.14)に代入し両辺に$(2j+1)$をかけると

$$-\{4(j+1)^2-1\}{c_{j+1}}^2+(4j^2-1){c_j}^2=(2j+1)-\nu^2{j_0}^2\left\{\frac{1}{j^2}-\frac{1}{(j+1)^2}\right\}. \tag{4.3.18}$$

この両辺を j について j_0 から j までの和をとって整理すれば

$$c_{j+1}{}^2 = -\frac{\{(j+1)^2-j_0{}^2\}\{(j+1)^2-\nu^2\}}{\{4(j+1)^2-1\}(j+1)^2} \tag{4.3.19}$$

となる．これは0ではない．一方(4.3.14)より $c_{j_0+1}{}^2=-(1+b_{j_0}{}^2)/(2j_0+3)\neq 0$ であるから数学的帰納法により $j\geqq j_0+1>1$ なる j に対して c_j は0になることはなく，(4.3.19)で与えられる純虚数である．

次に $j_0=0$ の場合を考えよう．このときは(4.3.13)で $j=j_0=0$ とおけば，$c_1=0$ または $b_1=0$ となる．

まず $c_1=0$ とすると(4.3.11)より $a_0=0$，したがって(4.3.1)，(4.3.5)～(4.3.7)で $j=\mu=0$ とおいたものの右辺はすべて0になり，これは $J_i=K_i=0$ $(i=1,2,3)$ すなわちローレンツ群のすべての元の表現は1という1次元表現になっていることを示す．

$c_1\neq 0, b_1=0$ の場合は再び $c_1, c_2, \cdots, c_j\neq 0$ と仮定すれば，(4.3.13)より $b_1=b_2=\cdots=b_j=0$，これを(4.3.14)に代入し，両辺に $(2j+1)$ をかけて j について1から j までの和をとると，(4.3.19)を導いたときと同様にして

$$-c_{j+1}{}^2 = \frac{j(j+2)-3c_1{}^2}{4(j+1)^2-1} \tag{4.3.20}$$

を得る．ここで

$$-c_1{}^2 = \frac{1-\nu^2}{3} \tag{4.3.21}$$

とおく．c_1 は仮定により0ではなく，またすでに述べたように純虚数に選ばれているから

$$1-\nu^2 > 0. \tag{4.3.22}$$

(4.3.21)を(4.3.20)に代入し

$$-c_{j+1}{}^2 = \frac{(j+1)^2-\nu^2}{4(j+1)^2-1} \tag{4.3.23}$$

となる．すなわち $c_1, c_2, \cdots, c_j\neq 0$ を仮定すると $b_1=b_2=\cdots=b_j=0$ となって，これから $c_{j+1}\neq 0$ が導かれた．それゆえ(4.3.13)から $b_{j+1}=0$，したがって数学的帰納法により，$j>0$ なるすべての j に対して

$$b_j = 0 \qquad (j>0) \tag{4.3.24}$$

を得る．(4.3.23),(4.3.24)は，$j_0>0$ として導かれた(4.3.17),(4.3.19)において $j_0=0$ とおいたものに他ならない．つまり(4.3.17),(4.3.19)は j_0 の如何に関せず成立することがわかる．したがって一般に

$$a_{j-1}=c_j=\frac{i}{j}\sqrt{\frac{(j^2-j_0{}^2)(j^2-\nu^2)}{4j^2-1}} \qquad (j\geqq 1), \qquad (4.3.25)$$

$$b_j=\frac{i\nu j_0}{j(j+1)} \qquad (j>0) \qquad (4.3.26)$$

がなりたつ．ただし，$b_0, c_0, c_{1/2}$ については知る必要がないことはすでに述べた．このようにして $\boldsymbol{K}$ のマトリックス要素は完全に決定されたことになる*)．

$j_0=0$ の場合は，(4.3.22)によれば ν は 0 をふくむ純虚数もしくは $0<\nu^2<1$ なる実数である．このとき，(4.3.25),(4.3.26)からわかるように，ν と $-\nu$ は同じ表現を与える．ν の複素平面で ν が虚軸上にあるときのユニタリーな既約表現を**主系列**(principal series)に属するといい，このときは $j_0=0, 1/2, 1, 3/2, \cdots$，また ν が実軸上にあり $0<\nu^2<1$ のときには，このようなユニタリーな既約表現は**副系列**(supplementary series)に属するという．副系列では $j_0=0$ である(図4.2)．さらに，$j_0=0$ のとき，$\nu^2=1$ とすると $c_1=0$ となって，これは前に述べた1次元表現をあらわす．これまでの議論から明らかのように最も簡単な1次元表現を除けば，ユニタニー表現はことごとく無限次元となる．

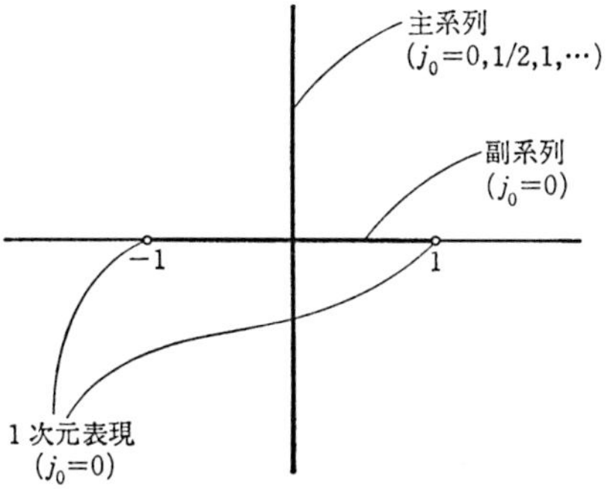

図4.2

このようにして決められた a_j, b_j, c_j を用いれば(2.3.18),(2.3.19)の I_1, I_2

*) このようにして決定されたユニタリー表現が実際に既約であることをみるためには，例えばシューアの補題，すなわち J_i, K_i $(i=1,2,3)$ と可換な演算子は定数しかないということを示せばよい．

の固有値は，$I_a|j_0, j_0\rangle (a=1, 2)$ を計算することによって，

$$I_1 = j_0^2 + \nu^2 - 1, \tag{4.3.27}$$

$$I_2 = i\nu j_0 \tag{4.3.28}$$

となることが示される.

§4.4　3次元ローレンツ群

分類 [T] の場合は $k_\mu^2 = m^2 > 0$ となるので，l_μ としては

$$l_\mu = (0, 0, m, 0) \tag{4.4.1}$$

をとろう．これを不変にするようなローレンツ群の部分群は

$$\left.\begin{aligned} x_\alpha' &= \sum_\beta V_{\alpha\beta} x_\beta \qquad (\alpha, \beta = 1, 2, 4), \\ x_4 &= ix_0 \end{aligned}\right\} \tag{4.4.2}$$

なる変換で与えられる．ここに，3行3列のマトリックス V は

$$\left.\begin{aligned} &\sum_\beta V_{\alpha\beta} V_{\gamma\beta} = \delta_{\alpha\gamma}, \\ &\det(V) = 1, \\ &V_{44} \geqq 1 \end{aligned}\right\} \tag{4.4.3}$$

である．また $V_{11}, V_{12}, V_{21}, V_{44}$ は実数，$V_{14}, V_{24}, V_{41}, V_{42}$ は純虚数である．変換(4.4.2)は $x_1^2 + x_2^2 - x_0^2$ を不変にするので，**3次元ローレンツ群**とよばれている．

§2.3の議論に従って無限小変換をつくると3個の生成子 H_0, H_1, H_2 が得られる．H_0 は1-2軸のつくる平面内の回転の生成子，H_1, H_2 はそれぞれ第1軸方向，第2軸方向への(3次元)ローレンツ変換の生成子である．これらの間には交換関係

$$\left.\begin{aligned} [H_1, H_2] &= -iH_0, \\ [H_1, H_0] &= -iH_2, \\ [H_2, H_0] &= iH_1 \end{aligned}\right\} \tag{4.4.4}$$

が成立し，ユニタリー表現においては H_0, H_1, H_2 はすべてエルミート演算子である．

§2.1で(2.1.4)を導いたときと同様の議論によって(4.4.2), (4.4.3)に従う任意の V は

$$V = r(\beta)b(\tau)r(\beta') \tag{4.4.5}$$

とかくことができる．ただし

$$r(\beta) = \begin{pmatrix} \cos\beta & \sin\beta & 0 \\ -\sin\beta & \cos\beta & 0 \\ 0 & 0 & 1 \end{pmatrix},$$

$$b(\tau) = \begin{pmatrix} \cosh\tau & 0 & i\sinh\tau \\ 0 & 1 & 0 \\ -i\sinh\tau & 0 & \cosh\tau \end{pmatrix}$$

であって，$r(\beta)$ は1-2平面内の回転，$b(\tau)$ は第1軸方向へのローレンツ変換である．したがって，3次元ローレンツ群の表現の多価性は，2次元回転群のそれにほかならない．この群は，§4.2に述べたように，1, 2, … といった無限の多価表現をもつが，われわれが必要とするのは，このうち1価および2価の表現，すなわち H_0 の固有値が整数と半整数(負の場合も含む)のときである．以下，話をこのような場合にのみ限定する*)．

この群のカシミア演算子は

$$I = H_0{}^2 - H_1{}^2 - H_2{}^2 \tag{4.4.6}$$

で，その固有値を q とかく．q は既約表現が与えられれば決定する．また既約表現空間を張るベクトルの完全系は H_0 の固有値 μ によって与えられる．したがって μ の値が等しい互いに独立な二つのベクトルは既約表現空間内には存在しない**)．

既約表現空間を張るベクトルを $|q, \mu\rangle$ とかこう．すなわち

$$I|q, \mu\rangle = q|q, \mu\rangle, \tag{4.4.7}$$

$$H_0|q, \mu\rangle = \mu|q, \mu\rangle \tag{4.4.8}$$

$$\langle q, \mu|q, \mu'\rangle = \delta_{\mu\mu'}. \tag{4.4.9}$$

ただし既約表現空間で，どのような値の μ が可能かはまだわからない．それは，これから決めねばならぬ問題である．

$H^{(\pm)}$ を

---

*) これは，具体的な計算によっても示すことができる(§5.3の終わりの部分参照)．

**) これは必ずしも自明ではないが，証明は省略する．3次元ローレンツ群のユニタリー表現論はバーグマン(V. Bargmann)によってはじめて完成された．詳しくは，V. Bargmann : Ann. Math. 48, 568 (1947) 参照．

$$H^{(\pm)} = H_1 \pm iH_2 \tag{4.4.10}$$

で定義すると，交換関係(4.4.4)は

$$[H_0, H^{(\pm)}] = \pm H^{(\pm)}, \tag{4.4.11}$$

$$[H^{(+)}, H^{(-)}] = -2H_0 \tag{4.4.12}$$

とかくことができる．また

$$H^{(\mp)}H^{(\pm)} = -I + H_0(H_0 \pm 1) \tag{4.4.13}$$

がなりたつ．(4.4.11)を用いれば

$$H_0 H^{(\pm)}|q, \mu\rangle = (\mu \pm 1)H^{(\pm)}|q; \mu\rangle \tag{4.4.14}$$

つまり $H^{(+)}$ は μ の値を1だけ上げ，$H^{(-)}$ は1だけ下げる演算子である．それゆえ一つの既約表現における μ はすべて整数か，さもなければすべて半整数である．そこで

$$H^{(\pm)}|q, \mu\rangle = c_\pm(q, \mu)|q, \mu \pm 1\rangle \tag{4.4.15}$$

とおき，これのノルムをつくると

$$\begin{aligned} |c_\pm(q, \mu)|^2 &= \langle q, \mu|H^{(\mp)}H^{(\pm)}|q, \mu\rangle \\ &= \left(\mu \pm \frac{1}{2}\right)^2 - \left(q + \frac{1}{4}\right) \geqq 0 \end{aligned} \tag{4.4.16}$$

を得る．ここで，$H^{(+)}$ は $H^{(-)}$ と互いにエルミート共役の関係にあること，および(4.4.13)を用いた．

まず，すべての μ について $c_\pm(q, \mu) \neq 0$ としよう．μ が整数のときは，$(\mu \pm 1/2)^2$ の最小値は1/4であるから

$$q < 0. \tag{4.4.17}$$

μ が半整数のときは，$(\mu \pm 1/2)^2$ の最小値は0，したがって

$$q < -\frac{1}{4} \tag{4.4.18}$$

を得る．この二つは，q の値として連続値が許されるので，**連続表現**(continuous representation)とよばれ，(4, 4. 17)の既約表現を C_q^0，(4.4.18)の既約表現を $C_q^{1/2}$ と記す．

つぎに，$c_+(q, \mu)$ がある μ の値 μ_0 で0になる場合を考えよう．すなわち

$$c_+(q, \mu_0) = 0 \tag{4.4.19}$$

とする．したがって(4.4.16)より

$$q=\mu_0(\mu_0+1) \tag{4.4.20}$$

を得る．(4.4.15), (4.4.19)によれば，このとき表現に現われる μ の値には上限があって $\mu \leqq \mu_0$ であるから，このような条件のもとで(4.4.16)に(4.4.20)を代入すると

$$|c_\pm(q,\mu)|^2=\mu^2\pm\mu-\mu_0{}^2-\mu_0 \geqq 0 \qquad (\mu \leqq \mu_0) \tag{4.4.21}$$

が導かれる．それゆえ，この式で $\mu=\mu_0$ とすれば

$$|c_-(q,\mu_0)|^2=-2\mu_0 \geqq 0 \tag{4.4.22}$$

となって $\mu_0 \leqq 0$ を得る．

ここで $\mu_0=0$ のときは(4.4.20)より $q=0$ しかも $c_\pm(0,0)=0$ であるから $H_1=H_2=H_0=0$ となってこれは1次元表現である．

つぎに $\mu_0<0$ の場合は，(4.4.21)より

$$|c_-(q,\mu)|^2=(\mu+\mu_0)(\mu-\mu_0-1)>0 \qquad (\mu \leqq \mu_0<0), \tag{4.4.23}$$

$$|c_+(q,\mu)|^2=(\mu-\mu_0)(\mu+\mu_0+1)>0 \qquad (\mu<\mu_0<0) \tag{4.4.24}$$

が得られる．この表現は $D_{\mu_0}{}^{(-)}$ と記される．

同様の議論は

$$c_-(q,\mu_0)=0 \tag{4.4.25}$$

となって，μ の値に下限がある場合にも行うことができる．このときは(4.4.16)により

$$q=\mu_0(\mu_0-1) \tag{4.4.26}$$

である．これを用いれば

$$|c_+(q,\mu_0)|^2=2\mu_0 \geqq 0 \tag{4.4.27}$$

となる．$\mu_0=0$ のときは $q=0$，かつ $c_\pm(0,0)=0$ となるから，これは前に求めた1次元表現にほかならない．したがって $\mu_0>0$ とすれば，(4.4.16)から

$$|c_+(q,\mu)|^2=(\mu+\mu_0)(\mu-\mu_0+1)>0 \qquad (\mu \geqq \mu_0>0), \tag{4.4.28}$$

$$|c_-(q,\mu)|^2=(\mu-\mu_0)(\mu+\mu_0-1)>0 \qquad (\mu>\mu_0>0). \tag{4.4.29}$$

これによって表現は完全に決定する．この表現を $D_{\mu_0}{}^{(+)}$ と記す．$D_{\mu_0}{}^{(\pm)}$ はともに q の値が不連続なので**不連続表現**(discrete representation)とよばれている．

以上の議論によって3次元ローレンツ群の1価および2価のユニタリーな既約表現が得られた*)．これをまとめると1次元表現($q=\mu=\mu_0=0$)を除いては

*)　これらが既約であることは，シューアの補題を用いれば容易に証明される．

表 4.1

	表　現	q	μ_0	μ	$c_\pm(q, \mu)$
連続表現	$C_q^{\ 0}$	$q<0$		$\cdots, -2, -1, 0, 1, 2, \cdots$	$\sqrt{\mu(\mu\pm1)-q}$
	$C_q^{\ 1/2}$	$q<-1/4$		$\cdots, -3/2, -1/2, 1/2, 3/2, \cdots$	$\sqrt{\mu(\mu\pm1)-q}$
不連続表現	$D_{\mu_0}^{\ (+)}$	$\mu_0(\mu_0-1)$	$1/2, 1, 3/2, \cdots$	$\mu_0, \mu_0+1, \mu_0+2, \mu_0+3, \cdots$	$\sqrt{(\mu\pm\mu_0)(\mu\mp\mu_0\pm1)}$
	$D_{\mu_0}^{\ (-)}$	$\mu_0(\mu_0+1)$	$-1/2, -1, -3/2, \cdots$	$\mu_0, \mu_0-1, \mu_0-2, \mu_0-3, \cdots$	$\sqrt{(\mu\mp\mu_0)(\mu\pm\mu_0\pm1)}$

表 4.1 のようになる.

この表にみられるように 1 次元表現以外のすべてのユニタリー表現は無限次元の表現となる.

§4.5　自由粒子の分類

前節までの議論でわれわれは，k_μ の各分類に対して，リトル・グループのユニタリーな既約表現が具体的にはどのようなものになるかを検べてきた．これによってポアンカレ群のユニタリーな既約表現の可能な種類がことごとく求められたことになる．ここでその結果を簡単にまとめておくとともに，若干の補足を述べることにする．表 4.2 においては，既に述べたように既約表現空間

表 4.2

分類	エネルギー・運動量ベクトル	リトル・グループ	スピン自由度
$[M_\pm]$	$k_0^2-\boldsymbol{k}^2=m^2>0,\ \mathrm{sgn}(k_0)=\begin{cases}1\\-1\end{cases}$	3 次元回転群	有限次元
$[0_\pm{}^0]$	$k_0^2=\boldsymbol{k}^2>0,\ \mathrm{sgn}(k_0)=\begin{cases}1\\-1\end{cases}$	2 次元回転群	1 次元 (不連続スピン)
$[\Xi_\pm{}^0]$	$k_0^2=\boldsymbol{k}^2>0,\ \mathrm{sgn}(k_0)=\begin{cases}1\\-1\end{cases}$	2 次元ユークリッド群 $(\Xi>0)$	無限次元 (連続スピン)
$[L]$	$k_\mu=0$	ローレンツ群	無限次元*)
$[T]$	$\boldsymbol{k}^2-k_0^2=m^2>0$	3 次元ローレンツ群	無限次元*)

*)　ただし，恒等表現だけは 1 次元.

の状態ベクトルを指定するために必要な，k_μ 以外の自由度，つまり ξ の自由度をスピン自由度とよんでいる．

$[M_\pm]$, $[0_\pm{}^0]$, $[\Xi_\pm{}^0]$ の場合には $\mathrm{sgn}(k_0)=\pm1$ の既約表現が存在する．$\mathrm{sgn}(k_0)=1$ のときは，粒子は正のエネルギーの状態にあるが，$\mathrm{sgn}(k_0)=-1$ ではエネルギーは負となり，そのような1体状態の物理的な解釈には困難が生ずる．かりに，ディラックの空孔理論(hole theory)によって真空はことごとく負のエネルギーの状態によって占められたものと再解釈するにしても，このときは，§2.1に述べたような粒子同士が互いに十分遠く離れたときの1体状態という理解はできなくなり，対象としている系は本質的に多体系となる．しかも空孔理論を押し通すためには，粒子はすべてフェルミ統計を満足するとしなければならないが，しかし現実には光子のようにフェルミ統計に従わない粒子が存在するから，一般にそう考えるわけにはいかない．いわば，空孔理論は発見法的には画期的に重要な役割を果したが，その機械的な適用には限界があることは明らかで，$\mathrm{sgn}(k_0)=-1$ に対する正当な理解は実は第8章に述べる場の量子論によってはじめて可能となるものである．以下，われわれは k_0 をエネルギーと呼ぶのを特別の理由がない限り避けようと思う．$\mathrm{sgn}(k_0)=1$ のときは k_0 は確かにエネルギーであるが，$\mathrm{sgn}(k_0)=-1$ ではそうよぶのにふさわしくないからである．それに代えて幾分抽象的に $\mathrm{sgn}(k_0)=1, -1$ の状態をそれぞれ**正振動**(positive frequency)，**負振動**(negative frequency)の状態とよぶことにする．後者は，この段階ではそのまま現実の粒子を記述しているとはいえないが，場の量子論においては前者と同様に重要な役割をもつものである．

現実にみつかっている自由粒子の殆んどは，それらを安定な粒子とみなす限り中間子，電子，陽子などを含め $[M_+]$ に属するが，ただ光子と，そして恐らくはニュートリノが $[0_+{}^0]$ に属すると考えられている．前者のスピンは1，後者のそれは1/2である．$[\Xi_+{}^0]$ に属する粒子は発見されていない．ただし，このような粒子が発見され，もし熱溜の中に閉じこめることができたとするならば，スピン自由度無限大ということから，その比熱は無限大という変わった現象があらわれることが想像される．

$[L]$ では $k_\mu=0$ となるので，この状態には通常の粒子像は存在しない．素粒子論では，エネルギーも運動量も運ばないものをスプーリオン(spurion)とよんである種の‘粒子’を想定する向きもないではないが，これはあくまでも仮想的なものである．しかし，粒子ではないにしても，ここに得られた特に無限次元の状態が，物理的にどのような意味をいかなる場合に持ち得るか，今後の課題である．

分類の［T］に入る粒子の存在は未だ確認されていない．これはいわば虚数質量の粒子で通常タキオン(tachyon)とよばれている．この名称はギリシャ語の $\tau\alpha\chi\iota\sigma$(急速な)によるものだそうだが，たしかに，$\bar{\boldsymbol{k}}^2=\bar{k}_0{}^2+m^2$ として $\exp\{i(\bar{\boldsymbol{k}}\boldsymbol{x}-\bar{k}_0t)\}$ なる振動をもって伝播する物質波を考えると，その群速度の大きさは $|\partial\bar{k}_0/\partial\bar{\boldsymbol{k}}|>1$ となって光速を超える．タキオンは，ポアンカレ群のユニタリーな既約表現という理論の大きな枠組だけをもってしては，特に排除されるべき理由をもたない．しかし通常の素粒子と同様に場の量子論によってこれを論じようとすると，真空の定義，場の量子化などにおいて厄介な問題が現われ，リトル・グループの表現が1次元という最も簡単な場合においてすら，首尾一貫した理論形式は未だつくられていない．将来このような粒子が何らかの意味で現実性をもってくるかどうか現在のところ全く不明といってよい有様で，この粒子の解明は今後に残されている．

第5章　ウィグナー回転

§5.1　有限質量の粒子

前節までの議論で自由粒子としてはいかなるタイプのものが可能であるかをしらべてきた．しかし，状態ベクトルがローレンツ変換のもとでどのような変換を受けるかを実際にみるためには，ウィグナー回転 $Q(\lambda_k, l)$ の具体的な形を知る必要がある．もっとも [L] の場合は $k_\mu=0$ であって，無限小ローレンツ変換のもとにおける Q は§4.3においてすでに与えられているので，これからわれわれが問題にするのは，それ以外の場合である．

われわれは，以下においては状態ベクトル $|\ \rangle$ の代りに運動量表示での波動関数を用いることにしよう．こうしておくと後で場の量子論との関連を考える際に好都合な面があるからである．

$|\ \rangle$ をポアンカレ群の既約表現空間に属する状態ベクトルとする．それのローレンツ群のもとにおける変換は(3.3.13)によって

$$|\ \rangle' = Q(\lambda_k, l)P(\Lambda)|\ \rangle \tag{5.1.1}$$

で与えられる．一方 $|\pm\rangle$ に対応する運動量表示の波動関数を，例えば [$M_\pm$] の場合，通常行われるように

$$\phi_\xi{}^{(\pm)}(\boldsymbol{k}) = \langle k, \xi, \pm|\pm\rangle \tag{5.1.2}$$

で定義する．ただし，上式では $\bar{k}, \bar{\xi}$ とかくべきところを単に便宜上 k, ξ とかいた．また $\boldsymbol{k}$ が与えられれば k_0 は自動的にきまるので $\phi_\xi{}^{(\pm)}$ の中の変数は $\boldsymbol{k}$ とした．$\phi_\xi{}^{(\pm)}(\boldsymbol{k})$ の変換性は，(5.1.1)および(3.1.15)を用いて

$$\begin{aligned}\phi_\xi{}^{(\pm)\prime}(\boldsymbol{k}) &= \langle \boldsymbol{k}, \xi, \pm|\pm\rangle' \\ &= \sum_{\xi'}\int\frac{d\boldsymbol{k}'}{\omega_{\boldsymbol{k}'}}\langle \boldsymbol{k}, \xi, \pm|Q(\lambda_k, l)|\boldsymbol{k}', \xi', \pm\rangle\langle \boldsymbol{k}', \xi'\pm|P(\Lambda)|\pm\rangle\end{aligned} \tag{5.1.3}$$

となる．ここで $Q(\lambda_k, l)$ は k について対角的であるから，(3.1.8)を用いれば

$$\langle \boldsymbol{k}, \xi, \pm|Q(\lambda_k, l)|\boldsymbol{k}', \xi', \pm\rangle = \omega_k Q(\lambda_k, l)_{\xi\xi'}\delta(\boldsymbol{k}-\boldsymbol{k}'). \tag{5.1.4}$$

また $P(\Lambda)^\dagger = P(\Lambda^{-1})$ より

$$\langle \boldsymbol{k}, \xi, \pm | P(\Lambda) | \pm \rangle = \phi_\xi^{(\pm)}(\Lambda^{-1}\boldsymbol{k}) \tag{5.1.5}$$

となるから波動関数の変換性は

$$\phi_\xi^{(\pm)\prime}(\boldsymbol{k}) = \sum_{\xi'} Q(\lambda_k, l)_{\xi\xi'} \phi_{\xi'}^{(\pm)}(\Lambda^{-1}\boldsymbol{k}) \tag{5.1.6}$$

で与えられる．記号 $\Lambda^{-1}\boldsymbol{k}$ はすでに§3.1で定義したものである．また $|1, \pm\rangle$, $|2, \pm\rangle$ の内積は，それに対応した波動関数をそれぞれ $\phi_\xi^{(\pm)}(\boldsymbol{k})_1$, $\phi_\xi^{(\pm)}(\boldsymbol{k})_2$ とかけば，(3.1.15)により

$$\langle 1, \pm | 2, \pm \rangle = \sum_\xi \int \frac{d\boldsymbol{k}}{\omega_k} \phi_\xi^{(\pm)*}(\boldsymbol{k})_1 \phi_\xi^{(\pm)}(\boldsymbol{k})_2 \tag{5.1.7}$$

とかくことができる．状態ベクトルと波動関数の対応についての同様の議論は，$[0_\pm]$, $[\Xi_\pm]$, $[T]$ の場合にも行えることは明らかである．

さて，$Q(\lambda_k, l)$ を $[M_\pm]$ すなわち有限質量の場合に求めることを試みよう．ただし，以下では無限小ローレンツ変換においてこれを考察することにする．その結果を用いれば，有限の Λ に対するウィグナー回転も容易に求めることができるが，しかし本書においてはさし当りその必要はない．

話を簡単にするためわれわれは(2.3.9)で与えられた無限小変換を二つに分けて考えていくことにしよう．一つは第1,2,3軸のそれぞれのまわりの無限小回転(図2.4)であって，(2.3.2)～(2.3.4)により任意の4次元ベクトル x_μ に対し

$$\left.\begin{aligned} \boldsymbol{x}' &= \boldsymbol{x} + \boldsymbol{x} \times \boldsymbol{\theta}, \\ x_0' &= x_0 \end{aligned}\right\} \tag{5.1.8}$$

を与えるもの，もう一つは1,2,3軸それぞれの方向への無限小ローレンツ変換であって(図2.5)，これも(2.3.8)～(2.3.10)により

$$\left.\begin{aligned} \boldsymbol{x}' &= \boldsymbol{x} - \boldsymbol{\tau} x_0, \\ x_0' &= x_0 - \boldsymbol{\tau}\boldsymbol{x} \end{aligned}\right\} \tag{5.1.9}$$

とかかれるものである．われわれは(5.1.8)を **$\boldsymbol{\theta}$-変換**, (5.1.9)を **$\boldsymbol{\tau}$-変換**とよぶことにし，それぞれのローレンツ変換のマトリックスを $\Lambda(\boldsymbol{\theta})$, $\Lambda(\boldsymbol{\tau})$，またそれらに対応した λ_k を $\lambda_k(\boldsymbol{\theta})$, $\lambda_k(\boldsymbol{\tau})$ とかくことにしよう．

おのおのの変換に対するウィグナー回転を求めるには，まず，(3.3.4)に従

って

$$\lambda_k(\boldsymbol{\theta}) = \alpha_k{}^{-1}\Lambda(\boldsymbol{\theta})\alpha_{\Lambda(\boldsymbol{\theta})^{-1}k} \tag{5.1.10}$$

$$\lambda_k(\boldsymbol{\tau}) = \alpha_k{}^{-1}\Lambda(\boldsymbol{\tau})\alpha_{\Lambda(\boldsymbol{\tau})^{-1}k} \tag{5.1.11}$$

を知る必要がある．ところで l_μ として(4.1.2)を採用すると(3.3.2)をみたす α_k は

$$\alpha_k = \begin{pmatrix} 1+\rho_k k_1{}^2 & \rho_k k_1 k_2 & \rho_k k_1 k_3 & \mp i\dfrac{k_1}{m} \\ \rho_k k_2 k_1 & 1+\rho_k k_2{}^2 & \rho_k k_2 k_3 & \mp i\dfrac{k_2}{m} \\ \rho_k k_3 k_1 & \rho_k k_3 k_2 & 1+\rho_k k_3{}^2 & \mp i\dfrac{k_3}{m} \\ \pm i\dfrac{k_1}{m} & \pm i\dfrac{k_2}{m} & \pm i\dfrac{k_3}{m} & \dfrac{\omega_k}{m} \end{pmatrix} \tag{5.1.12}$$

で与えられる．ただし ρ_k は

$$\rho_k = \frac{1}{\boldsymbol{k}^2}\left(\frac{\omega_k}{m}-1\right), \tag{5.1.13}$$

また(5.1.12)の第4行および第4列の ＋，－ については，上の符号のときは $[M_+]$ に，下の符号は $[M_-]$ に対応する．これが(3.3.2)をみたしていることは容易に確かめることができる．これを用いて(5.1.10)，(5.1.11)を計算してみよう．ただし $\boldsymbol{\theta}, \boldsymbol{\tau}$ は無限小量であるのでこれらについては高々1次まで考えれば十分である．途中の計算は少々面倒かも知れないが，ただ機械的にやっていけばよい．その結果，$\lambda_k(\boldsymbol{\theta}), \lambda_k(\boldsymbol{\tau})$ は任意の4次元ベクトル x_μ に対して，次のような変換を与えるものとなる．

$$\left.\begin{aligned} &\boldsymbol{x} \xrightarrow{\lambda_k(\boldsymbol{\theta})} \boldsymbol{x}+\boldsymbol{x}\times\boldsymbol{\theta}, \\ &x_0 \xrightarrow{\lambda_k(\boldsymbol{\theta})} x_0, \end{aligned}\right\} \tag{5.1.14}$$

$$\left.\begin{aligned} &\boldsymbol{x} \xrightarrow{\lambda_k(\boldsymbol{\tau})} \boldsymbol{x}+\boldsymbol{x}\times\left(\pm\frac{\boldsymbol{k}\times\boldsymbol{\tau}}{m+\omega_k}\right), \\ &x_0 \xrightarrow{\lambda_k(\boldsymbol{\tau})} x_0. \end{aligned}\right\} \tag{5.1.15}$$

これらからもわかるように，$\lambda_k(\boldsymbol{\theta}), \lambda_k(\boldsymbol{\tau})$ はリトル・グループ(この場合は回転群)の元であって，θ-変換 $\Lambda(\boldsymbol{\theta})$ に対しては第1,2,3軸それぞれのまわりの回転

角が $\theta_1, \theta_2, \theta_3$ の無限小回転を，また τ-変換 $\Lambda(\boldsymbol{\tau})$ に対しては回転角が $\pm(\boldsymbol{k}\times\boldsymbol{\tau})_1/(m+\omega_k)$，$\pm(\boldsymbol{k}\times\boldsymbol{\tau})_2/(m+\omega_k)$，$\pm(\boldsymbol{k}\times\boldsymbol{\tau})_3/(m+\omega_k)$ の無限小回転を与えている．ただし，ここでも ± は $[M_\pm]$ に対応する．

(5.1.6)の $Q(\lambda_k, l)$ は，このような回転角での3次元回転の既約表現であるから，波動関数は θ-変換のもとで，§2.3の議論により，

$$\phi_\xi^{(\pm)\prime}(\boldsymbol{k}) = \sum_{\xi'}(1+i\boldsymbol{S}\boldsymbol{\theta})_{\xi\xi'}\phi_{\xi'}^{(\pm)}(\boldsymbol{k}-\boldsymbol{k}\times\boldsymbol{\theta})$$

$$= \sum_{\xi'}\left\{1+i\boldsymbol{\theta}\left(\frac{1}{i}\boldsymbol{k}\times\frac{\partial}{\partial\boldsymbol{k}}+\boldsymbol{S}\right)\right\}_{\xi\xi'}\phi_{\xi'}^{(\pm)}(\boldsymbol{k}), \tag{5.1.16}$$

また τ-変換に対しては

$$\phi_\xi^{(\pm)\prime}(\boldsymbol{k}) = \sum_{\xi'}\left(1\pm i\boldsymbol{S}\frac{\boldsymbol{k}\times\boldsymbol{\tau}}{\omega_k+m}\right)_{\xi\xi'}\phi_{\xi'}^{(\pm)}(\boldsymbol{k}\pm\omega_k\boldsymbol{\tau})$$

$$= \sum_{\xi'}\left\{1\pm i\omega_k\boldsymbol{\tau}\left(\frac{1}{i}\frac{\partial}{\partial\boldsymbol{k}}-\frac{\boldsymbol{k}\times\boldsymbol{S}}{\omega_k(m+\omega_k)}\right)\right\}_{\xi\xi'}\phi_{\xi'}^{(\pm)}(\boldsymbol{k}) \tag{5.1.17}$$

で与えられる．ここで $\boldsymbol{S}$ は回転群の生成子で(4.1.3)～(4.1.7)で与えられた既約なスピン・ベクトルである．

(5.1.17)の変換は正負の振動に依存した形でかかれているが，後の議論との関連上このような依存性を表面から消した形にかきかえておこう．そのために k_0 の定義に従って

$$k_0\phi_\xi^{(\pm)}(\boldsymbol{k}) = \pm\omega_k\phi_\xi^{(\pm)}(\boldsymbol{k}) \tag{5.1.18}$$

とおく．ここで注意しなければならないことは，このように正負振動を同時にあつかう場合には，$\phi_\xi^{(\pm)}(\boldsymbol{k})$ に対し

$$\phi_\xi^{(\pm)}(\boldsymbol{k}) \to \theta(\pm k_0)\phi_\xi^{(\pm)}(\boldsymbol{k}) \tag{5.1.19}$$

なる読みかえを行う必要がある．ただし $\theta(x)$ は

$$\theta(x) = \begin{cases} 1 & (x>0) \\ 0 & (x<0) \end{cases} \tag{5.1.20}$$

である．ただこれまでは，正負の振動の状態を別々にあつかっていたため，そこでは $\theta(\pm k_0)$ は常に1であって，このような読みかえの必要がなかったまでである．しかし，いつも(5.1.19)の右辺のようにかくのは面倒なので，以下質量0の場合をも含めて，$\phi_\xi^{(\pm)}(\boldsymbol{k})$ は常に $\theta(\pm k_0)\phi_\xi^{(\pm)}(\boldsymbol{k})$ を意味するものとする．勿論，波動関数の記述についてこのような約束を行っても，これまでの議論に

何ら変更はない．その結果，(5.1.16)，(5.1.17)は，

$$\boldsymbol{J}=\frac{1}{i}\left(\boldsymbol{k}\times\frac{\partial}{\partial\boldsymbol{k}}\right)+\boldsymbol{S}, \tag{5.1.21}$$

$$\boldsymbol{K}=-k_0\left(\frac{1}{i}\frac{\partial}{\partial\boldsymbol{k}}-\frac{\boldsymbol{k}\times\boldsymbol{S}}{\omega_k(m+\omega_k)}\right) \tag{5.1.22}$$

としたとき

$$\phi_\xi{}^{(\pm)\prime}(\boldsymbol{k})=\sum_{\xi'}(1+i\boldsymbol{J\theta})_{\xi\xi'}\phi_{\xi'}{}^{(\pm)}(\boldsymbol{k}) \qquad (\theta\text{-変換}), \tag{5.1.23}$$

$$\phi_\xi{}^{(\pm)\prime}(\boldsymbol{k})=\sum_{\xi'}(1-i\boldsymbol{K\tau})_{\xi\xi'}\phi_{\xi'}{}^{(\pm)}(\boldsymbol{k}) \qquad (\tau\text{-変換}) \tag{5.1.24}$$

であらわされる．ただし

$$\left[\frac{\partial}{\partial\boldsymbol{k}},k_0\right]=\frac{\boldsymbol{k}}{k_0} \tag{5.1.25}$$

を用いた．

このようにかくと(5.1.23)，(5.1.24)の右辺の（　）の部分の演算子はちょうど $L[\Lambda(\boldsymbol{\theta})]$ および $L[\Lambda(\boldsymbol{\tau})]$ になっており，したがって $\boldsymbol{J},\boldsymbol{K}$ は，ここに求めたポアンカレ群の表現において，その部分群であるローレンツ群の生成子になっている．実際，(5.1.25)を用いれば，(5.1.21)，(5.1.22)に与えた $\boldsymbol{J},\boldsymbol{K}$ が生成子としての交換関係(2.3.13)を満足していることを直接の計算によっても確かめることができる．いうまでもなく $\boldsymbol{J}$ は，スピン s の質量有限の粒子の全角運動量であって，(5.1.21)の第1項が軌道角運動量，第2項がスピン角運動量である．そうしてこのような粒子のローレンツ空間における振舞は(5.1.18)，(5.1.23)，(5.1.24)および(5.1.7)により完全に与えられたことになる．

なお，(5.1.7)を一般化して

$$\langle 1,\mp|2,\pm\rangle=\sum_\xi\int\frac{d\boldsymbol{k}}{\omega_k}\phi_\xi{}^{(\mp)*}(\boldsymbol{k})_1\phi_\xi{}^{(\pm)}(\boldsymbol{k})_2 \tag{5.1.26}$$

とかけば，(5.1.19)により上式の右辺は0，すなわち $\langle 1,\mp|2,\pm\rangle=0$ は自動的に成立する．同様の議論は質量0の粒子に対してもなりたつことはいうまでもない．

§5.2 質量0の粒子

l_μ としては(4.2.1)を用いることにし，(3.3.2)に従う α_k をスピノル表現で

求めよう．正および負の振動に対応し，2行2列の行列でその行列式が1の $\alpha_{\boldsymbol{k}}$ を $\alpha_{\boldsymbol{k}}{}^{(\pm)}$ とかけば，§3.1の $[0_+]$ の場合は

$$\alpha_{\boldsymbol{k}}{}^{(+)}\begin{pmatrix}0 & 0\\ 0 & -2\end{pmatrix}\alpha_{\boldsymbol{k}}{}^{(+)\dagger}=\begin{pmatrix}-|\boldsymbol{k}|+k_3 & k_1-ik_2\\ k_1+ik_2 & -|\boldsymbol{k}|-k_3\end{pmatrix} \tag{5.2.1}$$

となり，これを解くと

$$\alpha_{\boldsymbol{k}}{}^{(+)}=\frac{1}{\sqrt{2(|\boldsymbol{k}|+k_3)}}\begin{pmatrix}1+k_3/|\boldsymbol{k}| & -k_1+ik_2\\ (k_1+ik_2)/|\boldsymbol{k}| & |\boldsymbol{k}|+k_3\end{pmatrix} \tag{5.2.2}$$

を得る．θ-, τ-変換のスピノル表現は(2.3.20)で与えられているので，$\lambda_{\boldsymbol{k}}(\boldsymbol{\theta})$, $\lambda_{\boldsymbol{k}}(\boldsymbol{\tau})$ のスピノル表現はそれぞれ上の $\alpha_{\boldsymbol{k}}{}^{(+)}$ を用いて計算すればよい．この場合も計算は少々長くなるが，ともかく機械的にやればよいから，その過程を省略して結果を記すと次のようになる．

$$\alpha_{\boldsymbol{k}}{}^{(+)-1}\left(1+\frac{i}{2}\boldsymbol{\sigma\theta}\right)\alpha_{\Lambda(\boldsymbol{\theta})^{-1}\boldsymbol{k}}{}^{(+)}=1+\frac{i}{2}\frac{\theta_3|\boldsymbol{k}|+\boldsymbol{\theta k}}{|\boldsymbol{k}|+k_3}\sigma_3, \tag{5.2.3}$$

$$\begin{aligned}&\alpha_{\boldsymbol{k}}{}^{(+)-1}\left(1+\frac{\boldsymbol{\sigma\tau}}{2}\right)\alpha_{\Lambda(\boldsymbol{\tau})^{-1}\boldsymbol{k}}{}^{(+)}\\ &\quad=\left(1+\frac{i}{2}\frac{(\boldsymbol{k}\times\boldsymbol{\tau})_3}{|\boldsymbol{k}|+\boldsymbol{k}_3}\sigma_3\right)\left\{1+\begin{pmatrix}0 & 0\\ x_\tau+iy_\tau & 0\end{pmatrix}\right\},\end{aligned} \tag{5.2.4}$$

ただし

$$x_\tau=\frac{\tau_1}{|\boldsymbol{k}|+k_3}-\frac{(\boldsymbol{\tau}\times\boldsymbol{k})_2}{|\boldsymbol{k}|(|\boldsymbol{k}|+k_3)}-\frac{(\boldsymbol{\tau k})k_1}{\boldsymbol{k}^2(|\boldsymbol{k}|+k_3)}, \tag{5.2.5}$$

$$y_\tau=\frac{\tau_2}{|\boldsymbol{k}|+k_3}+\frac{(\boldsymbol{\tau}\times\boldsymbol{k})_1}{|\boldsymbol{k}|(|\boldsymbol{k}|+k_3)}-\frac{(\boldsymbol{\tau k})k_2}{\boldsymbol{k}^2(|\boldsymbol{k}|+k_3)}. \tag{5.2.6}$$

(5.2.3), (5.2.4)を導くにあたっては，無限小量 $\boldsymbol{\theta}, \boldsymbol{\tau}$ について1次までの項をとり，2次以上の高次の項は落した．

$[0_-]$ つまり負振動の場合には上の結果を利用することができる．まず

$$\sigma_2\begin{pmatrix}-|\boldsymbol{k}|+k_3 & k_1+ik_2\\ k_1-ik_2 & -|\boldsymbol{k}|-k_3\end{pmatrix}\sigma_2=-\begin{pmatrix}|\boldsymbol{k}|+k_3 & k_1-ik_2\\ k_1+ik_2 & |\boldsymbol{k}|-k_3\end{pmatrix} \tag{5.2.7}$$

なる関係および(4.2.6)がなりたつことから，(5.2.1)の複素共役をとり左右両側から σ_2 をかけると

$$\sigma_2\alpha_{\boldsymbol{k}}{}^{(+)*}\sigma_2\begin{pmatrix}2 & 0\\ 0 & 0\end{pmatrix}(\sigma_2\alpha_{\boldsymbol{k}}{}^{(+)*}\sigma_2)^\dagger=\begin{pmatrix}|\boldsymbol{k}|+k_3 & k_1-ik_2\\ k_1+ik_2 & |\boldsymbol{k}|-k_3\end{pmatrix} \tag{5.2.8}$$

となる．したがって

$$\alpha_{\boldsymbol{k}}{}^{(-)}=\sigma_2\alpha_{\boldsymbol{k}}{}^{(+)*}\sigma_2. \tag{5.2.9}$$

ここで $\alpha_{\boldsymbol{k}}{}^{(+)*}$ は，$\alpha_{\boldsymbol{k}}{}^{(+)}$ の各行列要素をその複素共役でおきかえて得られた行列である．

そこで(5.2.3)の複素共役に σ_2 を両側からかける．この式に(5.2.9)を用いると θ-変換に対しては容易にわかるように

$$\alpha_{\boldsymbol{k}}{}^{(-)-1}\left(1+i\frac{\boldsymbol{\sigma\theta}}{2}\right)\alpha_{\Lambda^{-1}(\theta)\boldsymbol{k}}{}^{(-)}=1+\frac{i}{2}\frac{\theta_3|\boldsymbol{k}|+\boldsymbol{\theta k}}{|\boldsymbol{k}|+k_3}\sigma_3 \tag{5.2.10}$$

となる．一方，$\boldsymbol{\tau}$-変換の場合は，(5.1.9)によれば正振動に対して

$$\left.\begin{aligned}\boldsymbol{k}&\xrightarrow{\Lambda(\boldsymbol{\tau})^{-1}}\boldsymbol{k}+\boldsymbol{\tau}|\boldsymbol{k}|,\\|\boldsymbol{k}|&\xrightarrow{\Lambda(\boldsymbol{\tau})^{-1}}|\boldsymbol{k}|+\boldsymbol{\tau k}\end{aligned}\right\} \tag{5.2.11}$$

であるのに対し，負振動では

$$\left.\begin{aligned}\boldsymbol{k}&\xrightarrow{\Lambda(\boldsymbol{\tau})^{-1}}\boldsymbol{k}-\boldsymbol{\tau}|\boldsymbol{k}|,\\|\boldsymbol{k}|&\xrightarrow{\Lambda(\boldsymbol{\tau})^{-1}}|\boldsymbol{k}|-\boldsymbol{\tau k}\end{aligned}\right\} \tag{5.2.12}$$

となって，これはちょうど(5.2.11)の $\boldsymbol{\tau}$ の符号を逆転したものになっている．したがって

$$\alpha_{\Lambda(\boldsymbol{\tau})^{-1}\boldsymbol{k}}{}^{(-)}=\sigma_2\alpha_{\Lambda(-\boldsymbol{\tau})^{-1}\boldsymbol{k}}{}^{(+)*}\sigma_2 \tag{5.2.13}$$

がなりたち，これを用いれば

$$\begin{aligned}\alpha_{\boldsymbol{k}}{}^{(-)-1}\left(1+\frac{\boldsymbol{\sigma\tau}}{2}\right)\alpha_{\Lambda(\boldsymbol{\tau})^{-1}\boldsymbol{k}}{}^{(-)}&=\sigma_2\left\{\alpha_{\boldsymbol{k}}{}^{(+)*}\sigma_2\left(1+\frac{\boldsymbol{\sigma\tau}}{2}\right)\sigma_2\alpha_{\Lambda(-\boldsymbol{\tau})^{-1}\boldsymbol{k}}{}^{(+)*}\right\}\sigma_2\\&=\sigma_2\left(\alpha_{\boldsymbol{k}}{}^{(+)-1}\left(1-\frac{\boldsymbol{\sigma\tau}}{2}\right)\alpha_{\Lambda(-\boldsymbol{\tau})^{-1}\boldsymbol{k}}{}^{(+)}\right)^*\sigma_2\\&=\left(1-\frac{i}{2}\frac{(\boldsymbol{k}\times\boldsymbol{\tau})_3}{|\boldsymbol{k}|+k_3}\sigma_3\right)\left\{1+\begin{pmatrix}0&x_\tau-iy_\tau\\0&0\end{pmatrix}\right\}\end{aligned} \tag{5.2.14}$$

を得る．ここで(5.2.4)の $\boldsymbol{\tau}$ を $-\boldsymbol{\tau}$ でおきかえた式を使った．

このようにして，θ-, τ-変換に対応したリトル・グループのスピノル表現が求められた．以上の結果を§4.2の議論と比較してみよう．(4.2.3), (4.2.8)において β, a_1, a_2 を無限小量とみなすと，リトル・グループのスピノル表現にお

ける無限小変換の一般形は

$$g^{(+)} = \left(1+\frac{i}{2}\beta\sigma_3\right)\left\{1+\begin{pmatrix}0 & 0\\ a_1+ia_2 & 0\end{pmatrix}\right\}, \tag{5.2.15}$$

$$g^{(-)} = \left(1+\frac{i}{2}\beta\sigma_3\right)\left\{1-\begin{pmatrix}0 & a_1-ia_2\\ 0 & 0\end{pmatrix}\right\} \tag{5.2.16}$$

とかける．これを，(5.2.3), (5.2.10)と比べれば，θ-変換においては，正負両振動の場合に対して

$$\left.\begin{aligned}\beta &= \frac{\theta_3|\boldsymbol{k}|+\boldsymbol{k\theta}}{|\boldsymbol{k}|+k_3},\\ a_1 &= a_2 = 0.\end{aligned}\right\} \tag{5.2.17}$$

また τ-変換の場合は(5.2.4), (5.2.14)を用いて

$$\left.\begin{aligned}\beta &= \pm\frac{(\boldsymbol{k}\times\boldsymbol{\tau})_3}{|\boldsymbol{k}|+k_3},\\ a_1 &= \pm x_\tau\ , \quad a_2 = \pm y_\tau\end{aligned}\right\} \tag{5.2.18}$$

なる関係が導かれる．(5.2.18)の $\pm$ はそれぞれ正，負の振動の場合に対応する．われわれはこれらの結果を用いて，ローレンツ変換のもとにおける波動関数の振舞をしらべようと思う．

まず不連続スピンすなわち§4.2の $[0_\pm{}^0]$ の場合を考えよう．(5.1.2)にならって運動量表示での波動関数を

$$\phi_S{}^{(\pm)}(\boldsymbol{k}) = \langle \boldsymbol{k}, S, \pm|S, \pm\rangle \tag{5.2.19}$$

で定義する．ただし S はポアンカレ群の既約表現を指定するための定数で，§4.2に述べたように，表現は高々2価でなければならぬという要求から

$$S=0, \quad \pm 1/2, \quad \pm 1, \quad \pm 3/2, \quad \cdots \tag{5.2.20}$$

のいずれかでなければならぬ．ここで(4.2.18)の β を無限小として展開した式および(5.2.17), (5.2.18)を用いれば，$\phi_S{}^{(\pm)}(\boldsymbol{k})$ の変換は

$$\phi_S{}^{(\pm)\prime}(\boldsymbol{k}) = \left(1+iS\frac{\theta_3|\boldsymbol{k}|+\boldsymbol{k\theta}}{|\boldsymbol{k}|+k_3}\right)\phi_S{}^{(\pm)}(\boldsymbol{k}-\boldsymbol{k}\times\boldsymbol{\theta}) \qquad (\theta\text{-変換}), \tag{5.2.21}$$

$$\phi_S{}^{(\pm)\prime}(\boldsymbol{k}) = \left(1\pm iS\frac{(\boldsymbol{k}\times\boldsymbol{\tau})_3}{|\boldsymbol{k}|+k_3}\right)\phi_S{}^{(\pm)}(\boldsymbol{k}\pm|\boldsymbol{k}|\boldsymbol{\tau}) \qquad (\tau\text{-変換}) \tag{5.2.22}$$

となる．あるいは右辺の $\phi_S{}^{(\pm)}$ を $\boldsymbol{\theta}, \boldsymbol{\tau}$ で展開してその1次の項までをとれば，上式はそれぞれ

$$\phi_S{}^{(\pm)\prime}(\boldsymbol{k}) = (1+i\boldsymbol{J\theta})\phi_S{}^{(\pm)}(\boldsymbol{k}), \tag{5.2.23}$$

$$\phi_S{}^{(\pm)\prime}(\boldsymbol{k}) = (1-i\boldsymbol{K\tau})\phi_S{}^{(\pm)}(\boldsymbol{k}) \tag{5.2.24}$$

とかくことができる．ここで $\boldsymbol{J}, \boldsymbol{K}$ は

$$\left.\begin{aligned} J_1 &= \frac{1}{i}\left(\boldsymbol{k}\times\frac{\partial}{\partial\boldsymbol{k}}\right)_1 + \frac{k_1}{|\boldsymbol{k}|+k_3}S, \\ J_2 &= \frac{1}{i}\left(\boldsymbol{k}\times\frac{\partial}{\partial\boldsymbol{k}}\right)_2 + \frac{k_2}{|\boldsymbol{k}|+k_3}S, \\ J_3 &= \frac{1}{i}\left(\boldsymbol{k}\times\frac{\partial}{\partial\boldsymbol{k}}\right)_3 + S \end{aligned}\right\} \tag{5.2.25}$$

および

$$\left.\begin{aligned} K_1 &= -k_0\left(\frac{1}{i}\frac{\partial}{\partial k_1} - \frac{k_2}{|\boldsymbol{k}|(|\boldsymbol{k}|+k_3)}S\right), \\ K_2 &= -k_0\left(\frac{1}{i}\frac{\partial}{\partial k_2} + \frac{k_1}{|\boldsymbol{k}|(|\boldsymbol{k}|+k_3)}S\right), \\ K_3 &= -\frac{1}{i}k_0\frac{\partial}{\partial k_3} \end{aligned}\right\} \tag{5.2.26}$$

で与えられる．ただしこれを導くにあたって

$$k_0\phi_S{}^{(\pm)}(\boldsymbol{k}) = \pm|\boldsymbol{k}|\phi_S{}^{(\pm)}(\boldsymbol{k}) \tag{5.2.27}$$

なる関係を用いた．また，$|S; h, \pm\rangle$ $(h=1, 2)$ に対応した波動関数を $\phi_S{}^{(\pm)}(\boldsymbol{k})_h$ とかくとき，その内積は(3.1.17)により

$$\langle S; 1, \pm|S; 2, \pm\rangle = \int\frac{d\boldsymbol{k}}{|\boldsymbol{k}|}\phi_S{}^{(\pm)*}(\boldsymbol{k})_1\phi_S{}^{(\pm)}(\boldsymbol{k})_2 \tag{5.2.28}$$

となる．このようにして得られた(5.2.23)～(5.2.28)は質量0の不連続スピンの自由粒子の振舞を完全に与える式である．

(5.2.25), (5.2.26)の $\boldsymbol{J}, \boldsymbol{K}$ はローレンツ群の生成子としての性質をもっており，これらが交換関係(2.3.13)をみたすことは直接の計算によっても確かめられる．しかし単にこの交換関係を満足するというだけからでは，S に対する(5.2.20)の制限はでてこない．実際，S として勝手な実数を用いても(2.3.13)はみたされているからである．元来 S を整数または半整数としたのはポアンカレ群の表現には1価および2価の表現しか存在し得ないことによるものであって，さらにもとをたどればこれは部分群である回転群の表現が高々2価であ

ることにもとづく(§2.1). したがって，S が(5.2.20)をみたさない場合，たとえ $\boldsymbol{J}$ は角運動量の交換関係(2.3.13)の第1式を満足していても，そのような $\boldsymbol{J}$ からつくられる無限小回転およびこれらの積の演算子は，回転群の表現にはなり得ないはずであって，実際にしらべてみるとこのときは $\boldsymbol{J}$ のエルミート性がこわされているのである．いいかえれば，$\boldsymbol{J}$ がエルミートであるという条件からも，S は整数または半整数となることを直接の計算によって導くことができるはずである．この性質のより詳しい吟味は§5.4で行われる．

つぎに連続スピンすなわち§4.2の $[\Xi_\pm{}^0]$ の場合を考察しよう．

まず1価表現のとき，波動関数を(5.1.2)と同様に

$$\phi^{(\pm)}(\boldsymbol{k}, \xi_1, \xi_2) = \langle \boldsymbol{k}, \xi_1, \xi_2, \pm | \pm \rangle \tag{5.2.29}$$

で定義し，(4.2.15), (4.2.34), (5.2.17), (5.2.18)および(5.2.5), (5.2.6)を用いれば，波動関数の変換性は次式で与えられる．

$$\phi^{(\pm)\prime}(\boldsymbol{k}, \xi_1, \xi_2) = \left\{1+\boldsymbol{\theta}\left(\boldsymbol{k}\times\frac{\partial}{\partial \boldsymbol{k}}\right)+i\frac{\theta_3|\boldsymbol{k}|+\boldsymbol{\theta}\boldsymbol{k}}{|\boldsymbol{k}|+k_3}\hat{l}_3\right\}\phi^{(\pm)}(\boldsymbol{k}, \xi_1, \xi_2) \qquad (\theta\text{-変換}), \tag{5.2.30}$$

$$\phi^{(\pm)\prime}(\boldsymbol{k}, \xi_1, \xi_2) = \left\{1+k_0\boldsymbol{\tau}\frac{\partial}{\partial \boldsymbol{k}}+i\frac{(\boldsymbol{k}\times\boldsymbol{\tau})_3}{|\boldsymbol{k}|+k_3}\,\frac{k_0}{|\boldsymbol{k}|}\hat{l}_3+i\frac{k_0}{\boldsymbol{k}^2}\mathscr{F}_\tau(\xi_1, \xi_2)\right\}\phi^{(\pm)}(\boldsymbol{k}, \xi_1, \xi_2) \qquad (\tau\text{-変換}). \tag{5.2.31}$$

ただし

$$\hat{l}_3 = \frac{1}{i}\left(\xi_1\frac{\partial}{\partial\xi_2}-\xi_2\frac{\partial}{\partial\xi_1}\right), \tag{5.2.32}$$

$$\mathscr{F}_\tau(\xi_1, \xi_2) = \left\{(\tau_1\xi_1+\tau_2\xi_2)-\frac{k_1\xi_1+k_2\xi_2}{|\boldsymbol{k}|(|\boldsymbol{k}|+k_3)}(\boldsymbol{\tau}\boldsymbol{k}+|\boldsymbol{k}|\tau_3)\right\}. \tag{5.2.33}$$

ここで，前と同様

$$k_0\phi^{(\pm)}(\boldsymbol{k}, \xi_1, \xi_2) = \pm|\boldsymbol{k}|\phi^{(\pm)}(\boldsymbol{k}, \xi_1, \xi_2) \tag{5.2.34}$$

なる関係を使った．内積については，状態ベクトルとして $|\boldsymbol{k}, \bar{\varphi}, \pm\rangle$ ($\bar{\varphi}$ については§4.2参照)を用いたときは(3.1.16)の右辺の $\delta_{\xi\xi'}$ を $\delta(\bar{\varphi}-\bar{\varphi}')$ でおきかえればよいが，$|\boldsymbol{k}, \xi_1, \xi_2, \pm\rangle$ においては ξ_1 と ξ_2 は独立ではないので次のようにしてこれを定義する．すなわち

$$(\xi_1{}^2+\xi_2{}^2-\Xi)\phi^{(\pm)}(\boldsymbol{k},\xi_1,\xi_2)=0, \tag{5.2.35}$$

したがって

$$\phi^{(\pm)}(\boldsymbol{k},\xi_1,\xi_2)=\delta(\xi_1{}^2+\xi_2{}^2-\Xi)\tilde{\phi}^{(\pm)}(\boldsymbol{k},\xi_1,\xi_2) \tag{5.2.36}$$

とし，この $\tilde{\phi}^{(\pm)}$ により内積

$$\langle 1,\pm|2,\pm\rangle=\int\frac{d\boldsymbol{k}}{|\boldsymbol{k}|}d\xi_1 d\xi_2\delta(\xi_1{}^2+\xi_2{}^2-\Xi)\tilde{\phi}^{(\pm)*}(\boldsymbol{k},\xi_1,\xi_2)_1\tilde{\phi}^{(\pm)}(\boldsymbol{k},\xi_1,\xi_2)_2 \tag{5.2.37}$$

が得られる．(5.2.30)～(5.2.37)は連続スピンの1価表現の粒子を完全に規定する式である．

2価表現の場合も全く同様に議論を進めることができる．ここでは結果だけを記すが，その導き方は§4.2の連続スピンの2価表現についての結果を用い，上の議論に沿ってやればよい．なお波動関数 $\phi_{1/2}{}^{(\pm)}(\boldsymbol{k},\xi_1,\xi_2)$, $\phi_{-1/2}{}^{(\pm)}(\boldsymbol{k},\xi_1,\xi_2)$ はそれぞれ，(4.2.35)および(4.2.36)の $|\bar{\xi}_1,\bar{\xi}_2\rangle_{1/2}$, $|\bar{\xi}_1,\bar{\xi}_2\rangle_{-1/2}$ に対応した状態ベクトル $|\boldsymbol{k},\xi_1,\xi_2,\pm\rangle_{1/2}$, $|\boldsymbol{k},\xi_1,\xi_2,\pm\rangle_{-1/2}$ により与えられる．これらは互いにユニタリー同値であるが，あとで両者を適宜用いる予定があるので，便宜上まとめて $\phi_S{}^{(\pm)}(\boldsymbol{k},\xi_1,\xi_2)$ と記すことにする．もちろんこの場合 S は1/2または $-1/2$ である．

$$\begin{aligned}&\phi_S{}^{(\pm)\prime}(\boldsymbol{k},\xi_1,\xi_2)\\&\quad=\left\{1+\boldsymbol{\theta}\left(\boldsymbol{k}\times\frac{\partial}{\partial\boldsymbol{k}}\right)+i\frac{\theta_3|\boldsymbol{k}|+\boldsymbol{\theta k}}{|\boldsymbol{k}|+k_3}(\hat{l}_3+S)\right\}\phi_S{}^{(\pm)}(\boldsymbol{k},\xi_1,\xi_2)\end{aligned}$$

(θ-変換)，　(5.2.38)

$$\begin{aligned}&\phi_S{}^{(\pm)\prime}(\boldsymbol{k},\xi_1,\xi_2)\\&\quad=\left\{1+k_0\boldsymbol{\tau}\frac{\partial}{\partial\boldsymbol{k}}+i\frac{(\boldsymbol{k}\times\boldsymbol{\tau})_3}{|\boldsymbol{k}|+k_3}\frac{k_0}{|\boldsymbol{k}|}(\hat{l}_3+S)+i\frac{k_0}{\boldsymbol{k}^2}\mathscr{F}_\tau(\xi_1,\xi_2)\right\}\phi_S{}^{(\pm)}(\boldsymbol{k},\xi_1,\xi_2)\end{aligned}$$

(τ-変換)，　(5.2.39)

$$k_0\phi_S{}^{(\pm)}(\boldsymbol{k},\xi_1,\xi_2)=\pm|\boldsymbol{k}|\phi_S{}^{(\pm)}(\boldsymbol{k},\xi_1,\xi_2), \tag{5.2.40}$$

$$\phi_S{}^{(\pm)}(\boldsymbol{k},\xi_1,\xi_2)=\delta(\xi_1{}^2+\xi_2{}^2-\Xi)\tilde{\phi}_S{}^{(\pm)}(\boldsymbol{k},\xi_1,\xi_2), \tag{5.2.41}$$

$$\begin{aligned}&{}_S\langle 1,\pm|2,\pm\rangle_S\\&\quad=\int\frac{d\boldsymbol{k}}{|\boldsymbol{k}|}d\xi_1 d\xi_2\delta(\xi_1{}^2+\xi_2{}^2-\Xi)\tilde{\phi}_S{}^{(\pm)*}(\boldsymbol{k},\xi_1,\xi_2)_1\tilde{\phi}_S{}^{(\pm)}(\boldsymbol{k},\xi_1,\xi_2)_2.\end{aligned} \tag{5.2.42}$$

ただし，$\hat{l}_3, \mathcal{F}_\tau$ は(5. 2. 32), (5. 2. 33)で定義されたものである.

§5. 3　虚数質量の粒子

l_μ として(4. 4. 1)を用い，例によってスピノル表現で α_k をまず求めよう．ただし，この粒子では正振動と負振動の状態をローレンツ不変に分けて考えることができないので無理に k_0 を消去することはせず，ここで用いられる k_μ の間には

$$|\boldsymbol{k}|^2 = k_0{}^2+m^2 \tag{5. 3. 1}$$

なる関係があるという条件のもとに話を進めることにする.

$$\alpha_k\begin{pmatrix} m & 0 \\ 0 & -m \end{pmatrix}\alpha_k{}^\dagger = \begin{pmatrix} -k_0+k_3 & k_1-ik_2 \\ k_1+ik_2 & -k_0-k_3 \end{pmatrix} \tag{5. 3. 2}$$

から α_k を解くと，

$$\alpha_k = \frac{1}{2\sqrt{m|\boldsymbol{k}|(|\boldsymbol{k}|+k_3)(|\boldsymbol{k}|+m)}}(\sigma_3|\boldsymbol{k}|+\boldsymbol{\sigma k})\{(-k_0+\sigma_3(|\boldsymbol{k}|+m)\}, \tag{5. 3. 3}$$

$$\alpha_k{}^{-1} = \frac{1}{2\sqrt{m|\boldsymbol{k}|(|\boldsymbol{k}|+k_3)(|\boldsymbol{k}|+m)}}\{k_0+\sigma_3(|\boldsymbol{k}|+m)\}(\sigma_3|\boldsymbol{k}|+\boldsymbol{\sigma k}) \tag{5. 3. 4}$$

を得る．実際これが $\det(\alpha_k)=1$ および(5. 3. 2)をみたしていることは直接の計算により容易に確かめられる.

(5. 3. 3), (5. 4. 4)を用いれば，θ-変換，τ-変換に対する無限小ウィグナー回転のスピノル表現を導くことができ，その計算の結果は下のようになる.

$$\alpha_k{}^{-1}\left(1+\frac{i}{2}\boldsymbol{\sigma\theta}\right)\alpha_{\Lambda(\theta)^{-1}k} = 1+i\frac{\theta_3|\boldsymbol{k}|+\boldsymbol{\theta k}}{|\boldsymbol{k}|+k_3}\frac{\sigma_3}{2}, \tag{5. 3. 5}$$

$$\begin{aligned}\alpha_k{}^{-1}\left(1+\frac{\boldsymbol{\sigma\tau}}{2}\right)\alpha_{\Lambda(\tau)^{-1}k} = 1&+i\frac{k_0(\boldsymbol{k}\times\boldsymbol{\tau})_3}{|\boldsymbol{k}|(|\boldsymbol{k}|+k_3)}\frac{\sigma_3}{2} \\ &+i\frac{m}{|\boldsymbol{k}|}\left(\tau_1-\frac{\boldsymbol{\tau k}+\tau_3|\boldsymbol{k}|}{|\boldsymbol{k}|(|\boldsymbol{k}|+k_3)}k_1\right)\frac{\sigma_1}{2i} \\ &+i\frac{m}{|\boldsymbol{k}|}\left(\tau_2-\frac{\boldsymbol{\tau k}+\tau_3|\boldsymbol{k}|}{|\boldsymbol{k}|(|\boldsymbol{k}|+k_3)}k_2\right)\frac{\sigma_2}{2i}.\end{aligned} \tag{5. 3. 6}$$

ここで，$\sigma_3/2, \sigma_1/2i, \sigma_2/2i$ は3次元ローレンツ群の生成子で，(4.4.4)の交換関係を満足する．しかし(5.3.6)はこのままではユニタリー演算子ではないから，ユニタリーで既約なウィグナー回転を得るためには，上式で $\sigma_3/2 \to H_0$, $\sigma_1/2i \to H_1$, $\sigma_2/2i \to H_2$ なるおきかえをしなければならない．H_0, H_1, H_2 は§4.4で議論された3次元ローレンツ群のユニタリーな既約表現の生成子である．その結果ウィグナー回転は

$$Q(\lambda_k(\boldsymbol{\theta}), l) = 1 + i\frac{\theta_3|\boldsymbol{k}| + \boldsymbol{\theta k}}{|\boldsymbol{k}| + k_3} H_0 \qquad (\theta\text{-変換}), \tag{5.3.7}$$

$$Q(\lambda_k(\boldsymbol{\tau}), l) = 1 + i\frac{k_0(\boldsymbol{k}\times\boldsymbol{\tau})_3}{|\boldsymbol{k}|(|\boldsymbol{k}|+k_3)} H_0 + i\frac{m}{|\boldsymbol{k}|}\mathscr{F}_\tau(H_1, H_2) \qquad (\tau\text{-変換}) \tag{5.3.8}$$

で与えられる．ただし $\mathscr{F}_\tau(H_1, H_2)$ は，(5.2.33)の $\mathscr{F}_\tau(\xi_1, \xi_2)$ の ξ_1, ξ_2 を H_1, H_2 でおきかえたものである．

他方，状態ベクトル $|\ \ \rangle$ に対応する運動量表示での波動関数を

$$\phi_\xi(\boldsymbol{k}, k_0) = \langle k, \xi|\ \ \rangle \tag{5.3.9}$$

とすれば，(3.1.20)よりその内積は

$$\langle 1|2\rangle = \sum_\xi \int d^4k\delta(k_\mu{}^2 - m^2)\phi_\xi{}^*(\boldsymbol{k}, k_0)_1\phi_\xi(\boldsymbol{k}, k_0)_2 \tag{5.3.10}$$

となる．

この波動関数に対する無限小ローレンツ変換は，(5.3.7), (5.3.8)を用いれば，これまでの議論と同じようにして

$$\phi_\xi'(\boldsymbol{k}, k_0) = \sum_{\xi'}\left\{1 + \left(\boldsymbol{k}\times\frac{\partial}{\partial\boldsymbol{k}}\right)\boldsymbol{\theta} + i\frac{\theta_3|\boldsymbol{k}| + \boldsymbol{\theta k}}{|\boldsymbol{k}| + k_3}H_0\right\}_{\xi\xi'}\phi_{\xi'}(\boldsymbol{k}, k_0) \qquad (\theta\text{-変換}) \tag{5.3.11}$$

$$\phi_\xi'(\boldsymbol{k}, k_0) = \sum_{\xi'}\left\{1 + \left(k_0\frac{\partial}{\partial\boldsymbol{k}} + \boldsymbol{k}\frac{\partial}{\partial k_0}\right)\boldsymbol{\tau} + i\frac{k_0(\boldsymbol{k}\times\boldsymbol{\tau})_3}{|\boldsymbol{k}|(|\boldsymbol{k}|+k_3)}H_0 + i\frac{m}{|\boldsymbol{k}|}\mathscr{F}_\tau(H_1, H_2)\right\}_{\xi\xi'}\phi_{\xi'}(\boldsymbol{k}, k_0) \qquad (\tau\text{-変換}) \tag{5.3.12}$$

となる．ただし(5.3.12)の右辺(　)の中の第2項は $\phi_\xi(\Lambda(\boldsymbol{\tau})^{-1}\boldsymbol{k}, \Lambda(\boldsymbol{\tau})^{-1}k_0) =$

$\phi_\xi(\boldsymbol{k}+\boldsymbol{\tau}k_0, k_0+\boldsymbol{\tau k})$ を $\boldsymbol{\tau}$ について1次まで展開して得られたものである.

(5.3.11)によれば虚数質量粒子の角運動量は

$$\left.\begin{aligned}J_1&=\frac{1}{i}\left(\boldsymbol{k}\times\frac{\partial}{\partial\boldsymbol{k}}\right)_1+\frac{k_1}{|\boldsymbol{k}|+k_3}H_0,\\J_2&=\frac{1}{i}\left(\boldsymbol{k}\times\frac{\partial}{\partial\boldsymbol{k}}\right)_2+\frac{k_2}{|\boldsymbol{k}|+k_3}H_0,\\J_3&=\frac{1}{i}\left(\boldsymbol{k}\times\frac{\partial}{\partial\boldsymbol{k}}\right)_3+H_0\end{aligned}\right\}\tag{5.3.13}$$

となって，これはちょうど(5.2.25)の S を H_0 でおきかえた式である．その結果，(5.3.13)によって与えられる角運動量の固有値問題は，(5.2.25)のそれと全く同様に扱うことが可能となる．次節において，(5.2.25)の $\boldsymbol{J}$ がエルミート演算子であるという条件だけを用い S が(5.2.20)に従わねばならぬということが導かれるが，これを(5.3.13)の $\boldsymbol{J}$ に適用すれば H_0 の固有値は必然的に整数または半整数とならざるを得ない．われわれは§4.4において，ポアンカレ群の表現は1価または2価であるという理由のもとに，H_0 の固有値を上記のように制限したが，この制限はまた角運動量演算子のエルミート性からも得られることがわかる．なお，リトル・グループが不連続表現 $D_{\mu_0}{}^{(\pm)}$ をとる場合には，$\boldsymbol{J}^2$ の固有値を $j(j+1)$ とするとき，j の最小値は $|\mu_0|$ であることも，次節の議論の結果から導かれる.

§5.4　質量0粒子の角運動量

(5.2.25)で与えられた $\boldsymbol{J}$ は，質量0で不連続スピンをもつ粒子の全角運動量という直接的な意味をもつ物理量である．この $\boldsymbol{J}$ の形は通常の角運動量(5.1.21)とは異なっており，$\boldsymbol{k}$ は3次元ベクトルとして変換するが $\partial/\partial\boldsymbol{k}$ はもはや3次元ベクトルではない．すなわち $[J_i, k_j]=i\sum_l\varepsilon_{ijl}k_l$ ではあっても $[J_i, \partial/\partial k_j]=i\sum_l\varepsilon_{ijl}\partial/\partial k_l$ はなりたたない．しかも S を任意の実数として，$\boldsymbol{J}$ は角運動量の交換関係(2.3.7)を満足している．このような $\boldsymbol{J}$ のもつ性質を，ある程度詳しくしらべることは物理的にみて無意味ではないであろう．われわれは S が(4.2.19)に従うことを前提とせず，(5.2.25)の $\boldsymbol{J}$ がエルミート演算子であることだけを仮定し，これから(4.2.19)を導き出すとともに，既約表現空間の波動関数を実際に求めることにする．

しかし，具体的な計算に入る前に，まず議論の大枠をおさえておく方が都合がよい．そこで，これは量子力学でよく知られていることだが，$\boldsymbol{J}$ が交換関係(2.3.7)をみたすエルミート演算子であるという仮定だけからどのような結果が導かれるかを，復習をかねて簡単に述べておこう．

$\boldsymbol{J}^2$ は $J_i(i=1,2,3)$ と可換であるから，回転群の既約表現空間においては一定の値をとる．したがってこの既約表現空間で J_3 の固有値を最大にする状態ベクトルが必ず存在する．なぜならば，$\boldsymbol{J}^2=J_1{}^2+J_2{}^2+J_3{}^2$ であって，$J_1{}^2+J_2{}^2$ の期待値は負にはならないからである．この最大値を j，対応する固有状態を $|j,j\rangle$ とかき，$\langle j,j|j,j\rangle=1$ とする．ここで $|j,j\rangle$ の最初にかかれている j は，J_3 の最大の固有値という意味で既約表現に固有のもの，2番目の j は単に J_3 の固有値を示す．そこでこの既約表現空間において J_3 の固有値が μ の規格された状態ベクトルを一般に $|j,\mu\rangle$ とかく．すなわち

$$J_3|j,\mu\rangle=\mu|j,\mu\rangle. \tag{5.4.1}$$

$J^{(\pm)}=J_1\pm iJ_2$ とすれば，(2.3.7)と同等の式として

$$[J_3,J^{(\pm)}]=\pm J^{(\pm)}, \tag{5.4.2}$$

$$[J^{(+)},J^{(-)}]=2J_3 \tag{5.4.3}$$

がなりたつ．(5.4.2)の式を $|j,\mu\rangle$ に作用させれば，(5.4.1)より

$$J_3J^{(\pm)}|j,\mu\rangle=(\mu\pm1)J^{(\pm)}|j,\mu\rangle.$$

したがって，$J^{(+)}$ は J_3 の固有値を一つ増し，$J^{(-)}$ は一つ減らす演算子である．それゆえ

$$J_3(J^{(-)})^m|j,j\rangle=(j-m)(J^{(-)})^m|j,j\rangle \qquad (m=0,1,2,\cdots), \tag{5.4.4}$$

また，定義により

$$J^{(+)}|j,j\rangle=0 \tag{5.4.5}$$

である．さて，(5.4.3)を用いれば

$$\begin{aligned}J^{(+)}(J^{(-)})^n&=(J^{(-)})^nJ^{(+)}+[J^{(+)},(J^{(-)})^n]\\&=(J^{(-)})^nJ^{(+)}+2\sum_{m=0}^{n-1}(J^{(-)})^{n-m-1}J_3(J^{(-)})^m\end{aligned}$$

$$(n=1,2,\cdots) \tag{5.4.6}$$

となる．これを $|j,j\rangle$ に作用させると，(5.4.4),(5.4.5)により

$$J^{(+)}(J^{(-)})^n|j,j\rangle = n(2j+1-n)(J^{(-)})^{n-1}|j,j\rangle \qquad (5.4.7)$$

を得る．これに繰り返し $J^{(+)}$ を作用させ同様の議論を行えば

$$(J^{(+)})^n(J^{(-)})^n|j,j\rangle = n!(2j+1-n)(2j+2-n)\cdots(2j-1)(2j)|j,j\rangle,$$

さらに $\langle j,j|$ をかけると

$$n!(2j+1-n)(2j+2-n)\cdots(2j-1)(2j) \geqq 0 \qquad (n=1,2,\cdots) \qquad (5.4.8)$$

が導かれる．ここで，$\boldsymbol{J}$ のエルミート性より $J^{(+)}$ は $J^{(-)}$ のエルミート共役，したがって $\langle j,j|(J^{(+)})^n(J^{(-)})^n|j,j\rangle \geqq 0$ なることを用いた．(5.4.8)がなりたつためには，j は負でない整数または半整数，

$$j=0, \quad 1/2, \quad 1, \quad 3/2, \quad 2, \quad \cdots \qquad (5.4.9)$$

のいずれかでなければならぬ．そうでなければ(5.4.8)の左辺を負にするような n が必ず存在する．その結果

$$(J^{(-)})^{2j+1}|j,j\rangle = 0, \qquad (5.4.10)$$

あるいはより一般的には

$$(J^{(-)})^n|j,j\rangle = \sqrt{\frac{n!(2j)!}{(2j-n)!}}|j,j-n\rangle \qquad (n=0,1,\cdots,2j) \qquad (5.4.11)$$

となり，μ のとり得る値は(5.4.9)の各 j に対応して

$$\mu=j, \quad j-1, \quad j-2, \quad \cdots, \quad -j+1, \quad -j \qquad (5.4.12)$$

であることがわかる．なお，$\boldsymbol{J}^2=J_3(J_3+1)+J^{(-)}J^{(+)}$ とかけることに着目し，これを $|j,j\rangle$ に作用させれば，$\boldsymbol{J}^2$ の固有値として $j(j+1)$ を得る．もちろん，$J^{(-)}$が$\boldsymbol{J}^2$と可換であることから，これは $|j,\mu\rangle$ のもつ固有値でもある．(5.4.11)から，j が与えられれば $J^{(\pm)}$ のマトリックス要素は容易に求められる．そうして，そのようなマトリックス $J^{(\pm)}$，および J_3 と可換な行列は単位行列の定数倍のものしかないことが示せるので，これが実際に既約であることがわかる．すなわち既約表現は(5.4.9)の j によって決まる．

以上は，$\boldsymbol{J}$ が実際にどのようにかかれているかとは無関係に導かれる一般的な結果であって，もちろん(5.2.25)の $\boldsymbol{J}$ に関する議論もこの枠を越えることはできない．しかし，例えば j が(5.4.9)のどの値をとるかについては，$\boldsymbol{J}$ の形が与えられないと，何もいえないわけである．

そこで，具体的な議論に移るために極座標 $\boldsymbol{k}=(|\boldsymbol{k}|\sin\theta\cos\varphi, |\boldsymbol{k}|\sin\theta\sin\varphi,$

$|\boldsymbol{k}|\cos\theta$)を用いて(5.2.25)の $\boldsymbol{J}$ をかきかえよう．そうすると

$$J_3=\frac{1}{i}\frac{\partial}{\partial\varphi}+S, \tag{5.4.13}$$

$$J^{(+)}=e^{i\varphi}\left\{\sqrt{1-z^2}\left(-\frac{\partial}{\partial z}+\frac{S}{1+z}\right)+i\frac{z}{\sqrt{1-z^2}}\frac{\partial}{\partial\varphi}\right\}, \tag{5.4.14}$$

$$J^{(-)}=e^{-i\varphi}\left\{\sqrt{1-z^2}\left(\frac{\partial}{\partial z}+\frac{S}{1+z}\right)+i\frac{z}{\sqrt{1-z^2}}\frac{\partial}{\partial\varphi}\right\}, \tag{5.4.15}$$

$$\boldsymbol{J}^2=-\left\{(1-z^2)\frac{\partial^2}{\partial z^2}-2z\frac{\partial}{\partial z}+\frac{1}{1-z^2}\frac{\partial^2}{\partial\varphi^2}\right\}+\frac{2}{1+z}S\left(S+\frac{1}{i}\frac{\partial}{\partial\varphi}\right), \tag{5.4.16}$$

$$z=\cos\theta \tag{5.4.17}$$

を得る．いま，$\boldsymbol{J}^2, J_3$ の固有関数を $\mathcal{Y}^{\mu}{}_{j,S}(\theta,\varphi)$ としよう．もちろんここで，前記の一般論にもとづいて，j は負ではない整数または半整数，μ は j から $-j$ までの $(2j+1)$ 個の価をとるものである．容易にわかるように，固有関数は変数分離されて

$$\mathcal{Y}^{\mu}{}_{j,S}(\theta,\varphi)=e^{i(\mu-S)\varphi}X^{\mu}{}_{j,S}(z) \tag{5.4.18}$$

とおくことができる．いうまでもなく $\exp\{i(\mu-S)\varphi\}$ は J_3 の固有関数である．もし，ここで $\mathcal{Y}^{\mu}{}_{j,S}(\theta,\varphi)$ が $\boldsymbol{k}$ の1価関数であることを仮定すれば，これは $\varphi\to\varphi+2\pi$ で不変でなければならないから，μ の整数，半整数に応じて S は整数もしくは半整数となる．しかしわれわれがこの議論で前提としているのは観測可能量としての $\boldsymbol{J}$ のエルミート性だけであるから，むしろこの前提から上記の仮定は，もしそれが正しいならば，導き出されると考えねばならない．この意味で，S はこの段階ではまだ決定されてはいない．それに，$\mathcal{Y}^{\mu}{}_{j,S}(\theta,\varphi)$ が実際にどのような関数になるか，また j が(5.4.9)の値のうちどの値をとるのかということも知りたいので，$X^{\mu}{}_{j,S}(z)$ を具体的に求めてみることにしよう．ところで，$X^{\mu}{}_{j,S}(z)$ に対する方程式は，(5.4.16), (5.4.18)を用いて $\boldsymbol{J}^2\mathcal{Y}^{\mu}{}_{j,S}(\theta,\varphi)=j(j+1)\mathcal{Y}^{\mu}{}_{j,S}(\theta\varphi)$ より

$$\left\{(1-z^2)\frac{d^2}{dz^2}-2z\frac{d}{dz}-\frac{(\mu-S)^2}{1-z^2}-\frac{2S\mu}{1+z}+j(j+1)\right\}X^{\mu}{}_{j,S}(z)=0 \tag{5.4.19}$$

とかくことができる．これを解くための $z=\pm1$ における境界条件は $\boldsymbol{J}$ の各成分がエルミートであるようにとらなければならない．しかしそれは簡単ではないので，われわれはむしろエルミート性から直接導かれた(5.4.5), (5.4.10)を

利用することにする．そこで(5.4.19)で $\mu=j$ とおこう．そうすると(5.4.19)は

$$\left\{(1-z^2)\frac{d^2}{dz^2}-2z\frac{d}{dz}-\frac{(j-S)^2}{1-z^2}-\frac{2Sj}{1+z}+j(j+1)\right\}X^j{}_{j,S}(z) \qquad (5.4.20)$$

となるが，このままではまだ扱いにくいので，さらにこれを超幾何型の微分方程式に変形する．そのために

$$X^j{}_{j,S}(z)=(1-z)^{(j-S)/2}(1+z)^{(j+S)/2}f_S(z) \qquad (5.4.21)$$

とすると(5.4.20)は

$$(1-z^2)\frac{d^2f_S}{dz^2}+2\{S-(j+1)z\}\frac{df_S}{dz}=0 \qquad (5.4.22)$$

となる．その一般解は二つの独立解の一次結合で与えられるが，このうち一つは単なる定数，他の一つは超幾何関数であらわされる．しかしながら後者については実は知る必要はない．というのは，(5.4.18)，(5.4.21)より得られる $\mathcal{Y}^j{}_{j,S}(\theta,\varphi)$ に(5.4.14)の $J^{(+)}$ を作用させると

$$J^{(+)}\mathcal{Y}^j{}_{j,S}(\theta,\varphi)=-e^{i(j+1-S)\varphi}(1-z)^{(j+1-S)/2}(1+z)^{(j+1+S)/2}\frac{df_S}{dz} \qquad (5.4.23)$$

となり，しかも(5.4.5)によればこれは0であって，それゆえ $f_S(z)$ は定数となるからである．したがって

$$\mathcal{Y}^j{}_{j,S}(\theta,\varphi)\propto e^{i(j-S)\varphi}(1-z)^{(j-S)/2}(1+z)^{(j+S)/2} \qquad (5.4.24)$$

が得られる．

この $\mathcal{Y}^j{}_{j,S}(\theta,\varphi)$ に $J^{(-)}$ を n 回作用させよう．$J^{(-)}$ は J_3 の固有値を一つ下げる演算子であって，(5.4.15)および(5.4.24)を用いて計算すると

$$\begin{aligned}(J^{(-)})^n\mathcal{Y}^j{}_{j,S}(\theta,\varphi)&\propto(J^{(-)})^n\{e^{i(j-S)\varphi}(1-z)^{(j-S)/2}(1+z)^{(j+S)/2}\}\\&=e^{i(j-n-S)\varphi}(1-z)^{-(j-n-S)/2}(1+z)^{-(j-n+S)/2}D^{(n)}\{(1-z)^{j-S}(1+z)^{j+S}\}\\&\propto\mathcal{Y}^{j-n}{}_{j,S}(\theta,\varphi)\end{aligned} \qquad (5.4.25)$$

が導かれる．ただし $D^{(n)}$ は d^n/dz^n の略記である．ここで $n=2j+1$ とすれば(5.4.10)によって

$$D^{(2j+1)}\{(1-z)^{j-S}(1+z)^{j+S}\}=0 \qquad (5.4.26)$$

でなければならない．この式は $(1-z)^{j-S}(1+z)^{j+S}$ が z について高々 $2j$ 次の

多項式であることを意味する．したがって $j\pm S$ は負ではない整数，すなわち

$$j=|S|,\ |S|+1,\ |S|+2,\ \cdots \tag{5.4.27}$$

であって，しかも一般論ですでに示したように，j は整数または半整数であるから，許される S は

$$S=0,\quad \pm 1/2,\quad \pm 1,\quad \pm 3/2,\quad \pm 2,\quad \cdots \tag{5.4.28}$$

のいずれかでなければならない．したがって $\boldsymbol{J}$ のエルミート性から(5.2.20)が導かれた．

その結果 $\mathcal{Y}^{\mu}{}_{j,S}(\theta,\varphi)$ は $\boldsymbol{k}$ の1価関数となるので，表現空間内の任意の二つの状態ベクトル $\phi_S(\theta,\varphi)_1$ と $\phi_S(\theta,\varphi)_2$ の内積は

$$\langle S,1|S,2\rangle=\int_0^{2\pi}d\varphi\int_0^{\pi}d\theta\sin\theta\phi_S{}^*(\theta,\varphi)_1\phi_S(\theta,\varphi)_2 \tag{5.4.29}$$

で与えられる．いうまでもなく $d\varphi d\theta\sin\theta$ は，$\boldsymbol{k}$ がベクトルであることから，空間回転のもとで不変である．

このようにして，規格化定数を除いて $\mathcal{Y}^{\mu}{}_{j,S}(\theta,\varphi)$ は決定されたが，(5.4.29)を用いればその規格化は可能となる．まず $\mathcal{Y}^{j}{}_{j,S}(\theta,\varphi)$ に関しては，(5.4.24)により

$$\mathcal{Y}^{j}{}_{j,S}(\theta,\varphi)=\frac{1}{N}e^{i(j-S)\varphi}(1-z)^{(j-S)/2}(1+z)^{(j+S)/2} \tag{5.4.30}$$

とおけば

$$|N|^2=2\pi\int_{-1}^{1}dz(1-z)^{j-S}(1+z)^{j+S}=2^{2(j+1)}\pi\int_0^1dz\,z^{j+S}(1-z)^{j-S}$$
$$=2^{2(j+1)}\pi\frac{\Gamma(j-S+1)\Gamma(j+S+1)}{\Gamma(2j+2)} \tag{5.4.31}$$

を得る．上式における積分は第1種オイラー積分(Euler's integral of the first kind)として知られている．これに $J^{(-)}$ を逐次作用させ，(5.4.11)で $\boldsymbol{n}=j-\mu$ として得られる

$$\mathcal{Y}^{\mu}{}_{j,S}(\theta,\varphi)=\sqrt{\frac{(j+\mu)!}{(2j)!(j-\mu)!}}(J^{(-)})^{j-\mu}\mathcal{Y}^{j}{}_{j,S}(\theta,\varphi), \tag{5.4.32}$$

および(5.4.25), (5.4.30), (5.4.31)を用いれば，容易に $\mathcal{Y}^{\mu}{}_{j,S}(\theta,\varphi)$ は規格化される．もちろん，こんな回り道をせず，(5.4.25)から直接 $\mathcal{Y}^{\mu}{}_{j,S}(\theta,\varphi)$ の規格化を行ってもよい．いずれにせよ，その結果として

$$\mathscr{Y}^{\mu}{}_{j,S}(\theta,\varphi)=\left(\frac{-1}{2}\right)^{\mu}\sqrt{\frac{2j+1}{4\pi}}\sqrt{\frac{(j-\mu)!(j+\mu)!}{(j-S)!(j+S)!}}e^{i(\mu-S)\varphi}$$
$$\times(1-\cos\theta)^{(\mu-S)/2}(1+\cos\theta)^{(\mu+S)/2}\times P_{j-\mu}{}^{(\mu-S,\mu+S)}(\cos\theta) \tag{5.4.33}$$

を得る．ただし，$P_n{}^{(\alpha,\beta)}(z)$ はヤコビの多項式(Jacobi polynomial)とよばれるもので

$$P_n{}^{(\alpha,\beta)}(z)=\frac{(-1)^n}{2^n n!}(1-z)^{-\alpha}(1+z)^{-\beta}D^{(n)}\{(1-z)^{\alpha+n}(1+z)^{\beta+n}\} \tag{5.4.34}$$

で定義される*)．

このようにしてわれわれは(5.2.25)の $\boldsymbol{J}$ がエルミートであるという条件のもとに，S は制限(5.4.28)に従わねばならぬことをみてきた．この S の値および $\mathrm{sgn}(k_0)$ によってポアンカレ群の既約表現が指定されることはすでに述べた．このとき粒子の全角運動量の最小値は(5.4.27)にみられるように $|S|$ となる．いいかえれば質量0で不連続スピンの粒子のもつスピンの大きさは，その粒子のとり得る全角運動量の最小値であって，例えば光子(スピン1)の場合その全角運動量の最小値は1，すなわち対応する波動は2重極輻射であらわされることはよく知られている**)．また，$\boldsymbol{J}$ の $\boldsymbol{k}$ 方向の成分は(5.2.25)により容易に計算され

$$\boldsymbol{J}\frac{\boldsymbol{k}}{|\boldsymbol{k}|}=S \tag{5.4.35}$$

となって一定値をとる．したがって，$(\boldsymbol{Jk})/|\boldsymbol{k}|$ はポアンカレ群のもとで不変な量である．上式からわかるように S は運動量方向の軸のまわりに回転を行ったときの角運動量とみなすことができ，いわばスピンは常に $\boldsymbol{k}$ と平行($S>0$)または反平行($S<0$)な向きをもつという描像を与える．光の場合の偏光性との

---

*) このように j が半整数の場合にも，角運動の固有関数が極座標角 θ,φ の2変数でかかれたのは，(5.2.25)における第2項の存在が本質的である．なお，当然のことだが，(5.4.33)の右辺には絶対値が1の適当な定数位相因子をつけてもよい．ここでは，$S=0$ としたとき通常の球面調和関数が再現されるようにした．

**) 確率波としての波動と現実の空間に実在する電磁波とを同一視することはできないが，共変的な記述を行うと両者は同じ方程式をみたす(§7.3)ので，一方の性質は他方に反映する．

類似から通常 S は**偏り**(polarization)あるいは**ヘリシティ**(helicity)とよばれている.

ついでながら記すと, $\boldsymbol{J}$ に加えてさらに $\boldsymbol{K}$ を考慮しても j や S に対する制限としては(5.4.27), (5.4.28)以上のものはでてこない. ただこの場合には $\boldsymbol{K}$ の導入により異なる j が互いに結びつけられ, それらは全体としてローレンツ群のユニタリーな既約表現をつくる. このときローレンツ群の既約表現としてはどのようなものが出てくるかは下のようにして容易に計算できる. ただし正, 負いずれの振動数の場合も同じように議論ができるので, 以下では正振動数の場合のみを考察する. それゆえ(5.2.26)の k_0 を $|\boldsymbol{k}|$ とおく. そうするとカシミア演算子 $\boldsymbol{J}^2-\boldsymbol{K}^2, \boldsymbol{JK}$ は, 直接の計算により

$$\boldsymbol{J}^2-\boldsymbol{K}^2 = S^2+Z^2-1, \tag{5.4.36}$$

$$\boldsymbol{JK} = iZ|S|. \tag{5.4.37}$$

ただし

$$Z = \begin{cases} -\left(|\boldsymbol{k}|\dfrac{\partial}{\partial|\boldsymbol{k}|}+1\right) & (S \geqq 0), \\ \quad |\boldsymbol{k}|\dfrac{\partial}{\partial|\boldsymbol{k}|}+1 & (S < 0) \end{cases} \tag{5.4.38}$$ *)

となる. (5.4.36), (5.4.37)を(4.3.27), (4.3.28)と比較すると, $j_0=|S|$, また ν は Z の固有値であることは容易にわかる. したがって Z の固有関数を $g_{\nu,S}(|\boldsymbol{k}|)$ とかけば

$$g_{\nu,S}(|\boldsymbol{k}|) = \frac{1}{\sqrt{2\pi}}|\boldsymbol{k}|^{\mp\nu-1}. \tag{5.4.39}$$

ここで, ν の前の $-$, $+$ はそれぞれ $S\geqq 0, S<0$ に対応する. また $1/\sqrt{2\pi}$ はあとでわかるように規格化のためにつけられた定数因子である. それゆえ(5.4.36), (5.4.37)の固有状態は

$$\phi_{S,\nu,j,\mu}{}^{(+)}(\boldsymbol{k}) = \frac{1}{\sqrt{2\pi}}|\boldsymbol{k}|^{\mp\nu-1}\mathcal{Y}^{\mu}{}_{j,S}(\theta,\varphi) \tag{5.4.40}$$

となる. さらにこれらに対する内積は(5.2.28)により, 与えられた S に対して

---

*) $S=0$ のとき, Z としては(5.4.29)右辺の第1式, 第2式のいずれでもよいがここでは第1式をとった.

$$\int \frac{d\boldsymbol{k}}{|\boldsymbol{k}|} \phi_{S,\nu,j,\mu}{}^{(+)*}(\boldsymbol{k}) \phi_{S,\nu',j',\mu'}{}^{(+)}(\boldsymbol{k}) \tag{5.4.41}$$

とかける．§4.3の議論によれば，$S \neq 0$ のときは ν は純虚数，また $S=0$ では ν が純虚数または0で主系列に属する場合と，ν が実数で $0<\nu^2<1$ となり副系列に属する場合が一般に可能であるが*)，ここで扱っているモデルでは $S=0$ で副系列に属すると考えると，$|\boldsymbol{k}|=0$ または ∞ における $g(\boldsymbol{k})$ の振舞が悪くなり，内積(5.4.41)が定義できなくなる．したがって副系列はこの場合許されず，(5.4.28)のすべての S に対して ν は純虚数または0となる．その結果，内積(5.4.41)は，$\boldsymbol{k}$ を極座標にかきかえ，さらに $|\boldsymbol{k}|=e^t$ とおくことにより

$$\begin{aligned}(5.4.41) &= \delta_{jj'}\delta_{\mu\mu'}\frac{1}{2\pi}\int_0^\infty d|\boldsymbol{k}||\boldsymbol{k}|^{\mp(\nu'-\nu)-1} \\ &= \delta_{jj'}\delta_{\mu\mu'}\frac{1}{2\pi}\int_{-\infty}^\infty dte^{\mp(\nu'-\nu)t} = \delta_{jj'}\delta_{\mu\mu'}\delta[i(\nu-\nu')]\end{aligned} \tag{5.4.42}$$

となって，固有値が連続の場合の通常の規格化の形に帰着する．このようにして S が与えられたとき，ローレンツ群の既約表現としては，$-\infty<i\nu<\infty$ なる ν により指定されるすべての既約表現が可能となるが，これらはさらに座標の平行移動すなわち $T(a)$ の変換のもとで互いに結びつけられ，そうしてその全体はポアンカレ群の一つの既約表現に包括されることになる．

以上，われわれは質量0，不連続スピンの粒子の角運動量についての考察を行ってきた．これと似た議論は連続スピンの場合，あるいはさきに述べた虚数質量の粒子の場合にも可能であるが，話に重複する点があるので省略する．興味のある読者は自らこれを試みられたい．

---

*) 変数 $\boldsymbol{k}$ が意味をもつ場合のみを考えているので，$S=0, \nu^2=1$ の1次元表現は除外される．

第6章　共変形式 I —— 有限質量の粒子

前章までの議論において，われわれは自由粒子として可能なタイプをことごとく求め，ポアンカレ群の変換のもとでそれらがどのように振舞うかをしらべてきた．しかし，前章でみたように波動関数の変換性はそれほど単純ではなく，変換の際に現われる係数が，一般には波動関数に含まれた変数 $\boldsymbol{k}$ に依存している．これはウィグナー回転 $Q(\lambda_k, l)$ が k を含むことによるもので，通常のテンソルやスピノルの変換とは非常に異なったものである．それればかりか，$k_0{}^2 \geqq \boldsymbol{k}^2$ の場合は変換係数は振動の正負に依存している．このような形式はそれ自身としては厳密であり，しかも状態ベクトルの性質はこれで完全につくされているわけだが，そのままの形で用いるのは，場合によっては必ずしも便利ではない．特に共変的にかかれた相対論的場の量子論との対応を求めようとすると，どうしても一度これを共変的な形式にかきかえ，その関連を明らかにしておく必要がある．ここで共変形式とは，変換の際に現われる係数が変換される関数内の変数や振動の正負には依存しないようなものをいう．場の理論との関連からいえば，これを運動量表示ではなく x-表示で求めておくとさらに都合がよい．これは場の量が時空点の関数になっているからである．ただし，残念ながら虚数質量の粒子に関する共変形式の一般論は現在のところ未完成であって，そのリトル・グループの表現が1次元という最も単純な場合*)が知られているに過ぎない．したがって，本章および次章においてわれわれが議論の対象とするのは，有限質量および質量0の粒子である．

§6.1　スピン0の粒子

この章では有限質量の粒子の共変形式を議論する．その手はじめとして，最も簡単なスピン0の粒子から考察することにしよう．この場合，波動関数の変

*)　この場合はスピン0の有限質量粒子の共変形式，例えばすぐあとに述べるクライン・ゴルドンの方程式(6.1.8)において m^2 を単に $-m^2$ におきかえてやればよい．

換性は(5.1.16), (5.1.17)において $\boldsymbol{S}=0$ としたものであるから，無限小ローレンツ変換は

$$\phi^{(\pm)\prime}(\boldsymbol{k}) = \phi^{(\pm)}(\boldsymbol{k}-\boldsymbol{k}\times\boldsymbol{\theta}) \qquad (\theta\text{-変換}), \qquad (6.1.1)$$

$$\phi^{(\pm)\prime}(\boldsymbol{k}) = \phi^{(\pm)}(\boldsymbol{k}\pm\omega_k\boldsymbol{\tau}) \qquad (\tau\text{-変換}) \qquad (6.1.2)$$

で与えられる．

ここで x-表示の量として

$$U^{(\pm)}(x) = \frac{1}{(2\pi)^{3/2}}\int\frac{d\boldsymbol{k}}{\omega_k}\phi^{(\pm)}(\boldsymbol{k})e^{i(\boldsymbol{k}\boldsymbol{x}\mp\omega_k t)} \qquad (6.1.3)$$

を導入する．§3.1で述べたように $d\boldsymbol{k}/\omega_k$ はローレンツ不変であるから，$U^{(\pm)}(x)$ は(6.1.1), (6.1.2)より θ-, τ-変換の双方に対して

$$U^{(\pm)\prime}(x) = \frac{1}{(2\pi)^{3/2}}\int\frac{d\boldsymbol{k}}{\omega_k}\phi^{(\pm)\prime}(\boldsymbol{k})e^{i(\boldsymbol{k}\boldsymbol{x}\mp\omega_k t)} = U^{(\pm)}(\Lambda^{-1}x) \quad (6.1.4)$$

となる．すなわち Λ は $\Lambda(\boldsymbol{\theta})$, $\Lambda(\boldsymbol{\tau})$ のいずれでもよい．また内積(5.1.7)は x-表示では

$$\begin{aligned}\langle 1, \pm|2, \pm\rangle &= \int\omega_k d\boldsymbol{k}\frac{\phi^{(\pm)*}(\boldsymbol{k})_1}{\omega_k}\frac{\phi^{(\pm)*}(\boldsymbol{k})_2}{\omega_k} \\ &= \pm\frac{1}{2i}\int d\boldsymbol{x}\left(\frac{\partial U^{(\pm)*}(x)_1}{\partial t}U^{(\pm)}(x)_2 - U^{(\pm)*}(x)_1\frac{\partial U^{(\pm)}(x)_2}{\partial t}\right)\end{aligned} \qquad (6.1.5)$$

である．x-表示での正振動，負振動の定義，つまり(5.1.18)に対応するものは，

$$i\frac{\partial U^{(\pm)}(x)}{\partial t} = \pm\sqrt{m^2-\nabla^2}\,U^{(\pm)}(x) \qquad (6.1.6)$$

で与えられ，これは $U^{(\pm)}(x)$ の運動方程式に他ならない．しかし，(6.1.5), (6.1.6)は振動の正負にあらわに依存した式になっているので，さきに述べた共変形式という立場からは好ましいものとはいえない．そこでまず内積の定義を変更して

$$\langle\!\langle 1, \pm|2, \pm\rangle\!\rangle = \pm\langle 1, \pm|2, \pm\rangle \qquad (6.1.7)$$

で与えられる《　》の内積を用いることにしよう．このように，正負の振動にはあらわに依存しないようにかかれた内積を，一般に**共変内積**とよぶ．その結果，(6.1.7)は正，負の振動には無関係な形にはなるが，負振動に対しては状態ベクトルのノルムが負になるのでその確率解釈を破棄せざるを得ないことに

なる．一方また共変内積による k_0 の期待値《$\pm|k_0|\pm$》は振動の正負にかかわらず常に正の値をとる．このようなことは量子力学的な粒子像としては甚だ奇妙なことであるが，しかし§4.5でもふれたように，負の振動の状態にある粒子というのは，もともとそのままの形では物理的には認め難いものである．実は，その解決は場の量子論の観点に立ってはじめてなされ得るものであるが，それは後に述べることにしてここでは一応この問題には目をつぶり共変形式を優先させることにしよう．

運動方程式を共変的にするには(6.1.6)の代りに

$$(\partial_\mu{}^2 - m^2)U(x) = 0 \tag{6.1.8}$$

を用いればよい．ただし，∂_μ は $\partial/\partial x_\mu$ の略記であって，これからもしばしば使用する．この方程式の解のうち正振動の部分が $U^{(+)}$，負振動の部分が $U^{(-)}$ となる．(6.1.8)は**クライン・ゴルドン**(Klein-Gordon)**の方程式**とよばれている．この $U(x)$ を用いれば，(6.1.8)より内積は正負の振動には無関係になり

$$《1|2》 = \frac{1}{2i}\int dx\left(\frac{\partial U^*(x)_1}{\partial t}U(x)_2 - U^*(x)_1\frac{\partial U(x)_2}{\partial t}\right) \tag{6.1.9}$$

とかける．この式はまた U_1, U_2 として $U_1{}^{(+)}, U_2{}^{(-)}$ をとってみると《$1+|2-$》$=0$ をみたしている．ローレンツ変換に関しては(6.1.4)をまとめて

$$U'(x) = U(\Lambda^{-1}x) \tag{6.1.10}$$

としてよい．(6.1.8)～(6.1.10)がスピン0，有限質量の粒子の共変形式を与えるものである．

共変形式はこれ以外にもいろいろの形のものが考えられる．もちろんこれらは見かけが異なっているだけで，内容はここに与えたものと同一であることは，われわれの議論がポアンカレ群の既約表現というただ一つの基盤から出発していることによるものである．ここではその一例だけをあげておこう．

$$U_\mu(x) = \frac{1}{m}\partial_\mu U(x) \tag{6.1.11}$$

とすると，そのローレンツ変換性は(6.1.10)より

$$U_\mu'(x) = \Lambda_{\mu\nu}U_\nu(\Lambda^{-1}x), \tag{6.1.12}$$

また内積は

$$\langle\!\langle 1|2\rangle\!\rangle = -\frac{m}{2}\int d\boldsymbol{x}\{(U_4(x)_1)^* U(x)_2 + U^*(x)_1 U_4(x)_2\} \tag{6.1.13}$$

となる．一方(6.1.8), (6.1.11)より

$$U(x) = \frac{1}{m}\partial_\mu U_\mu(x) \tag{6.1.14}$$

となるが，(6.1.11), (6.1.14)を一組にすると，これは(6.1.8)と同一内容のものである．この形式では理論は5個の量 $U(x)$, $U_\mu(x)(\mu=1, 2, 3, 4)$ をもって記述される．すなわち $\psi(x)=(U_1(x), U_2(x), U_3(x), U_4(x), U(x))$ とすれば，上式の方程式はまた

$$(\alpha_\mu\partial_\mu + m)\psi(x) = 0 \tag{6.1.15}$$

なる形にかきかえられる．これは，スピン0の**ケンマー**(Kemmer)**型の方程式**とよばれる．ただしここに用いた $\alpha_\mu(\mu=1, 2, 3, 4)$ は5行5列のマトリックスでその p 行 q 列 $(p, q=1, 2, \cdots, 5)$ の要素 $(\alpha_\mu)_{pq}$ は

$$(\alpha_\mu)_{pq} = -(\delta_{p\mu}\delta_{q5} + \delta_{p5}\delta_{q\mu}) \tag{6.1.16}$$

で与えられる．この α_μ を用いると共変内積は

$$\langle\!\langle 1|2\rangle\!\rangle = \frac{m}{2}\int d\boldsymbol{x}\psi^*(x)_1\alpha_4\psi(x)_2 \tag{6.1.17}$$

となる．

なお，共変形式における振幅は，後述のものをも含めて，確率振幅そのものではないことに注意する必要がある．実際，確率振幅と直結するのはむしろポアンカレ群の既約表現空間の状態ベクトルである．例えば正振動をもつ有限質量の粒子の場合，その x-表示を

$$\phi_\xi(x) = \frac{1}{(2\pi)^{3/2}}\int d\boldsymbol{k}\omega_k{}^{-1/2}\phi_\xi{}^{(+)}(\boldsymbol{k})e^{i(\boldsymbol{k}\boldsymbol{x}-\omega_k t)} \tag{6.1.18}$$

で定義すれば，内積は(5.1.7)により

$$\langle 1, +|2, +\rangle = \sum_\xi\int d\boldsymbol{x}\phi_\xi{}^*(x)_1\phi_\xi(x)_2 \tag{6.1.19}$$

となり，この意味では，むしろ上記の $\phi_\xi(x)$ を x-表示での確率振幅と解釈してよい．しかもこのような $\phi_\xi(x)$ は光速度 ∞ の極限で，通常の非相対論的な

確率振幅に移行するものであることは容易にわかる．ただし，(6.1.18)の $\boldsymbol{x}, t$ はもはや4次元ベクトルとしての変換性をもたない*)．$\boldsymbol{x}$ はしばしばこの粒子の**位置の演算子**とよばれる．

§6.2 ディラック粒子

スピン1/2の粒子を**ディラック**(Dirac)**粒子**とよぶ．このときは(5.1.21)，(5.1.22)において $\boldsymbol{S}=\boldsymbol{\sigma}/2$ とおけばよい．したがって，$\phi^{(\pm)}(\boldsymbol{k})$ は2成分の波動関数となる．前節にも述べたように，共変形式を得るためにはこれら正振動と負振動の波動関数を別々にではなく，まとめて扱わなければならない．そこで

$$\varphi^{(+)}(\boldsymbol{k})=\begin{pmatrix}\phi^{(+)}(\boldsymbol{k})\\ 0\\ 0\end{pmatrix},\qquad \varphi^{(-)}(\boldsymbol{k})=\begin{pmatrix}0\\ 0\\ \phi^{(-)}(\boldsymbol{k})\end{pmatrix} \tag{6.2.1}$$

とし，両者をあわせて

$$\varphi(\boldsymbol{k})=\varphi^{(+)}(\boldsymbol{k})+\varphi^{(-)}(\boldsymbol{k}) \tag{6.2.2}$$

を定義する．$\varphi(\boldsymbol{k})$ は4成分をもち，(5.1.18)によれば $\varphi^{(\pm)}(\boldsymbol{k})$ は

$$k_0\varphi(\boldsymbol{k})=\beta\omega_k\varphi(\boldsymbol{k}) \tag{6.2.3}$$

の正，負振動の解として与えられる．ただし

$$\beta=\begin{pmatrix}1&0&0&0\\0&1&0&0\\0&0&-1&0\\0&0&0&-1\end{pmatrix} \tag{6.2.4}$$

である．一方 $\varphi(\boldsymbol{k})$ に対するローレンツ変換は(5.1.21)～(5.1.24)により

$$\varphi'(\boldsymbol{k})=(1+i\boldsymbol{J}\boldsymbol{\theta})\varphi(\boldsymbol{k})\qquad(\theta\text{-変換}), \tag{6.2.5}$$

$$\varphi'(\boldsymbol{k})=(1-i\boldsymbol{K}\boldsymbol{\tau})\varphi(\boldsymbol{k})\qquad(\tau\text{-変換}), \tag{6.2.6}$$

$$\boldsymbol{J}=\frac{1}{i}\left(\boldsymbol{k}\times\frac{\partial}{\partial\boldsymbol{k}}\right)+\frac{\boldsymbol{\sigma}}{2}, \tag{6.2.7}$$

---

*) これは一見奇妙であるが，もし t とともに4次元ベクトルをつくるような位置の演算子 $\boldsymbol{x}$ が導入されたとするならば，ローレンツ変換で t と $\boldsymbol{x}$ は混り合うから，ある座標系で t は単なるパラメータであっても，別の座標系では演算子的性格をもつというパラドックスにおちいる．相対論的な粒子の位置の演算子をいかに定義すべきかということは，これまでいろいろ議論のあったところで，本書ではこの問題に立入らないが，例えば T. D. Newton and E. P. Wigner : Revs. Modern Phys., **21**, 400(1949)参照．

$$\boldsymbol{K} = -k_0\left(\frac{1}{i}\frac{\partial}{\partial \boldsymbol{k}} - \frac{1}{2}\frac{\boldsymbol{k}\times\boldsymbol{\sigma}}{\omega_k(m+\omega_k)}\right) \tag{6.2.8}$$

となり，また内積は(5.1.7)を用いて

$$\langle 1|2\rangle = \int \frac{d\boldsymbol{k}}{\omega_k}\varphi^*(\boldsymbol{k})_1\varphi(\boldsymbol{k})_2 \tag{6.2.9}$$

とかくことができる．ただし，$\boldsymbol{\sigma}$ はここでは4行4列のマトリックスで，2行2列のパウリ・マトリックスを用いて，

$$\begin{pmatrix} \boldsymbol{\sigma} & \begin{matrix} 0 & 0 \\ 0 & 0 \end{matrix} \\ \begin{matrix} 0 & 0 \\ 0 & 0 \end{matrix} & \boldsymbol{\sigma} \end{pmatrix}$$

とかいたものの略記である．以下単に $\boldsymbol{\sigma}$ とかいたとき，作用する相手が4成分であれば，これは上記の4行4列のマトリックスを，また2成分であれば2行2列のパウリ・マトリックスをあらわすものとする．このようにして，正負振動への依存性は表面上消去されたが，(6.2.8)の右辺第2項には $\boldsymbol{k}$ が含まれているため，まだ共変形式にはなっていない．しかしながら(6.2.3)の $\omega_k\beta$ は，ディラック方程式のハミルトニアンをユニタリー変換で対角化したものに他ならないから，この対角化の逆過程をたどれば，共変形式が得られる可能性のあることが予想される．そこで

$$\chi(\boldsymbol{k}) = U_{\mathrm{F}}(\boldsymbol{k})\varphi(\boldsymbol{k}) \tag{6.2.10}$$

とおく．$U_{\mathrm{F}}(\boldsymbol{k})$ は

$$\begin{aligned} U_{\mathrm{F}}(\boldsymbol{k}) &= \exp\left\{-\frac{\beta(\boldsymbol{\alpha k})}{2|\boldsymbol{k}|}\tan^{-1}\frac{|\boldsymbol{k}|}{m}\right\} \\ &= \frac{\omega_k+m-\beta(\boldsymbol{\alpha k})}{\sqrt{2\omega_k(\omega_k+m)}} \end{aligned} \tag{6.2.11}$$

によって定義されるユニタリー演算子で，その逆演算子は通常**フォルディ(Foldy)変換**の演算子とよばれている．ただし $\boldsymbol{\alpha}=(\alpha_1, \alpha_2, \alpha_3)$ は(6.1.16)とは別の4行4列のマトリックス

$$\alpha_i = \begin{pmatrix} \begin{matrix} 0 & 0 \\ 0 & 0 \end{matrix} & \sigma_i \\ \sigma_i & \begin{matrix} 0 & 0 \\ 0 & 0 \end{matrix} \end{pmatrix} \qquad (i=1,2,3) \tag{6.2.12}$$

であって

$$\left.\begin{aligned} \alpha_i\alpha_j &= \delta_{ij}+i\sum_{k=1}^{3}\varepsilon_{ijk}\sigma_k, \\ \{\alpha_i, \alpha_j\} &= 2\delta_{ij}, \qquad \{\alpha_i, \beta\} = 0 \end{aligned}\right\} \tag{6.2.13}$$

なる関係をみたしている．ただし

$$\{A, B\} = AB+BA. \tag{6.2.14}$$

(6.2.13)を用いれば，容易に導かれるように

$$\begin{aligned} U_{\mathrm{F}}(\boldsymbol{k})\beta U_{\mathrm{F}}(\boldsymbol{k})^{-1} &= \frac{\{\omega_k+m-\beta(\boldsymbol{\alpha k})\}\beta\{\omega_k+m+\beta(\boldsymbol{\alpha k})\}}{2\omega_k(\omega_k+m)} \\ &= \frac{\boldsymbol{\alpha k}+\beta m}{\omega_k}, \end{aligned} \tag{6.2.15}$$

したがって(6.2.3), (6.2.10)から

$$k_0\chi(\boldsymbol{k}) = (\boldsymbol{\alpha k}+\beta m)\chi(\boldsymbol{k}) \tag{6.2.16}$$

を得る．上式の右辺の（　）の部分はディラック方程式のハミルトニアンにほかならない．

ローレンツ変換による $\chi(\boldsymbol{k})$ の変換性を知るためには，$U_{\mathrm{F}}(\boldsymbol{k})\boldsymbol{J}U_{\mathrm{F}}(\boldsymbol{k})^{-1}$ および $U_{\mathrm{F}}(\boldsymbol{k})\boldsymbol{K}U_{\mathrm{F}}(\boldsymbol{k})^{-1}$ を計算しなければならない．$U_{\mathrm{F}}(\boldsymbol{k})$ は $\boldsymbol{k}$ と可換であるから，そのためにまず $U_{\mathrm{F}}(\boldsymbol{k})\left(\frac{1}{i}\frac{\partial}{\partial\boldsymbol{k}}\right)U_{\mathrm{F}}(\boldsymbol{k})^{-1}$ と $\frac{1}{2}U_{\mathrm{F}}(\boldsymbol{k})\boldsymbol{\sigma}U_{\mathrm{F}}(\boldsymbol{k})^{-1}$ を求めておこう．途中の計算は少し面倒だが，それを行うと

$$\begin{aligned} U_{\mathrm{F}}(\boldsymbol{k})\left(\frac{1}{i}\frac{\partial}{\partial\boldsymbol{k}}\right)U_{\mathrm{F}}(\boldsymbol{k})^{-1} &= \frac{1}{i}\frac{\partial}{\partial\boldsymbol{k}}-iU_{\mathrm{F}}(\boldsymbol{k})\frac{\partial U_{\mathrm{F}}(\boldsymbol{k})^{-1}}{\partial\boldsymbol{k}} \\ &= \frac{1}{i}\frac{\partial}{\partial\boldsymbol{k}}-\frac{1}{2\omega_k^2(\omega_k+m)} \\ &\quad\times\{i\boldsymbol{k}(\boldsymbol{\alpha k})\beta+i\beta\omega_k(\omega_k+m)\boldsymbol{\alpha}-\omega_k(\boldsymbol{\sigma}\times\boldsymbol{k})\}, \end{aligned} \tag{6.2.17}$$

$$\begin{aligned} \frac{1}{2}U_{\mathrm{F}}(\boldsymbol{k})\boldsymbol{\sigma}U_{\mathrm{F}}(\boldsymbol{k})^{-1} &= \frac{1}{2\omega_k(\omega_k+m)}\{m(\omega_k+m)\boldsymbol{\sigma} \\ &\quad+i(\omega_k+m)\beta(\boldsymbol{k}\times\boldsymbol{\alpha})+\boldsymbol{k}(\boldsymbol{k\sigma})\} \end{aligned} \tag{6.2.18}$$

なる関係が得られる．ただし(6.2.18)を導くにあたっては

$$\alpha_i\sigma_j\alpha_k = \sigma_i\sigma_j\sigma_k = i\varepsilon_{ijk}+\delta_{ij}\sigma_k-\delta_{ik}\sigma_j+\delta_{jk}\sigma_i \tag{6.2.19}$$

を用いた．それゆえ

$$U_F(\boldsymbol{k})\boldsymbol{J}U_F(\boldsymbol{k})^{-1} = \boldsymbol{k}\times U_F(\boldsymbol{k})\left(\frac{1}{i}\frac{\partial}{\partial\boldsymbol{k}}\right)U_F(\boldsymbol{k})^{-1}+\frac{1}{2}U_F(\boldsymbol{k})\boldsymbol{\sigma}U_F(\boldsymbol{k})^{-1}$$
$$= \frac{1}{i}\boldsymbol{k}\times\frac{\partial}{\partial\boldsymbol{k}}+\frac{m(\omega_k+m)+\boldsymbol{k}^2}{2\omega_k(\omega_k+m)}\boldsymbol{\sigma} = \frac{1}{i}\boldsymbol{k}\times\frac{\partial}{\partial\boldsymbol{k}}+\frac{\boldsymbol{\sigma}}{2} \tag{6.2.20}$$

同様にして

$$U_F(\boldsymbol{k})\boldsymbol{K}U_F(\boldsymbol{k})^{-1} = -k_0\left\{U_F(\boldsymbol{k})\left(\frac{1}{i}\frac{\partial}{\partial\boldsymbol{k}}\right)U_F(\boldsymbol{k})^{-1}-\frac{\boldsymbol{k}\times U_F(\boldsymbol{k})\boldsymbol{\sigma}U_F(\boldsymbol{k})^{-1}}{2\omega_k(\omega_k+m)}\right\}$$
$$= ik_0\frac{\partial}{\partial\boldsymbol{k}}-\frac{i}{2}\frac{k_0}{\omega_k{}^2}\{i(\boldsymbol{k}\times\boldsymbol{\sigma})+\boldsymbol{\alpha}\beta m\} \tag{6.2.21}$$

を得る．ここで恒等式

$$i(\boldsymbol{k}\times\boldsymbol{\sigma})+\boldsymbol{\alpha}\beta m = \boldsymbol{\alpha}\{(\boldsymbol{\alpha k})+\beta m\}-\boldsymbol{k} \tag{6.2.22}$$

および方程式(6.2.16)を用いると $\chi(\boldsymbol{k})$ の変換は，(6.2.5), (6.2.6)より

$$\chi'(\boldsymbol{k}) = \left\{1+i\left(\frac{1}{i}\boldsymbol{k}\times\frac{\partial}{\partial\boldsymbol{k}}+\frac{\boldsymbol{\sigma}}{2}\right)\boldsymbol{\theta}\right\}\chi(\boldsymbol{k}) \qquad (\theta\text{-変換}), \tag{6.2.23}$$

$$\chi'(\boldsymbol{k}) = \left\{1-\frac{\boldsymbol{\alpha\tau}}{2}+k_0\left(\frac{\partial}{\partial\boldsymbol{k}}+\frac{\boldsymbol{k}}{2\omega_k{}^2}\right)\boldsymbol{\tau}\right\}\chi(\boldsymbol{k}) \qquad (\tau\text{-変換}) \tag{6.2.24}$$

となる．これで大分簡単にはなったが，(6.2.24)は $(k_0\boldsymbol{k\tau}/2\omega_k{}^2)\chi(\boldsymbol{k})$ なる項を含んでいるので $\chi(\boldsymbol{k})$ による記述はまだ完全に共変的にはなっていない．しかし，この余分な項をおとすのは簡単であって

$$\sqrt{\omega_k}\left(\frac{\partial}{\partial\boldsymbol{k}}+\frac{\boldsymbol{k}}{2\omega_k{}^2}\right)\chi(\boldsymbol{k}) = \frac{\partial}{\partial\boldsymbol{k}}(\sqrt{\omega_k}\,\chi(\boldsymbol{k})) \tag{6.2.25}$$

なる関係を利用すればよい．すなわち

$$\phi(\boldsymbol{k}) = \sqrt{\omega_k}\,\chi(\boldsymbol{k}) \tag{6.2.26}$$

とすれば，ω_k は $\boldsymbol{k}\times\partial/\partial\boldsymbol{k}$ と可換であるから

$$\phi'(\boldsymbol{k}) = \left\{1+i\left(\frac{1}{i}\boldsymbol{k}\times\frac{\partial}{\partial\boldsymbol{k}}+\frac{\boldsymbol{\sigma}}{2}\right)\boldsymbol{\theta}\right\}\phi(\boldsymbol{k}) \qquad (\theta\text{-変換}), \tag{6.2.27}$$

$$\phi'(\boldsymbol{k}) = \left\{1+\left(k_0\frac{\partial}{\partial\boldsymbol{k}}-\frac{\boldsymbol{\alpha}}{2}\right)\boldsymbol{\tau}\right\}\phi(\boldsymbol{k}) \qquad (\tau\text{-変換}), \tag{6.2.28}$$

あるいは

$$\phi'(\boldsymbol{k}) = \left(1+\frac{i}{2}\boldsymbol{\sigma\theta}\right)\phi(\boldsymbol{k}-\boldsymbol{k}\times\boldsymbol{\theta}) \qquad (\theta\text{-変換}), \tag{6.2.29}$$

$$\psi'(\boldsymbol{k}) = \left(1-\frac{1}{2}\boldsymbol{\alpha\tau}\right)\psi(\boldsymbol{k}+k_0\boldsymbol{\tau}) \qquad (\tau\text{-変換}) \qquad (6.2.30)$$

を得る．またこの $\psi(\boldsymbol{k})$ を用いて，(6.2.16)は

$$k_0\psi(\boldsymbol{k}) = (\boldsymbol{\alpha k}+\beta m)\psi(\boldsymbol{k}), \qquad (6.2.31)$$

内積は

$$\langle 1|2\rangle = \int\frac{d\boldsymbol{k}}{\omega_{\boldsymbol{k}}{}^2}\psi^*(\boldsymbol{k})_1\psi(\boldsymbol{k})_2 \qquad (6.2.32)$$

とかくことができる．このようにして得られた(6.2.29)～(6.2.32)は完全に共変的な形になっており，これを x-表示に移行させることはいまや容易である．$\psi(x)$ を

$$\psi(x) = \frac{1}{(2\pi)^{3/2}}\int\frac{d\boldsymbol{k}}{\omega_{\boldsymbol{k}}}e^{i(\boldsymbol{kx}-k_0t)}\psi(\boldsymbol{k}) \qquad (6.2.33)$$

とおく．もちろん k_0 は定義により，正，負の振動の $\psi(\boldsymbol{k})$ に応じてそれぞれ $\omega_{\boldsymbol{k}}$, $-\omega_{\boldsymbol{k}}$ なる値をとる．これから直ちに

$$\psi'(x) = \left(1+\frac{i}{2}\boldsymbol{\sigma\theta}\right)\psi(\Lambda(\boldsymbol{\theta})^{-1}x) \qquad (\theta\text{-変換}), \qquad (6.2.34)$$

$$\psi'(x) = \left(1-\frac{1}{2}\boldsymbol{\alpha\tau}\right)\psi(\Lambda(\boldsymbol{\tau})^{-1}x) \qquad (\tau\text{-変換}), \qquad (6.2.35)$$

$$i\frac{\partial\psi(x)}{\partial t} = \left(\frac{1}{i}\boldsymbol{\alpha}\nabla+\beta m\right)\psi(x), \qquad (6.2.36)$$

$$\langle 1|2\rangle = \int d\boldsymbol{x}\psi^*(x)_1\psi(x)_2 \qquad (6.2.37)$$

を得る．これらはスピン 1/2 の粒子を記述するために通常用いられている式にほかならない．しかし $\psi(x)$ とポアンカレ群の既約表現空間の基底ベクトルとの関係は，以上の議論を通じて明らかになった．それは，運動量表示で $\psi(\boldsymbol{k})$ の正負振動の部分を $\psi^{(\pm)}(\boldsymbol{k})$，すなわち

$$\pm\omega_{\boldsymbol{k}}\psi^{(\pm)}(\boldsymbol{k}) = (\boldsymbol{\alpha k}+\beta m)\psi^{(\pm)}(\boldsymbol{k}) \qquad (6.2.38)$$

とするとき

$$\psi^{(\pm)}(\boldsymbol{k}) = \sqrt{\omega_{\boldsymbol{k}}}\, U_{\mathrm{F}}(\boldsymbol{k})\varphi^{(\pm)}(\boldsymbol{k}) \qquad (6.2.39)$$

によって与えられる．もちろん, $\psi(\boldsymbol{k})=\psi^{(+)}(\boldsymbol{k})+\psi^{(-)}(\boldsymbol{k})$ である．ここで $\varphi^{(\pm)}(\boldsymbol{k})$ は(6.2.1)の形をとり，その第1式の上の2成分および第2式の下の2成分が

それぞれ正振動，負振動の既約表現空間の状態ベクトルになる．

内積(6. 2. 37)はそれ自身すでに共変的になっているので，この場合共変内積《1|2》は(6. 2. 37)にほかならない．

$$\langle\!\langle 1|2\rangle\!\rangle = \langle 1|2\rangle \tag{6. 2. 40}$$

これはスピン0のときとの大きな違いであるが，実は共変内積に関するより一般的な性質の特別な場合になっているのである．それについては次節で述べよう．

共変形式においては，τ-変換のマトリックス$(1-\boldsymbol{\alpha\tau}/2)$はもはやユニタリーではない．それにもかかわらずこれが内積(6. 2. 37)を不変にするのは，ディラック方程式(6. 2. 36)の存在による．実際，変換のマトリックスがユニタリーでなくなったのは，(6. 2. 6)から(6. 2. 24)を導く過程で，運動方程式に対応した(6. 2. 16)を介在させて式の変形を行ったことによるもので，いわば変換(6. 2. 35)のユニタリー性は(6. 2. 36)との共存によってはじめて保障されているのである．なお，ディラック方程式は(6. 2. 36)の左から β をかけて

$$(\gamma_\mu\partial_\mu+m)\psi(x) = 0 \tag{6. 2. 41}$$

なる形で用いられる場合が多い．ただし $\gamma_\mu(\mu=1, 2, 3, 4)$ は

$$\left.\begin{aligned}\gamma_j &= \frac{1}{i}\beta\alpha_j \quad (j = 1, 2, 3),\\ \gamma_4 &= \beta\end{aligned}\right\} \tag{6. 2. 42}$$

である．

スピン0のときに共変形式がただ一つではなかったように，スピン1/2の場合も様々な共変形式が可能となる．それらについては，後のより一般的な議論のなかで述べることにする．

§6. 3　高階スピンの粒子

スピンが $n/2\,(n>1)$ の場合は(5. 1. 21), (5. 1. 22)の $\boldsymbol{S}$ として $(n+1)$ 行 $(n+1)$ 列のスピン・マトリックスを用いることになるが，n が大きくなるとこのような $\boldsymbol{S}$ の性質は複雑になり，任意の n に対してこのままの形で共変形式に移行させることは容易でない．われわれはこの方法を回避して，むしろ前節の議論の直接の一般化を行い，それによってスピン $n/2$ の粒子の共変的な記述を求め

ることにする．その準備としてまず次のような考察を行っておこう．

スピノル $u=(u_1, u_2)$ は無限小空間回転のもとで，

$$u_{\xi'}' = \sum_{\xi=1,2}\left(1+\frac{i}{2}\boldsymbol{\sigma\theta}\right)_{\xi'\xi}u_\xi \tag{6.3.1}$$

なる変換をする．またスピノル $u^{(1)}=(u_1, 0), u^{(2)}=(0, u_2)$ は σ_3 の固有状態でその固有値はそれぞれ $1, -1$ である．このようなスピノル n 個の直積を考え，その成分を $u_{\xi_1\xi_2\cdots\xi_n}$ とかく．定義によりこれは

$$u'_{\xi_1'\xi_2'\cdots\xi_n'} = \sum_{\xi_1,\xi_2,\cdots,\xi_n}\left\{1+\frac{i}{2}(\boldsymbol{\sigma}^{(1)}+\boldsymbol{\sigma}^{(2)}+\cdots+\boldsymbol{\sigma}^{(n)})\boldsymbol{\theta}\right\}_{\xi_1'\xi_2'\cdots\xi_n',\xi_1\xi_2\cdots\xi_n} \times u_{\xi_1\xi_2\cdots\xi_n} \tag{6.3.2}$$

なる変換に従う．ただし $\boldsymbol{\sigma}^{(i)}(i=1, 2, \cdots, n)$ は添字 ξ_i に作用するパウリ・マトリックスで，そのマトリックス要素は

$$(\boldsymbol{\sigma}^{(i)})_{\xi_1'\xi_2'\cdots\xi_n',\xi_1\xi_2\cdots\xi_n} = \delta_{\xi_1'\xi_1}\delta_{\xi_2'\xi_2}\cdots\delta_{\xi_{i-1}'\xi_{i-1}}\delta_{\xi_{i+1}'\xi_{i+1}}\cdots\delta_{\xi_n'\xi_n}\boldsymbol{\sigma}_{\xi_i'\xi_i} \tag{6.3.3}$$

で与えられる．この直積空間の次元数は 2^n で，この中には様々な回転群の既約表現空間が含まれているが，その一つをとりだすために $\xi_1, \xi_2, \cdots, \xi_n$ について完全に対称化を行った成分 $u_{(\xi_1\xi_2\cdots\xi_n)}$ を考えよう．すなわち $u_{(\xi_1\xi_2\cdots\xi_n)}$ は任意の二つの添字の入れかえに対して不変とする．ただし簡単のためにこれを $u_{(\dots)_n}$ とかく．$\xi_1, \xi_2, \cdots, \xi_n$ のおのおのに 1 および 2 の値をとらせるとき独立な $u_{(\dots)_n}$ の数は$(n+1)$個となり，これは $u_{(\dots)_n}$ が$(n+1)$次元の空間(これを $V^{(n+1)}$ とかく)の状態ベクトルの成分であることを示している．$u_{(\dots)_n}$ の変換性は(6.3.2)より

$$u_{(\dots)_n}' = \left\{1+\frac{i}{2}(\boldsymbol{\sigma}^{(1)}+\boldsymbol{\sigma}^{(2)}+\cdots+\boldsymbol{\sigma}^{(n)})\boldsymbol{\theta}\right\}u_{(\dots)_n} \tag{6.3.4}$$

で与えられる．上の式では $\xi_1, \xi_2, \cdots, \xi_n$ の添字をあらわにかくのを省略したが意味は明らかであろう．ここで $u_{(11\cdots1)}\neq0$ で他の成分はことごとく 0 の状態ベクトルを考えると，$V^{(n+1)}$ に属する状態のうちでは，これは第 3 軸のまわりの回転の角運動量$(\sigma_3{}^{(1)}+\sigma_3{}^{(2)}+\cdots+\sigma_3{}^{(n)})/2$ の固有値を最大にするような状態ベクトルである．その値は $n/2$ であって，しかも(6.3.4)によれば $V^{(n+1)}$ 内の任意の状態ベクトルは，3 次元回転をほどこしてもまた $V^{(n+1)}$ に属するから，

角運動量が $n/2$ の回転群の既約表現空間 $D_{n/2}$ は $V^{(n+1)}$ に含まれる．一方 $D_{n/2}$ の次元数は $n+1$，これは $V^{(n+1)}$ の次元数と一致するから，$V^{(n+1)}$ と $D_{n/2}$ は同一の空間でなければならない．したがって，(6.3.4)における$(\boldsymbol{\sigma}^{(1)}+\boldsymbol{\sigma}^{(2)}+\cdots+\boldsymbol{\sigma}^{(n)})/2$ は可約な演算子ではあるが，状態ベクトルの方はつねに回転群のもとで既約表現空間 $D_{n/2}$ のベクトルになっており，それゆえわれわれは(6.3.4)を，角運動量 $n/2$ の既約表現の変換を与える式として用いることができる．その結果，(5.1.21)，(5.1.22)において $\boldsymbol{S}$ の代りに $(\boldsymbol{\sigma}^{(1)}+\boldsymbol{\sigma}^{(2)}+\cdots+\boldsymbol{\sigma}^{(n)})/2$ を，また $\phi_\xi{}^{(\pm)}(\boldsymbol{k})$ としては n 個の添字について対称化した $\phi^{(\pm)}{}_{(\cdots)_n}(\boldsymbol{k})$ を用いるならば，スピン $n/2$ の粒子の無限小ローレンツ変換が与えられることになる．

ここで，前節の議論の一般化をはかるために，$\phi_{(\cdots)_n}{}^{(+)}$ の各添字は 1, 2 の値をとり，$\phi_{(\cdots)_n}{}^{(-)}$ のそれは 3, 4 の値をとるものと約束しよう．そうして見かけ上成分の数をふやした $\varphi_{(a_1a_2\cdots a_n)}{}^{(\pm)}(\boldsymbol{k})$ および $\varphi_{(a_1a_2\cdots a_n)}(\boldsymbol{k})$ を次式によって導入する．ただし $a_1, a_2, \cdots, a_n$ は 1, 2, 3, 4 の値をとり，かつ $(a_1a_2\cdots a_n)$ は $a_1, a_2, \cdots, a_n$ の任意の入れかえについて対称であることを意味する．

$$\varphi_{(a_1a_2\cdots a_n)}{}^{(+)}(\boldsymbol{k})=\begin{cases}N\phi_{(a_1a_2\cdots a_n)}{}^{(+)}(\boldsymbol{k}) & (a_1, a_2, \cdots, a_n \text{ が } 1 \text{ または } 2),\\ 0 & (\text{その他の場合}),\end{cases} \tag{6.3.5}$$

$$\varphi_{(a_1a_2\cdots a_n)}{}^{(-)}(\boldsymbol{k})=\begin{cases}N\phi_{(a_1a_2\cdots a_n)}{}^{(-)}(\boldsymbol{k}) & (a_1, a_2, \cdots, a_n \text{ が } 3 \text{ または } 4),\\ 0 & (\text{その他の場合}),\end{cases} \tag{6.3.6}$$

$$\varphi_{(a_1a_2\cdots a_n)}(\boldsymbol{k})=\varphi_{(a_1a_2\cdots a_n)}{}^{(+)}(\boldsymbol{k})+\varphi_{(a_1a_2\cdots a_n)}{}^{(-)}(\boldsymbol{k}). \tag{6.3.7}$$

ただし $N(\neq 0)$ は $\varphi_{(a_1a_2\cdots a_n)}$ の規格化に関する定数因子として便宜上入れたものである．

これらを用いるならば，$\varphi_{(a_1a_2\cdots a_n)}(\boldsymbol{k})$ は

$$\varphi_{(\cdots)_n}{}'(\boldsymbol{k})=(1+i\boldsymbol{J\theta})\varphi_{(\cdots)_n}(\boldsymbol{k}) \quad (\theta\text{-変換}), \tag{6.3.8}$$

$$\varphi_{(\cdots)_n}{}'(\boldsymbol{k})=(1-i\boldsymbol{K\tau})\varphi_{(\cdots)_n}(\boldsymbol{k}) \quad (\tau\text{-変換}), \tag{6.3.9}$$

$$\boldsymbol{J}=\frac{1}{i}\left(\boldsymbol{k}\times\frac{\partial}{\partial\boldsymbol{k}}\right)+\frac{1}{2}\sum_{i=1}^{n}\boldsymbol{\sigma}^{(i)}, \tag{6.3.10}$$

$$\boldsymbol{K}=-k_0\left(\frac{1}{i}\frac{\partial}{\partial\boldsymbol{k}}-\frac{1}{2}\sum_{i=1}^{n}\frac{\boldsymbol{k}\times\boldsymbol{\sigma}^{(i)}}{\omega_k(\omega_k+m)}\right) \tag{6.3.11}$$

なる変換を受ける．ただし上式において $\varphi_{(a_1a_2\cdots a_n)}(\boldsymbol{k})$ を $\varphi_{(\cdots)_n}(\boldsymbol{k})$ とかいた．また $\boldsymbol{\sigma}^{(i)}$ は a_i に作用し，スピン 1/2 の場合に導入されたのと同様の 4 行 4 列のマトリックスである．

スピン 1/2 のときに(6.2.1)をその解とするような式として(6.2.3)を導入したように，われわれはスピン $n/2$ の粒子に対して

$$k_0\varphi_{(\cdots)_n}(\boldsymbol{k}) = \omega_k\beta^{(i)}\varphi_{(\cdots)_n}(\boldsymbol{k}) \qquad (i=1,2,\cdots,n) \tag{6.3.12}$$

なる連立方程式を仮定しよう．この方程式の解として(6.3.5), (6.3.6)が得られることは次のようにして容易にわかる．ただし $\beta^{(i)}$ は a_i に作用する β マトリックスである．

(6.3.12)において，$i \neq j$ とし a_i が 1 または 2, a_j が 3 または 4 のときは，

$$k_0\varphi_{(\cdots)_n}(\boldsymbol{k}) = \omega_k\beta^{(i)}\varphi_{(\cdots)_n}(\boldsymbol{k}) = \omega_k\varphi_{(\cdots)_n}(\boldsymbol{k}), \tag{6.3.13}$$

$$k_0\varphi_{(\cdots)_n}(\boldsymbol{k}) = \omega_k\beta^{(j)}\varphi_{(\cdots)_n}(\boldsymbol{k}) = -\omega_k\varphi_{(\cdots)_n}(\boldsymbol{k}). \tag{6.3.14}$$

したがって添字に 1 または 2 と 3 または 4 が共存しているような $\varphi_{(\cdots)_n}(\boldsymbol{k})$ は 0 となる．さらに(6.3.12)より

$$k_0\varphi_{(\cdots)_n}(\boldsymbol{k}) = \omega_k\varphi_{(\cdots)_n}(\boldsymbol{k}) \qquad (a_1, a_2, \cdots, a_n \text{ が 1 または 2}), \tag{6.3.15}$$

$$k_0\varphi_{(\cdots)_n}(\boldsymbol{k}) = -\omega_k\varphi_{(\cdots)_n}(\boldsymbol{k}) \qquad (a_1, a_2, \cdots, a_n \text{ が 3 または 4}) \tag{6.3.16}$$

である．一方(6.3.12)に k_0 をかければこれから $k_0{}^2=\omega_k{}^2$，したがって $k_0=\pm\omega_k$ を得る．それゆえ上の議論から直ちに $k_0=\omega_k$ すなわち正振動の $\varphi_{(\cdots)_n}(\boldsymbol{k})$ は，その添字の中に 3 または 4 を含んでいればすべて 0，また負振動で $k_0=-\omega_k$ をみたす $\varphi_{(\cdots)_n}(\boldsymbol{k})$ は添字に 1 または 2 を含むときはつねに 0 となる．この結果は(6.3.5), (6.3.6)に他ならない．

われわれは(6.3.5)，(6.3.6)の代りに(6.3.12)を用いることにしよう．$\varphi_{(\cdots)_n}(\boldsymbol{k})$ はいわばスピン 1/2 の $\varphi(\boldsymbol{k})$ の n 個の直積でその添字を対称化したものであるから，各添字について(6.2.39)の変換を行ってやれば(6.3.8), (6.3.9), (6.3.12)を共変形にもちこむことができる．すなわち

$$\psi_{(\cdots)_n}(\boldsymbol{k}) = \omega_k{}^{n/2}\prod_{j=1}^{n} U_{\mathrm{F}}{}^{(j)}(\boldsymbol{k})\varphi_{(\cdots)_n}(\boldsymbol{k}) \tag{6.3.17}$$

とする．ここで $U_{\mathrm{F}}{}^{(j)}(\boldsymbol{k})$ は a_j に作用する演算子で，(6.2.11)における $\boldsymbol{\alpha}, \beta$ をそれぞれ $\boldsymbol{\alpha}^{(j)}, \beta^{(j)}$ でおきかえたものである．これを用いれば前節の計算と全く同様にして

$$\left\{\omega_k{}^{n/2}\prod_{j=1}^{n}U_{\mathrm{F}}{}^{(j)}(\boldsymbol{k})\right\}\beta^{(i)}\left\{\omega_k{}^{n/2}\prod_{j=1}^{n}U_{\mathrm{F}}{}^{(j)}(\boldsymbol{k})\right\}^{-1}=\frac{\boldsymbol{\alpha}^{(i)}\boldsymbol{k}+\beta^{(i)}m}{\omega_k},\tag{6.3.18}$$

また(6.3.10), (6.3.11)の $\boldsymbol{K}, \boldsymbol{J}$ に対しては

$$\left\{\omega_k{}^{n/2}\prod_{j=1}^{n}U_{\mathrm{F}}{}^{(j)}(\boldsymbol{k})\right\}\boldsymbol{J}\left\{\omega_k{}^{n/2}\prod_{j=1}^{n}U_{\mathrm{F}}{}^{(j)}(\boldsymbol{k})\right\}^{-1}=\frac{1}{i}\left(\boldsymbol{k}\times\frac{\partial}{\partial\boldsymbol{k}}\right)+\frac{1}{2}\sum_{i=1}^{n}\boldsymbol{\sigma}^{(i)},\tag{6.3.19}$$

$$\left\{\omega_k{}^{n/2}\prod_{j=1}^{n}U_{\mathrm{F}}{}^{(j)}(\boldsymbol{k})\right\}\boldsymbol{K}\left\{\omega_k{}^{n/2}\prod_{j=1}^{n}U_{\mathrm{F}}{}^{(j)}(\boldsymbol{k})\right\}^{-1}=i\left[k_0\frac{\partial}{\partial\boldsymbol{k}}-\frac{k_0}{2\omega_k{}^2}\sum_{i=1}^{n}\boldsymbol{\alpha}^{(i)}\{(\boldsymbol{\alpha}^{(i)}\boldsymbol{k})+\beta^{(i)}m\}\right]\tag{6.3.20}$$

となり，その結果

$$k_0\psi_{(\cdots)_n}(\boldsymbol{k})=(\boldsymbol{\alpha}^{(i)}\boldsymbol{k}+\beta^{(i)}m)\psi_{(\cdots)_n}(\boldsymbol{k})\qquad(i=1,2,\cdots,n),\tag{6.3.21}$$

$$\psi_{(\cdots)_n}{}'(\boldsymbol{k})=\left(1+\frac{i}{2}\sum_{i=1}^{n}\boldsymbol{\sigma}^{(i)}\boldsymbol{\theta}\right)\psi_{(\cdots)_n}(\boldsymbol{k}-\boldsymbol{k}\times\boldsymbol{\theta})\qquad(\theta\text{-変換}),\tag{6.3.22}$$

$$\psi_{(\cdots)_n}{}'(\boldsymbol{k})=\left(1-\frac{1}{2}\sum_{i=1}^{n}\boldsymbol{\alpha}^{(i)}\boldsymbol{\tau}\right)\psi_{(\cdots)_n}(\boldsymbol{k}+k_0\boldsymbol{\tau})\qquad(\tau\text{-変換})\tag{6.3.23}$$

を得る．

ここで x-表示の量を

$$\psi_{(\cdots)_n}(x)=\frac{1}{(2\pi)^{3/2}}\int\frac{d\boldsymbol{k}}{\omega_k}e^{i(\boldsymbol{kx}-k_0t)}\psi_{(\cdots)_n}(\boldsymbol{k})\tag{6.3.24}$$

とすれば，上式はそれぞれ

$$(\gamma_\mu{}^{(i)}\partial_\mu+m)\psi_{(\cdots)_n}(x)=0\qquad(i=1,2,\cdots,n),\tag{6.3.25}$$

$$\psi_{(\cdots)_n}{}'(x)=\left(1+\frac{i}{2}\sum_{i=1}^{n}\boldsymbol{\sigma}^{(i)}\boldsymbol{\theta}\right)\psi_{(\cdots)_n}(\Lambda(\boldsymbol{\theta})^{-1}x),\tag{6.3.26}$$

$$\psi_{(\cdots)_n}{}'(x)=\left(1-\frac{1}{2}\sum_{i=1}^{n}\boldsymbol{\alpha}^{(i)}\boldsymbol{\tau}\right)\psi_{(\cdots)_n}(\Lambda(\boldsymbol{\tau})^{-1}x)\tag{6.3.27}$$

となる．いうまでもなく，$\gamma_\mu{}^{(i)}$ は a_i に作用するマトリックス γ_μ である．運動方程式(6.3.25)は**バーグマン・ウィグナー**(Bargmann-Wigner)**の方程式**とよばれ，スピン $n/2$ の粒子を記述する式として知られている．また $\psi_{(\cdots)_n}(x)$ は**バーグマン・ウィグナーの振幅**といわれる．

次に内積を考えよう．(6.3.5), (6.3.6), (6.3.17)を用いると，(5.1.7)は

$$\langle 1, \pm | 2, \pm \rangle = \frac{1}{|N|^2}\int \frac{d\boldsymbol{k}}{\omega_k{}^{n+1}} \psi_{(\cdots)_n}{}^{(\pm)*}(\boldsymbol{k})_1 \psi_{(\cdots)_n}{}^{(\pm)}(\boldsymbol{k})_2 \qquad (6.3.28)$$

となる．ここで右辺の被積分関数は添字についての和をとったもの $\sum_{a_1 a_2 \cdots a_n} \psi_{(a_1 a_2 \cdots a_n)}{}^{(\pm)*}(\boldsymbol{k})_1 \psi_{(a_1 a_2 \cdots a_n)}{}^{(\pm)}(\boldsymbol{k})_2/\omega_{\boldsymbol{k}}{}^{n+1}$ の略記である．これを x-表示に移すためにまず

$$\langle 1, \pm | 2, \pm \rangle = \frac{(\pm 1)^{n-1}}{|N|^2}\int \frac{d\boldsymbol{k}}{k_0{}^{n-1}} \frac{\psi_{(\cdots)_n}{}^{(\pm)*}(\boldsymbol{k})_1}{\omega_k} \frac{\psi_{(\cdots)_n}{}^{(\pm)}(\boldsymbol{k})_2}{\omega_k} \qquad (6.3.29)$$

なる形でかきかえよう．このままでは $1/k_0{}^{n-1}$ なる因子が被積分関数に入っているため，簡単にこれを x-表示に移行させることはできない．しかし以下にのべる関係を利用すればこの因子の処理は可能となる．

$\chi_{(\cdots)_n}(\boldsymbol{k})_h\ (h=1,2)$ が(6.3.21)をみたすとき

$$\begin{aligned} &k_0{}^l \chi_{(\cdots)_n}{}^*(\boldsymbol{k})_1 \beta^{(i_1)}\beta^{(i_2)}\cdots\beta^{(i_l)}\chi_{(\cdots)_n}(\boldsymbol{k})_2 \\ &= m^l \chi_{(\cdots)_n}{}^*(\boldsymbol{k})_1 \chi_{(\cdots)_n}(\boldsymbol{k})_2 \qquad (0 \leqq l \leqq n). \end{aligned} \qquad (6.3.30)$$

ただし，$i_1, i_2 \cdots, i_l$ はすべて異なるものとする．

これを証明するために，まず $k_0 \chi_{(\cdots)_n}{}^*(\boldsymbol{k})_1 \beta^{(i_1)}\beta^{(i_2)}\cdots\beta^{(i_l)}\chi_{(\cdots)_n}(\boldsymbol{k})_2$ を考えよう．$\chi_{(\cdots)}(\boldsymbol{k})_h\ (h=1,2)$ が(6.3.21)をみたすことから

$$k_0 \beta^{(i_1)} \chi_{(\cdots)_n}(\boldsymbol{k})_2 = (\beta^{(i_1)}\boldsymbol{\alpha}^{(i_1)}\boldsymbol{k}+m)\chi_{(\cdots)_n}(\boldsymbol{k})_2, \qquad (6.3.31)$$

$$\begin{aligned} \chi_{(\cdots)_n}{}^*(\boldsymbol{k})_1(\beta^{(i_1)}\boldsymbol{\alpha}^{(i_1)}\boldsymbol{k}+m) &= \chi_{(\cdots)_n}{}^*(\boldsymbol{k})_1(-\boldsymbol{\alpha}^{(i_1)}\boldsymbol{k}\beta^{(i_1)}+m) \\ &= -k_0\chi_{(\cdots)_n}{}^*(\boldsymbol{k})_1\beta^{(i_1)} + 2m\chi_{(\cdots)_n}{}^*(\boldsymbol{k})_1, \end{aligned} \qquad (6.3.32)$$

したがって，(6.3.31), (6.3.32)を用いれば

$$\begin{aligned} &k_0 \chi_{(\cdots)_n}{}^*(\boldsymbol{k})_1 \beta^{(i_1)}\beta^{(i_2)}\cdots\beta^{(i_l)}\chi_{(\cdots)_n}(\boldsymbol{k})_2 \\ &= \chi_{(\cdots)_n}{}^*(\boldsymbol{k})_1(\beta^{(i_1)}\boldsymbol{\alpha}^{(i_1)}\boldsymbol{k}+m)\beta^{(i_2)}\beta^{(i_3)}\cdots\beta^{(i_l)}\chi_{(\cdots)_n}(\boldsymbol{k})_2 \\ &= -k_0 \chi_{(\cdots)_n}{}^*(\boldsymbol{k})_1 \beta^{(i_1)}\beta^{(i_2)}\cdots\beta^{(i_l)}\chi_{(\cdots)_n}(\boldsymbol{k})_2 \\ &\quad + 2m\chi_{(\cdots)}{}^*(\boldsymbol{k})_1\beta^{(i_2)}\beta^{(i_3)}\cdots\beta^{(i_l)}\chi_{(\cdots)_n}(\boldsymbol{k})_2, \end{aligned} \qquad (6.3.33)$$

ゆえに

$$k_0 \chi_{(\cdots)_n}{}^*(\boldsymbol{k})_1 \beta^{(i_1)}\beta^{(i_2)}\cdots\beta^{(i_l)}\chi_{(\cdots)_n}(\boldsymbol{k})_2 = m\chi_{(\cdots)_n}{}^*(\boldsymbol{k})_1\beta^{(i_2)}\beta^{(i_3)}\cdots\beta^{(i_l)}\chi_{(\cdots)_n}(\boldsymbol{k})_2 \qquad (6.3.34)$$

を得る．これに次々に k_0 をかけて，そのつど，上と同様の操作を行えば，(6.3.30)が導かれることがわかる．

(6.3.30)において，$l=n-1$ とし，さらに $\chi_{(\cdots)_n}(\boldsymbol{k})_h$ を $\psi_{(\cdots)_n}{}^{(\pm)}(\boldsymbol{k})_h$ とおけば

$$\frac{1}{k_0{}^{n-1}}\psi_{(\cdots)_n}{}^{(\pm)*}(\boldsymbol{k})_1\psi_{(\cdots)_n}{}^{(\pm)}(\boldsymbol{k})_2$$

$$=\frac{1}{m^{n-1}}\psi_{(\cdots)_n}{}^{(\pm)*}(\boldsymbol{k})_1\beta^{(1)}\beta^{(2)}\cdots\beta^{(i-1)}\beta^{(i+1)}\cdots\beta^{(n)}\psi_{(\cdots)_n}{}^{(\pm)}(\boldsymbol{k})_2$$

$$=\frac{1}{m^{n-1}}\overline{\psi_{(\cdots)_n}{}^{(\pm)}}(\boldsymbol{k})_1\beta^{(i)}\psi_{(\cdots)_n}{}^{(\pm)}(\boldsymbol{k})_2, \tag{6.3.35}$$

ただし一般に

$$\overline{\psi_{(\cdots)_n}{}^{(\pm)}}(\boldsymbol{k})=\psi_{(\cdots)_n}{}^{(\pm)*}(\boldsymbol{k})\prod_{j=1}^{n}\beta^{(j)} \tag{6.3.36}$$

と定義した．(6.3.35)はすべての i に対してなりたつ式であるから，(6.3.24)により内積は

$$\langle 1,\pm|2,\pm\rangle=\frac{(\pm 1)^{n-1}}{n|N|^2m^{n-1}}\sum_{i=1}^{n}\int dx\overline{\psi_{(\cdots)_n}{}^{(\pm)}}(x)_1\beta^{(i)}\psi_{(\cdots)_n}{}^{(\pm)}(x)_2 \tag{6.3.37}$$

とかける*)．この形は $(\pm 1)^{n-1}$ なる因子をもっているため n が偶数のとき，つまり整数スピンの場合は共変形式にはなっていない．そこで前と同様共変内積を

$$\langle\!\langle 1,\pm|2,\pm\rangle\!\rangle=(\pm 1)^{n-1}\langle 1,\pm|2,\pm\rangle \tag{6.3.38}$$

で定義する．そうすれば内積は正負の振動に依存しない形になるから一般に

$$\langle\!\langle 1|2\rangle\!\rangle=\frac{1}{n|N|^2m^{n-1}}\sum_{i=1}^{n}\int dx\bar{\psi}_{(\cdots)_n}(x)_1\beta^{(i)}\psi_{(\cdots)_n}(x)_2 \tag{6.3.39}$$

とかくことができる．ただし $\bar{\psi}_{(\cdots)_n}(x)=\overline{\psi_{(\cdots)_n}{}^{(+)}}(x)+\overline{\psi_{(\cdots)_n}{}^{(-)}}(x)$ である．(6.3.25), (6.3.26), (6.3.27)および(6.3.39)がバーグマン・ウィグナーの振幅を用いてかかれたスピン $n/2$ 粒子の共変形式である．

以上の議論から，例えば負振動の状態にある整数スピンの粒子に対しては共変内積によるノルムは負，k_0 の期待値は正になる．これはスピン0の場合の一般化にほかならない．これらをまとめると表6.1のようになる．この結果は，第8章に述べる粒子の統計的性質と密接な関連をもつものである．

---

*) ここですべての i について和をとり，それを n で割ったが，これは必ずしも必要ではない．ただすべての添字に対して，対称的な形にかいたままでである．

表 6.1 共変内積を用いてのノルムと k_0 の期待値．一番左側の(+)，(−)は正，負の振動の状態をしめす．

	ノルム		k_0 の期待値	
	整数スピン	半整数スピン	整数スピン	半整数スピン
(+)	正	正	正	正
(−)	負	正	正	負

§6.4 一般化されたバーグマン・ウィグナーの方程式

前節では，スピノル n 個の直積をつくりその直積空間から角運動量 $n/2$ の既約表現空間をとりだして，スピン $n/2$ の粒子の共変形式による記述を試みた．しかしこの直積空間には，角運動量の合成則からわかるように，$n/2-r$ (r は $0\leqq r\leqq n/2$ なる整数)の角運動量をもつ回転群の既約表現空間が含まれている．したがってこのような既約表現をとりだせば，前節と同様の議論により，スピンが $n/2-r$ でしかも見かけの異なった共変形式が得られるはずである．

そこで最も簡単な場合として $n=2$ のときを考えてみよう．$u_{\xi_1\xi_2}$ は，添字 ξ_1, ξ_2 の入れかえについて対称な部分 $u_{(\xi_1\xi_2)}$ と反対称な部分 $u_{[\xi_1\xi_2]}$ に一意的に分けられる．これらは回転群の変換により一方から他方に移り行くことはできない．このうち $u_{(\xi_1\xi_2)}$ は前節の議論に含まれる．他方，$u_{[\xi_1\xi_2]}$ に関しては，$\varepsilon_{\xi_1\xi_2}=-\varepsilon_{\xi_2\xi_1}$, $\varepsilon_{12}=1$ なる $\varepsilon_{\xi_1\xi_2}$ を用いれば

$$u_{[\xi_1\xi_2]}=\varepsilon_{\xi_1\xi_2}u, \tag{6.4.1}$$

ただし

$$u=\frac{1}{2}\sum_{\xi_1,\xi_2}\varepsilon_{\xi_1\xi_2}u_{\xi_1\xi_2}$$

とかくことができる．さらに g を 2 行 2 列のマトリックスかつ $\det(g)=1$ とすれば，容易にわかるように

$$\sum_{\xi_1',\xi_2'}g_{\xi_1\xi_1'}g_{\xi_2\xi_2'}\varepsilon_{\xi_1'\xi_2'}=\det(g)\varepsilon_{\xi_1\xi_2}=\varepsilon_{\xi_1\xi_2} \tag{6.4.2}$$

であるから，$u_{[\xi_1\xi_2]}$ は，その独立成分が 1 個で角運動量 0 の 1 次元空間をつくる．いうまでもなくこのことは，角運動量 1/2 を 2 個合成して得られる角運動量 1, 0 の既約表現のそれぞれに，$u_{(\xi_1\xi_2)}$ および $u_{[\xi_1\xi_2]}$ が対応していることを示

す．前節の議論では，添字についての対称性は単に粒子のスピンを選びだすことにのみ使われ，共変形式を導くための式の変形は，すべてこれとは無関係に進めることができた．このことに注意すれば，$u_{(\ldots)_n}$ のときと同様の途をたどって，$u_{[\xi_1\xi_2]}$(これを簡単のために $u_{[..]}$ 等とかく)を用いてのスピン0粒子の一つの共変形式を得ることができる．その結果は

$$\psi_{[..]}'(x) = \left\{1+\frac{i}{2}(\boldsymbol{\sigma}^{(1)}+\boldsymbol{\sigma}^{(2)})\boldsymbol{\theta}\right\}\psi_{[..]}(x) \qquad (\theta\text{-変換}), \tag{6.4.3}$$

$$\psi_{[..]}'(x) = \left\{1-\frac{1}{2}(\boldsymbol{\alpha}^{(1)}+\boldsymbol{\alpha}^{(2)})\boldsymbol{\tau}\right\}\psi_{[..]}(x) \qquad (\tau\text{-変換}), \tag{6.4.4}$$

$$(\gamma_\mu{}^{(i)}\partial_\mu+m)\psi_{[..]}(x) = 0 \qquad (i=1,2), \tag{6.4.5}$$

$$\langle\!\langle 1|2\rangle\!\rangle = \frac{1}{2|N|^2 m}\sum_{i=1,2}\int dx\bar{\psi}_{[..]}(x)_1\beta^{(i)}\psi_{[..]}(x)_2 \tag{6.4.6}$$

となることは容易にわかるであろう．ただし $\psi_{[..]}(x)$ は $\psi_{[a_1a_2]}(x)(a_1, a_2=1, 2, 3, 4)$ の意味である．また $\bar{\psi}_{[..]}(x)$ は(6.3.36)と同様 $\psi_{[..]}{}^*(x)\beta^{(1)}\beta^{(2)}$．(6.4.3)～(6.4.6)は§6.1に述べたスピン0粒子の共変形式と同一の内容のものである．

上の議論では $u_{\xi_1\xi_2}$ の二つの添字の反対称化を行って角運動量0の既約表現をとりだしたが，もし $u_{\xi_1\xi_2\cdots\xi_n}$ の場合も，適当な添字についての対称化や反対称化の操作を行って角運動量 $n/2-r$ の既約表現をとりだすことができれば，それに基づいて上の議論の一般化が可能となる．そのための特定の角運動量のとりだし，これを系統的に行うにはヤングの対称子 (Young's symmetrizer) を用いるのが便利である．以下，それを簡単に説明しよう．ただし，証明については，他の適当な代数の書物を参照していただきたい*)．

n 個の添字をもった量をあつかう場合，まず n を a 個の正整数 $n_1, n_2, \cdots, n_a$ に分割し

$$\left.\begin{aligned} n_1+n_2+\cdots+n_a = n,\\ n_1 \geqq n_2 \geqq \cdots \geqq n_a > 0 \end{aligned}\right\} \tag{6.4.7}$$

とする．このような分割の方法は様々あり，また a は1から n までの値が可能であるが，ともかく一つの分割(6.4.7)が与えられたとき，図6.1のような第1行が n_1 個，第2行が n_2 個，…，第 a 行が n_a 個の正方形からなる図形を

*) 例えば，彌永昌吉・杉浦光夫：応用数学者のための代数学，岩波書店(1960)．

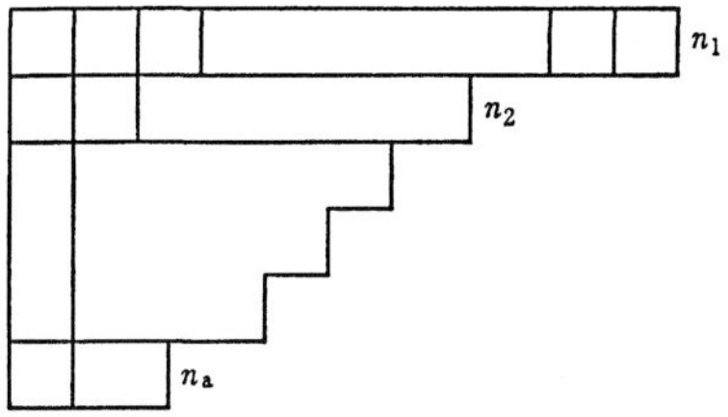

図 6. 1

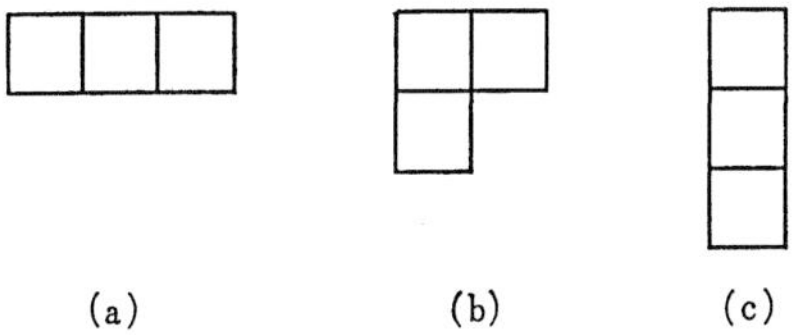

図 6. 2

かくことができる．これは**ヤング図形**(Young diagram)とよばれている．例えば $n=3$ のときは可能な分割に応じて，3 種類のヤング図形をかくことができる(図 6. 2)．つぎに，1 から n までの数字をヤング図形の n 個の正方形のおのおのに一つずつ入れ，同じ行の中では右の数字が左にある数字より，また同じ列の中では下の数字が上の数字より大きいようにする．このような数字の入れ方は，ヤング図形が与えられても必ずしも一意的ではない．例えば，$n=3$ で図 6. 2(b)の図形では図 6. 3 に示すような二通りの数字の入れ方が存在する．

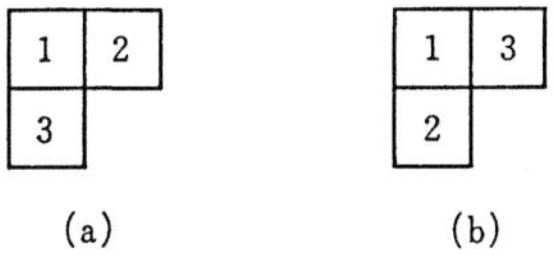

図 6. 3

上記の規則に従って数字を入れたヤング図形を，**ヤングの標準盤**(standard Young tableau)という．第 i 行 $(i=1, 2, \cdots, a)$ の正方形の数が n_i のヤング図形$(n=n_1+n_2+\cdots+n_a)$からつくられるヤングの標準盤の数は

$$n!\frac{\prod_{i<j}(l_i-l_j)}{l_1!l_2!\cdots l_a!} \tag{6.4.8}$$

で与えられることが知られている．ただし $l_i=n_i+a-i$ である．

いまヤングの標準盤が一つ与えられたとする．その第 i 行に着目し，そこにある数字の置換をあらわす演算子を $p_i^{(s)}$ とかく．s は置換の種類である．こ

の演算子の総和をとって

$$\mathcal{P}_i = \sum_s p_i^{(s)} \tag{6.4.9}$$

とする．これをすべての行について行い演算子

$$\mathcal{P} = \prod_{i=1}^{a} \mathcal{P}_i \tag{6.4.10}$$

を定義する．同様に第 j 列にある数字の置換の演算子を $q_j^{(s)}$ として，

$$\mathcal{Q}_j = \sum_s \varepsilon_s q_j^{(s)} \tag{6.4.11}$$

を用いて，すべての列についての $\mathcal{Q}_j$ の積をつくり

$$\mathcal{Q} = \prod_j \mathcal{Q}_j \tag{6.4.12}$$

を定義する．ただし ε_s は，$q_j^{(s)}$ が偶置換ならば1，奇置換のときは -1 である．このような $\mathcal{P}, \mathcal{Q}$ によって与えられる

$$Y = \mathcal{Q}\mathcal{P} \tag{6.4.13}$$

なる演算子を**ヤングの対称子**という*)．標準盤が与えられたときそれに対しヤングの対称子が一つ存在する．例えば図6.3(b)の標準盤に対応したヤングの対称子は $\{1-(12)\}\{1+(13)\}$ となる．ただし (ij) は数字 i と j を入れかえる演算子である．

ここで，p 個の成分をもつ量 $v=(v_1, v_2, \cdots, v_p)$ の一般的な1次変換

$$v_{t'}' = \sum_{t=1}^{p} g_{t't} v_t \tag{6.4.14}$$

を考えよう．ただし $\det(g) \neq 0$．このような変換の全体は群をつくっていて，**一般1次変換群** $GL(p)$ とよばれる．(6.4.14)の変換に従う量 n 個の直積を考えると，この直積空間における‘テンソル’の成分は

$$v_{t_1' t_2' \cdots t_n'}' = \sum_{t_1, t_2, \cdots, t_n} \left(\prod_{i=1}^{n} g_{t_i' t_i} \right) v_{t_1 t_2 \cdots t_n} \tag{6.4.15}$$

なる変換に従う．このとき，次のことが知られている．

(1)　直積空間は $GL(p)$ の変換のもとで完全可約，つまり $GL(p)$ の既約表現空間の直和に分解される．

(2)　各既約表現空間は，行の数が高々 p のヤングの標準盤に1対1に対応す

*)　ヤングの対称子を $\mathcal{P}\mathcal{Q}$ と定義したものもあるが，どちらを用いてもよい．ただし両者の混用はいけない．

る．したがって，直積空間に含まれる$GL(p)$の既約表現空間の数は，可能な標準盤の総数に等しい*)．

(3) 同一のヤング図形からつくられた相異なる標準盤に対応する既約表現は互いに同値である．また異なるヤング図形に対応する既約表現空間は標準盤の如何に関せず同値ではない．つまり，既約表現はヤング図形によって一意的に指定される．

(4) 与えられたヤングの標準盤に対応した既約表現空間のテンソルは，この標準盤からつくられるヤングの対称子 Y を $v_{t_1t_2\cdots t_n}$ に作用させて得られる．この演算で例えば i と j の置換は，添字 t_i と t_j との入れかえを意味する．

このようにして得られたテンソルを$(Yv)_{t_1t_2\cdots t_n}$とかくと，その変換は明らかに

$$(Yv)_{t_1't_2'\cdots t_n'}=\sum_{t_1t_2\cdots t_n}\left(\prod_{i=1}^{n}g_{t_i't_i}\right)(Yv)_{t_1t_2\cdots t_n} \tag{6.4.16}$$

で与えられる．

さて，われわれの目標は前節で与えた$u_{\xi_1\xi_2\cdots\xi_n}$から，上記の一般論を用いて回転群の既約表現をとりだすことにある．§2.2に述べたように，回転群の表現は$SU(2)$つまり行列式が1の2行2列のユニタリー・マトリックス全体のつくる群の表現である．しかし今の場合はユニタリー性を考察する必要はない．というのは，ユニタリー性が意味をもつのは$u=(u_1,u_2)$とその複素共役である$u^*=(u_1^*,u_2^*)$またはこれと同じ変換に従う量との直積を考慮する場合だからである．それゆえ，$GL(2)$に，その変換マトリックスの行列式が1であるという制限のみを課して考察すれば充分である．

われわれは順序としてまず$GL(2)$の既約表現をとりだし，その後でこれに上記の制限を課することにしよう．一般論によりこの場合，行の数が高々2のヤング図形を考えればよい．その第2行の正方形の数をrとする(図6.4)．これから標準盤をつくり対応するヤングの対称子Yを求めて$u_{\xi_1\xi_2\cdots\xi_n}$に作用させれば，$GL(2)$の既約表現が得られる．この対称子$Y$は，(6.4.13)により，

*) 行の数を高々pとしたのは，もし行の数がpより大きいとすると，そのような対称子を作用させて得られるテンソルは，$(p+1)$個以上の添字が反対称となり，一方各添字はp個の値しかとらず，したがってこのテンソルは恒等的に0になるからである．

今の場合 $\mathcal{P}$ の演算を行った後に，2個の添字 r 組のそれぞれを反対称化する演算 Q を行うことを意味する．ところで，後者の演算の結果つくられるこの r 組の反対称な添字は(6.4.2)でみたように回転群のもとでは何の寄与をももたらさない*)．それゆえ $u_{\xi_1\xi_2\cdots\xi_n}$ にこのような Y を作用させて得られる $GL(2)$ の既約表現は，回転群のもとでは $(n-2r)$ 個の完全に対称化された添字をもつ量と全く同一の変換性を示す．

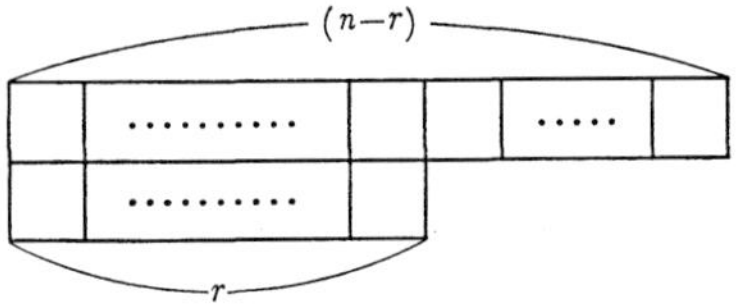

図 6.4

前節の議論によれば，これは回転群の既約表現をつくり，その角運動量は $n/2-r$，いいかえれば，$GL(2)$ の既約表現空間は回転群の既約表現空間になっており，n が与えられたとき，異なるヤング図形から得られる回転群の既約表現は同値ではなく，同じヤング図形の異なる標準盤から得られる回転群の既約表現は互いに同値である．すなわち n が与えられれば回転群の既約表現は高々2行のヤング図形により一意的に指定される．このようにして，$u_{\xi_1\xi_2\cdots\xi_n}$ から得られる角運動量 $n/2-r$ の既約表現の数は，図 6.4 のヤング図形からつくられる標準盤の数に等しい．(6.4.8)によれば，これは $n!(n-2r+1)/r!(n-r+1)!$ であって，角運動量 $1/2$ を n 個合成して得られる角運動量 $n/2-r$ の既約表現の数になっている．

例えば $n=3$ とすると，必要なヤング図形は 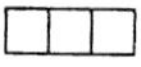 および 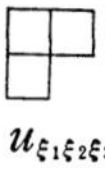，前者からつくられる標準盤はただ一つでこの場合のヤングの対称子を $u_{\xi_1\xi_2\xi_3}$ に作用させると，添字について完全対称な $u_{(\xi_1\xi_2\xi_3)}$ を得る．これは角運動量 $3/2$ の既約表現に属する．また後者のヤング図形からは，2個の標準盤(図 6.3)がつくられ，ヤングの対称子はそれぞれ $\{1-(13)\}\{1+(12)\}$ および $\{1-(12)\}\{1(+13)\}$，これを $u_{\xi_1\xi_2\xi_3}$ に作用させれば，角運動量 $1/2$ の状態として3個の添字をもつ

$$u_{\xi_1\xi_2\xi_3}-u_{\xi_3\xi_2\xi_1}+u_{\xi_2\xi_1\xi_3}-u_{\xi_2\xi_3\xi_1} \tag{6.4.17}$$

*) これで，変換マトリックスの行列式が1という制限を用いたことになる．

および

$$u_{\xi_1\xi_2\xi_3}-u_{\xi_2\xi_1\xi_3}+u_{\xi_3\xi_2\xi_1}-u_{\xi_3\xi_1\xi_2} \qquad (6.4.18)$$

が得られる．そうして例えば角運動量の z 成分の固有値が1/2の状態は，(6.4.17)においては $2u_{112}-u_{211}-u_{121}\neq 0$ でその他の成分は0，また(6.4.18)では $2u_{121}-u_{211}-u_{112}\neq 0$ で他の成分は0の状態ベクトルである*)．

ともかく，ヤング図形(図6.4)が与えられれば角運動量が決定する．われわれはそのような角運動量をもつ波動関数を $\phi_{\boxminus}{}^{(\pm)}(\boldsymbol{k})$ とかこう．これは，第2行の長さが r の Young 図形から作られる対称子を任意に一つ選び，それを $\phi_{\xi_1\xi_2\cdots\xi_n}{}^{(\pm)}(\boldsymbol{k})$ に作用させることによって得られたものであるが，ここでは添字 $\xi_1, \xi_2, \cdots, \xi_n$ をかくのは省略した．このとき，波動関数は

$$\phi_{\boxminus}{}^{(\pm)\prime}(\boldsymbol{k}) = \left\{1+i\left(\frac{1}{i}\boldsymbol{k}\times\frac{\partial}{\partial\boldsymbol{k}}+\frac{1}{2}\sum_{i=1}^{n}\boldsymbol{\sigma}^{(i)}\right)\boldsymbol{\theta}\right\}\phi_{\boxminus}{}^{(\pm)}(\boldsymbol{k})$$

$$(\theta\text{-変換}), \qquad (6.4.19)$$

$$\phi_{\boxminus}{}^{(\pm)\prime}(\boldsymbol{k}) = \left\{1+ik_0\left(\frac{1}{i}\frac{\partial}{\partial\boldsymbol{k}}-\frac{1}{2}\sum_{i=1}^{n}\frac{\boldsymbol{k}\times\boldsymbol{\sigma}^{(i)}}{\omega_k(m+\omega_k)}\right)\boldsymbol{\tau}\right\}\phi_{\boxminus}{}^{(\pm)}(\boldsymbol{k})$$

$$(\tau\text{-変換}) \qquad (6.4.20)$$

なる変換を受けることは明らかである．(6.3.5), (6.3.6)と同様にして $\phi_{\boxminus}{}^{(\pm)}$ から n 個の添字 $a_1, a_2, \cdots, a_n$ をもった量 $\varphi_{\boxminus}{}^{(\pm)}(\boldsymbol{k})$ を定義すれば，これは

$$k_0\varphi_{\boxminus}(\boldsymbol{k}) = \omega_k\beta^{(i)}\varphi_{\boxminus}(\boldsymbol{k}) \qquad (i=1,2,\cdots,n) \qquad (6.4.21)$$

の解として与えられることもまた前節と同様である．しかもこれ以下の前節の議論は添字の対称性には無関係であるから，添字 $(\cdots)_n$ を $\boxminus$ でおきかえたものはそのまま成立する．したがって

$$\psi_{\boxminus}(\boldsymbol{k}) = \omega_k{}^{n/2}\prod_{j=1}^{n}U_{\mathrm{F}}{}^{(j)}(\boldsymbol{k})\varphi_{\boxminus}(\boldsymbol{k}), \qquad (6.4.22)$$

$$\psi_{\boxminus}(x) = \frac{1}{(2\pi)^{3/2}}\int\frac{d\boldsymbol{k}}{\omega_k}e^{i(\boldsymbol{k}\boldsymbol{x}-k_0t)}\varphi_{\boxminus}(\boldsymbol{k}) \qquad (6.4.23)$$

によって $\psi_{\boxminus}(x)$ を定義すれば

*) これら二つの状態は1次独立ではあるが直交はしていない．一般に，同一のヤング図形からつくられる異なる標準盤に対応した既約表現空間は1次独立であってもその直交性は保証されず，もし必要なら状態の適当な重ね合わせによって直交化を行わなければならない．

$$(\gamma_\mu{}^{(i)}\partial_\mu+m)\psi_{\Box}(x)=0 \qquad (i=1,2,\cdots,n) \tag{6.4.24}$$

が導かれる．(6.4.23)の k_0 は正振動に対しては ω_k，負振動に対しては $-\omega_k$ であることはいうまでもない．またローレンツ変換は

$$\psi_{\Box}'(x)=\left(1+\frac{i}{2}\sum_{i=1}^{n}\boldsymbol{\sigma}^{(i)}\boldsymbol{\theta}\right)\psi_{\Box}(\Lambda(\boldsymbol{\theta})^{-1}x) \qquad (\theta\text{-変換}), \tag{6.4.25}$$

$$\psi_{\Box}'(x)=\left(1-\frac{1}{2}\sum_{i=1}^{n}\boldsymbol{\alpha}^{(i)}\boldsymbol{\tau}\right)\psi_{\Box}(\Lambda(\boldsymbol{\tau})^{-1}x) \qquad (\tau\text{-変換}), \tag{6.4.26}$$

さらに共変内積は，(6.3.36)を一般化した

$$\bar{\psi}_{\Box}(x)=\psi_{\Box}{}^*(x)\prod_{i=1}^{n}\gamma_4{}^{(i)} \tag{6.4.27}$$

を用いて

$$\langle\!\langle 1|2\rangle\!\rangle=\frac{1}{n|N|^2m^{n-1}}\sum_{i=1}^{n}\int d\boldsymbol{x}\bar{\psi}_{\Box}(x)_1\gamma_4{}^{(i)}\psi_{\Box}(x)_2 \tag{6.4.28}$$

で与えられる．(6.4.24)〜(6.4.28)によって記述される粒子のスピンは，そのヤング図形が図6.4のとき，$n/2-r$ であることはいうまでもない．内積を共変内積にかきかえるときに落した因子 $(\pm1)^{n-1}$ は $(\pm1)^{2(n/2-r)-1}$ ともかけるので，(6.4.28)が表6.1の内容をもつものであることは容易に理解されるであろう．方程式(6.4.24)は**一般化されたバーグマン・ウィグナーの方程式**とよばれる．前節に述べたバーグマン・ウィグナーの方程式は，$r=0$ であって上記の議論の特別な場合にあたる．

なお ψ の添字 $a_1, a_2, \cdots, a_n$ は1から4までの値をとるので，形式上その添字に対し3行または4行のヤング図形を考えることができる．しかし，これが(6.4.24)のバーグマン・ウィグナー型の方程式をみたすとすると，そのような ψ は恒等的に0になる．これは，(6.4.22)によって φ にかきかえれば，これが(6.4.21)の型の方程式に従い，3行以上のヤング図形に対してはその解は0以外にないことから理解される．いいかえれば，バーグマン・ウィグナー型の方程式に従う ψ はその添字についてのヤング図形が高々2行までのものを考えればよいのである．

§6.5　γ マトリックス

4行4列のマトリックス γ_μ は，$\boldsymbol{\alpha}$ および β を用いて(6.2.42)によって定義

された．これは

$$\{\gamma_\mu, \gamma_\nu\} = 2\delta_{\mu\nu} \qquad (\mu, \nu = 1, 2, 3, 4) \tag{6.5.1}$$

をみたすことがわかる．しかし議論の全般的な見通しを得るためには(6.2.4), (6.2.12)の $\beta, \boldsymbol{\alpha}$ による γ_μ の具体的な形は必ずしも必要としない．われわれはむしろ(6.2.42)の定義を一まず忘れて，(6.5.1)から出発することにしよう．このとき，次の結果が導かれる．

“(6.5.1)をみたす既約な $\gamma_\mu (\mu=1, 2, 3, 4)$ は，4行4列のマトリックスに限られ，しかも(6.5.1)の既約な解はすべて互いに同値である．すなわち(6.5.1)の既約な二つの解を γ_μ および γ_μ' とするとき

$$\gamma_\mu' = B\gamma_\mu B^{-1} \qquad (\mu = 1, 2, 3, 4) \tag{6.5.2}$$

ならしめる $\det(B) \neq 0$ なる4行4列のマトリックス B が存在する.”

証明の方法はいろいろあるが，ここでは有限群の表現論を利用することにする．そのために，有限群でよく知られた以下の諸性質を用いよう．

G を有限群とし，元の総数つまり位数を f とする．そのとき，(1) G の互いに同値でない既約表現の数(これを h とする)は G の類(class)の数に等しい．(2) 同値でない既約表現に番号をつけ，第 i 番目の既約表現の次元数を d_i とすると

$$\sum_{i=1}^{h} d_i^2 = f. \tag{6.5.3}$$

われわれは G として次の32個の元からなる群を考察しよう．

$$\left.\begin{array}{lllll} 1, & \gamma_\mu, & \gamma_\mu\gamma_\nu (\mu < \nu), & \gamma_\mu\gamma_5, & \gamma_5, \\ -1, & -\gamma_\mu, & -\gamma_\mu\gamma_\nu (\mu < \nu), & -\gamma_\mu\gamma_5, & -\gamma_5. \end{array}\right\} \tag{6.5.4}$$

ただし1は単位行列，γ_5 は

$$\gamma_5 = \gamma_1\gamma_2\gamma_3\gamma_4 \tag{6.5.5}$$

である．(6.5.4)が群をつくることは(6.5.1)を用いて容易にわかる．この群の類は

$$\left.\begin{array}{l} 1, \ -1, \ (\gamma_\mu, -\gamma_\mu), \ (\gamma_\mu\gamma_\nu, -\gamma_\mu\gamma_\nu), \\ (\gamma_\mu\gamma_5, -\gamma_\mu\gamma_5), \ (\gamma_5, -\gamma_5) \end{array}\right\} \tag{6.5.6}$$

となってその総数は17個，したがって(1)により互いに同値でない既約表現の数は17である．一方，$E=(1, -1)$ はこの群の正規部分群(normal subgroup,

または invariant subgroup)をなすので，これで G を割って商群(quotient group，または factor group)G/E をつくると，これは次の16個の元，E, Γ_μ, $\Gamma_{\mu\nu}(\mu<\nu), \Gamma_{\mu5}, \Gamma_5$ からなる．すなわち

$$\left.\begin{aligned}&E=(1,-1),\ \ \Gamma_\mu=(\gamma_\mu,-\gamma_\mu),\ \ \Gamma_{\mu\nu}=(\gamma_\mu\gamma_\nu,-\gamma_\mu\gamma_\nu)\quad(\mu<\nu),\\&\Gamma_{\mu5}=(\gamma_\mu\gamma_5,-\gamma_\mu\gamma_5),\ \ \Gamma_5=(\gamma_5,-\gamma_5).\end{aligned}\right\}\tag{6.5.7}$$

この群は可換群(Abelian group)であるから，その既約表現は1次元表現である．それゆえ，既約表現では E は1，また

$$\Gamma_1{}^2=\Gamma_2{}^2=\Gamma_3{}^2=\Gamma_4{}^2=E\tag{6.5.8}$$

であるから，各 Γ_μ の表現は1あるいは -1 となる．他の元の表現はこの Γ_μ の積から求まる．4個の Γ_μ が1または -1 をとる場合の数は $2^4=16$，したがってこの商群の同値でない既約表現16個が求まった．一方，商群の既約表現は，もとの群 G の既約表現になっているゆえ，これで G の17個の同値でない既約表現のうち16個がわかったことになる．そこで残りの1個の既約表現の次元数を d とすれば，(6.5.3)により $d^2+16\times1^2=32$，すなわち $d=4$ を得る．ところで，(6.5.1)をみたす既約な γ_μ が与えられれば，それから G の既約表現がつくられるが，G の17個の既約表現のうちすでに求めた16個の1次元表現はいずれも(6.5.1)をみたさない．したがって，残りの4次元表現が(6.5.1)を満足しなければならないことになる．いいかえれば，(6.5.1)をみたす既約な γ_μ は4行4列のマトリックスで(同値なものを除いて)ただ一つに限られる．(証明終り)

この結果，γ_μ の定義として(6.5.1)を用いることができる．以下，われわれは便宜上 γ_μ を4行4列のエルミート・マトリックスに限定しよう．このようにしても一般性は失われない．もちろんこれは，(6.2.42)とユニタリー同値である．

ここで，エルミートな16個のマトリックス $\gamma^A\,(A=1,2,\cdots,16)$ を導入する．すなわち γ^A は

$$1,\ \ \gamma_\mu,\ \ \sigma_{\mu\nu}\,(\mu<\nu),\ \ i\gamma_\mu\gamma_5, \gamma_5\tag{6.5.9}$$

ただし

$$\sigma_{\mu\nu} = \frac{[\gamma_\mu, \gamma_\nu]}{2i}. \tag{6.5.10}$$

(6.5.1)を用いれば

$$\mathrm{Tr}(\gamma^A \gamma^B) = 4\delta_{AB}, \tag{6.5.11}$$

したがって16個のγ^Aは互いに1次独立となる．任意の4行4列のマトリックスMはその16個の要素がきまれば与えられるから，Mはγ^Aを用いて一意的に展開される．

$$M = \sum_{A=1}^{16} c_A \gamma^A. \tag{6.5.12}$$

展開係数c_Aは，(6.5.12)にγ^Bをかけて両辺の対角和をとり，(6.5.11)を用いれば

$$c_A = \frac{1}{4}\mathrm{Tr}(\gamma^A M). \tag{6.5.13}$$

γ_μが(6.5.1)をみたすとき，$-\gamma_\mu{}^{\mathrm{T}}$もまた(6.5.1)をみたす．それゆえ，

$$-\gamma_\mu{}^{\mathrm{T}} = C^{-1}\gamma_\mu C \tag{6.5.14}$$

ならしめるユニタリー・マトリックスCが必ず存在する．(6.5.14)をみたすCはそれにかかる位相因子$e^{i\delta}$だけの不定性をもつ．しかし，後でみられるように，これは波動関数の位相の任意性におしこめることができるので，特に重要な意味はない．Cを**荷電共役**(charge conjugation)**マトリックス**という．さらにCは次のような性質をもつ．(6.5.14)の両辺の転置行列をつくると$-\gamma_\mu = C^{\mathrm{T}}\gamma_\mu{}^{\mathrm{T}}(C^{\mathrm{T}})^{-1}$，この$\gamma^{\mathrm{T}}$に(6.5.14)を代入すれば，$(C^{\mathrm{T}})^{-1}C$は4個の$\gamma_\mu$と可換になり，それゆえこれは定数(シューアの補題による)，すなわち$C^{\mathrm{T}}=aC$となる．さらにこの式の両辺の転置行列をつくり前式に代入すると，aは1か-1のいずれかになるが，実際にはaは-1，つまり

$$C^{\mathrm{T}} = -C \tag{6.5.15}$$

である．なぜならば，かりに$C^{\mathrm{T}}=C$としよう．16個の$\gamma^A C$はもちろん1次独立であるが，このうちγ^Aが$\gamma_\mu, \sigma_{\mu\nu}$であるような10個の$\gamma^A C$は(6.5.14)により反対称マトリックス$(\gamma^A C)^{\mathrm{T}} = -\gamma^A C$となることがわかる．しかし，4行4列の1次独立な反対称マトリックスは6個しかあり得ないからこれは矛盾．ゆえに(6.5.15)が成り立たなければならない．

(6.5.1)を用いると $\sigma_{\mu\nu}$ は交換関係

$$[\sigma_{\mu\nu}, \sigma_{\lambda\rho}] = 2i(\delta_{\mu\lambda}\sigma_{\nu\rho}+\delta_{\mu\rho}\sigma_{\lambda\nu}+\delta_{\nu\rho}\sigma_{\mu\lambda}+\delta_{\nu\lambda}\sigma_{\rho\mu}) \tag{6.5.16}$$

をみたしていることがわかる．これを(2.3.15)と比較すれば $\sigma_{\mu\nu}/2$ は $J_{[\mu\nu]}$ の表現になっており，(2.3.17)によりこの表現における無限小変換 S_ω は

$$S_\omega = 1+\frac{i}{4}\sigma_{\mu\nu}\omega_{[\mu\nu]} \tag{6.5.17}$$

で与えられる．このような無限小変換を積み重ねればローレンツ変換 Λ の表現 $S(\Lambda)$ が得られる．$S(\Lambda)$ に従って変換する4成分の量を**ディラック・スピノル**という．$S(\Lambda)$ が次の関係をみたしていることは，(6.5.17)を用いて容易に確かめられる．

$$S(\Lambda)^\dagger\gamma_4 = \gamma_4 S(\Lambda)^{-1}, \tag{6.5.18}$$

$$C^{-1}S(\Lambda)^{-1} = S(\Lambda)^{\mathrm{T}}C^{-1}, \tag{6.5.19}$$

$$S(\Lambda)^{-1}\gamma_\mu S(\Lambda) = \Lambda_{\mu\nu}\gamma_\nu \tag{6.5.20}$$

最初われわれは γ_μ の具体的な表示として(6.2.42)を導入した．これは**ディラック表示**とよばれ $\sigma_{\mu\nu}$ は

$$\sigma_{ij} = \sum_{k=1}^{3}\varepsilon_{ijk}\sigma_k, \tag{6.5.21}$$

$$\sigma_{j4} = \alpha_j \tag{6.5.22}$$

となる．このとき無限小ローレンツ変換(6.5.17)を $\boldsymbol{\theta}, \boldsymbol{\tau}$ のパラメータを用いてあらわすと

$$1+\frac{i}{2}\boldsymbol{\sigma\theta}-\frac{1}{2}\boldsymbol{\alpha\tau} \tag{6.5.23}$$

となって，ちょうど(6.2.29), (6.2.30)の ψ に作用する変換マトリックスと同じものとなる．またディラック表示では荷電共役マトリックスは，さきに述べた不定な位相因子を除くと

$$C = \begin{pmatrix} \mathbf{0} & \sigma_2 \\ \sigma_2 & \mathbf{0} \end{pmatrix} \tag{6.5.24}$$

で与えられる．ただし上式の $\mathbf{0}$ は縦横二つずつ並んだ計4個の0を意味する．以下このような略記が用いられる．

このほかに，しばしば用いられる γ_μ の表示としては，**$\boldsymbol{\gamma_5}$ が対角化された表示**がある．この表示では

$$\gamma_j=\begin{pmatrix}0 & i\sigma_j\\ -i\sigma_j & 0\end{pmatrix},\qquad \gamma_4=\begin{pmatrix}0 & I\\ I & 0\end{pmatrix}. \tag{6.5.25}$$

ただし I は2行2列の単位マトリックスである．また γ_5 は

$$\gamma_5=\begin{pmatrix}-I & 0\\ 0 & I\end{pmatrix}, \tag{6.5.26}$$

他方ローレンツ変換の生成子は

$$\left.\begin{aligned}\sigma_{ij}&=\sum_{k=1}^{3}\varepsilon_{ijk}\sigma_k,\\ \sigma_{j4}&=\begin{pmatrix}\sigma_j & 0\\ 0 & -\sigma_j\end{pmatrix}\end{aligned}\right\} \tag{6.5.27}$$

となる．この式からわかるように，γ_μ は既約であっても，それからつくられるローレンツ群の表現(6.5.17)は既約ではなく，(2.3.20)と(2.3.21)の直和になっている．したがってこの表示は§2.1に述べたスピノル表現と直結する形をとる．なお荷電共役マトリックスはこのとき

$$C=\begin{pmatrix}i\sigma_2 & 0\\ 0 & -i\sigma_2\end{pmatrix} \tag{6.5.28}$$

とすることができる．

また，**マヨラナ**(Majorana)**表示**というものも用いられることがある．この表示では

$$C=-\gamma_4 \tag{6.5.29}$$

とおく．それゆえ，(6.5.14)，(6.5.15)より $\gamma_i^{\mathrm{T}}=\gamma_i\,(i=1,2,3)$，$\gamma_4^{\mathrm{T}}=-\gamma_4$ あるいは γ_μ のエルミート性から γ_i は実マトリックス，γ_4 は虚マトリックス ($\gamma_4^*=-\gamma_4$) になる．具体的には

$$\left.\begin{aligned}\gamma_1&=\begin{pmatrix}0 & \sigma_1\\ \sigma_1 & 0\end{pmatrix}, & \gamma_2&=\begin{pmatrix}I & 0\\ 0 & -I\end{pmatrix},\\ \gamma_3&=\begin{pmatrix}0 & \sigma_3\\ \sigma_3 & 0\end{pmatrix}, & \gamma_4&=\begin{pmatrix}0 & \sigma_2\\ \sigma_2 & 0\end{pmatrix}\end{aligned}\right\} \tag{6.5.30}$$

がその一例である．

マヨラナ表示ではしたがって，$\sigma_{ij}(i,j=1,2,3)$ は虚マトリックス，$\sigma_{i4}(=-\sigma_{4i})$ は実マトリックスである．それゆえ(6.5.17)は実マトリックスとなり，その結果 $S(\Lambda)$ も実マトリックスとして表わされる．

以下に補足として，しばしば用いられるγマトリックスの若干の性質を記しておこう．

γ の a 行 b 列の要素を γ_{ab} とかく．G の元(6.5.4)に対し有限群でよく知られた直交関係*)を用いれば

$$2\{\delta_{ab}\delta_{cd}+(\gamma_\mu)_{ab}(\gamma_\mu)_{cd}+\sum_{\mu<\nu}(\gamma_\mu\gamma_\nu)_{ab}(\gamma_\nu\gamma_\mu)_{cd}$$
$$+(\gamma_5\gamma_\mu)_{ab}(\gamma_\mu\gamma_5)_{cd}+(\gamma_5)_{ab}(\gamma_5)_{cd}\}=\frac{32}{4}\delta_{ad}\delta_{bc}, \qquad (6.5.31)$$

したがって

$$\sum_{A=1}^{16}(\gamma^A)_{ab}(\gamma^A)_{cd}=4\delta_{ad}\delta_{bc}. \qquad (6.5.32)$$

これを**フィールツ**(Fierz)**の恒等式**という．

さらに γ_μ の積の対角和については，次の関係が存在する．$\mathrm{Tr}(\gamma_{\mu_1}\gamma_{\mu_2}\cdots\gamma_{\mu_n})$ を $F_{\mu_1\mu_2\cdots\mu_n}$ とかく．このとき

$$F_{\mu_1\mu_2\cdots\mu_{2n+1}}=0 \qquad (6.5.33)$$

がなりたつ．なぜならば，$\gamma_5{}^2=1$ および $\mathrm{Tr}(AB)=\mathrm{Tr}(BA)$ により

$$F_{\mu_1\mu_2\cdots\mu_{2n+1}}=\mathrm{Tr}(\gamma_5\gamma_{\mu_1}\gamma_{\mu_2}\cdots\gamma_{\mu_{2n+1}}\gamma_5) \qquad (6.5.34)$$

ここで $\gamma_5\gamma_\mu=-\gamma_\mu\gamma_5$ なる関係をつかって上式 Tr の中の左端の γ_5 を右端に移行させれば $F_{\mu_1\mu_2\cdots\mu_{2n+1}}=-F_{\mu_1\mu_2\cdots\mu_{2n+1}}$，ゆえに(6.5.33)が得られる．(6.5.33)は**ファリー**(Furry)**の定理**とよばれる．

$F_{\mu_1\mu_2\cdots\mu_{2n}}$ を求めるには漸化式による．

$$F_{\mu_1\mu_2\cdots\mu_{2n}}=\mathrm{Tr}(\gamma_{\mu_{2n}}\gamma_{\mu_1}\gamma_{\mu_2}\cdots\gamma_{\mu_{2n-1}}) \qquad (6.5.35)$$

であるから，Tr の中の $\gamma_{\mu_{2n}}$ を(6.5.1)を用いて右端に移行してまとめると

$$F_{\mu_1\mu_2\cdots\mu_{2n}}=\sum_{j=1}^{2n-1}(-1)^{j+1}\delta_{\mu_j\mu_{2n}}F_{\mu_1\mu_2\cdots\mu_{j-1}\mu_{j+1}\cdots\mu_{2n-1}} \qquad (6.5.36)$$

を得る．一方 $F_{\mu_1\mu_2}$ は(6.5.1)より

$$F_{\mu_1\mu_2}=4\delta_{\mu_1\mu_2}. \qquad (6.5.37)$$

また

$$F_{\mu_1\mu_2\cdots\mu_{2n}}{}^{(5)}=\mathrm{Tr}(\gamma_5\gamma_{\mu_1}\gamma_{\mu_2}\cdots\gamma_{\mu_{2n}}) \qquad (6.5.38)$$

---

*) 例えば前掲の彌永・杉浦：応用数学者のための代数学，岩波書店(1960)，180 ページ参照．

を求めるには

$$\gamma_{\mu_1}\gamma_{\mu_2}\gamma_{\mu_3}=\varepsilon_{\mu_1\mu_2\mu_3\nu}\gamma_5\gamma_\nu+\delta_{\mu_1\mu_2}\gamma_{\mu_3}-\delta_{\mu_1\mu_3}\gamma_{\mu_2}+\delta_{\mu_2\mu_3}\gamma_{\mu_1} \qquad (6.5.39)$$

なる恒等式を利用する．この式に左から γ_5，右から $\gamma_{\mu_4}\gamma_{\mu_5}\cdots\gamma_{\mu_{2n}}$ をかけて対角和をとれば

$$\begin{aligned}F_{\mu_1\mu_2\cdots\mu_{2n}}{}^{(5)}&=\varepsilon_{\mu_1\mu_2\mu_3\nu}F_{\nu\mu_4\mu_5\cdots\mu_{2n}}+\delta_{\mu_1\mu_2}F_{\mu_3\mu_4\cdots\mu_{2n}}{}^{(5)}\\&\quad-\delta_{\mu_1\mu_3}F_{\mu_2\mu_4\cdots\mu_{2n}}{}^{(5)}+\delta_{\mu_2\mu_3}F_{\mu_1\mu_4\cdots\mu_{2n}}{}^{(5)}. \qquad (6.5.40)\end{aligned}$$

一方，$F_{\mu_1\mu_2}{}^{(5)}=0$，したがって上式より

$$F_{\mu_1\mu_2\mu_3\mu_4}{}^{(5)}=4\varepsilon_{\mu_1\mu_2\mu_3\mu_4} \qquad (6.5.41)$$

となって，(6.5.36)を併用するならば(6.5.40)は，$F_{\mu_1\mu_2\cdots\mu_{2n}}{}^{(5)}$ に対する漸化式となる．

§6.6 不連続変換

われわれは，連続群としてのポアンカレ群の既約表現を求め，それと同等の(ただし内積の符号は適当にかきかえるとして)記述を与える共変形式について述べてきた．しかし，この形式をみると最初には仮定されていなかった不変性が存在していることがわかる．例えば，§6.4 の $\psi_{\substack{\square\square\square\\\square}}(x)$ を $\psi_{\substack{\square\square\square\\\square}}(\boldsymbol{x},t)$ とかくとき，共変形式(6.4.24),(6.4.28)は，

$$\psi_{\substack{\square\square\square\\\square}}{}'(\boldsymbol{x},t)=e^{i\delta}\prod_{j=1}^{n}(i\gamma_4{}^{(j)})\psi_{\substack{\square\square\square\\\square}}(-\boldsymbol{x},t) \qquad (6.6.1)$$

なる不連続変換のもとで不変である．ただし δ は実数．この変換は**空間反転**(space reflection)とよばれ，いままで述べてきたポアンカレ群には含まれていない．このことはポアンカレ群の既約表現が，空間反転などをふくめたより大きな群の既約表現になっていることを暗示するものである．この節では，このような不連続変換についてのべよう．

a) 空間反転

3個の空間座標軸の向きが逆転した座標系への変換をいう．この変換の演算子を $\mathcal{R}$ とかく．§1.1によれば空間反転で理論が不変なとき $\mathcal{R}$ はユニタリーまたはアンチ・ユニタリーであるが，一応ここではポアンカレ群の規約表現空間で定義されたユニタリー演算子と仮定する．こう考えてよいことは，このような $\mathcal{R}$ が実際つくられることが後に示されるので，それによって保証される．

$T(a)$ を $T(\boldsymbol{a}, a_0)$ とかくと，定義により

$$\mathcal{R}^{-1}T(\boldsymbol{a}, a_0)\mathcal{R} = T(-\boldsymbol{a}, a_0) \tag{6.6.2}$$

また，空間回転の生成子である角運動量 $\boldsymbol{J}$, (5.1.21)は軸性ベクトルであるので，$\mathcal{R}$ は

$$\mathcal{R}^{-1}\boldsymbol{J}\mathcal{R} = \boldsymbol{J} \tag{6.6.3}$$

をみたす必要がある．他方 τ-変換の生成子 $\boldsymbol{K}$, (5.1.22)は空間反転で座標軸の向きが逆になることから

$$\mathcal{R}^{-1}\boldsymbol{K}\mathcal{R} = -\boldsymbol{K} \tag{6.6.4}$$

でなければならない．このように $\boldsymbol{K}$ の符号が変わっても交換関係(2.3.13)はみたされている．(6.6.2), (6.6.3), (6.6.4)は $\mathcal{R}$ を特徴づける関係式である．$\mathcal{R}$ を求めるために

$$\mathcal{R} = \mathfrak{q}\mathfrak{p} \tag{6.6.5}$$

とおく．ただし $\mathfrak{p}$ は

$$\mathfrak{p}\phi_{\xi}{}^{(\pm)}(\boldsymbol{k}) = \phi_{\xi}{}^{(\pm)}(-\boldsymbol{k}) \tag{6.6.6}$$

で定義されるユニタリー演算子である．$\boldsymbol{J}$ および $\boldsymbol{K}$ の具体的な式(5.1.21), (5.1.22)と(6.6.3), (6.6.4), (6.6.6)から容易にわかるように $\mathfrak{q}$ は，$T(\boldsymbol{a}, a_0)$, $\boldsymbol{J}$, $\boldsymbol{K}$ と可換，一方仮定により $\mathcal{R}$ はポアンカレ群の既約表現空間におけるユニタリー演算子であり，また $\mathfrak{p}$ も(6.6.6)によりそうであるから，このことはシューアの補題により $\mathfrak{q}$ が単なる数であることを意味する．従って

$$\phi_{\xi}{}^{(\pm)\prime}(\boldsymbol{k}) = \mathcal{R}\phi_{\xi}{}^{(\pm)}(\boldsymbol{k}) = e^{i(\delta\pm c)}\phi_{\xi}{}^{(\pm)}(-\boldsymbol{k}) \tag{6.6.7}$$

とかくことができる．δ, c はこの限りでは，勝手な実数であるが，共変形式を考慮すれば若干の制限がつく．

簡単のために，スピン 1/2 のディラック粒子を考えよう．他のスピンの場合は，それの単なる拡張となることはこれまでの議論と同様である．(6.2.2)の $\varphi(\boldsymbol{k})$ を用いれば，(6.6.7)は

$$\varphi'(\boldsymbol{k}) = e^{i\delta}e^{i\beta c}\varphi(-\boldsymbol{k}) \tag{6.6.8}$$

となるから，(6.2.39)により $\psi(\boldsymbol{k})$ に移ればこれに対する空間反転は

$$\psi'(\boldsymbol{k}) = e^{i\delta}U_{\mathrm{F}}(\boldsymbol{k})e^{i\beta c}U_{\mathrm{F}}(-\boldsymbol{k})^{-1}\psi(-\boldsymbol{k})$$
$$= e^{i\delta}\beta\left(\frac{\beta m - \boldsymbol{\alpha}\boldsymbol{k}}{\omega_{\boldsymbol{k}}}\cos c + i\sin c\right)\psi(-\boldsymbol{k})$$

$$= e^{i\delta}\beta\left(\frac{k_0}{\omega_{\boldsymbol{k}}}\cos c + i\sin c\right)\psi(-\boldsymbol{k}) \tag{6.6.9}$$

で与えられる．ここで変換係数が $\boldsymbol{k}$ に依存しないという共変性の条件を課すれば $c=\pi/2$，したがって(6.6.9)の右辺は $ie^{i\delta}\beta\psi(-\boldsymbol{k})$ となる．ここでは γ_μ に対してはディラック表示を用いているが，一般の表示では β の代りに γ_4 を用いればよい．(6.2.33)によりこれを x-表示に移すと

$$\psi'(\boldsymbol{x}, t) = ie^{i\delta}\gamma_4\psi(-\boldsymbol{x}, t) \tag{6.6.10}$$

が得られる．この結果を一般のスピンの場合に拡張すれば(6.6.1)が導かれることは明らかであろう．このようにして，空間反転はポアンカレ群の既約表現空間におけるユニタリー演算子として導入された．

b) 時間反転(time reversal)

時間軸の向きを逆転させると，$T(\boldsymbol{a}, a_0)$ は

$$T(\boldsymbol{a}, a_0) \to T(\boldsymbol{a}, -a_0) \tag{6.6.11}$$

なる変換を受け，その結果正，負の振動の状態の入れかえが生ずる．いいかえれば，正，負の振動の状態を変えることなしに時間反転を行うことはユニタリー変換によっては不可能である．その意味でこの変換により理論が不変であるためには，アンチ・ユニタリー変換を利用しなければならない．(1.1.11)からわかるように，これは波動関数に対してその複素共役をとればよく，一般には

$$\phi_\xi^{(\pm)}(\boldsymbol{k}) \to [u^{(\pm)}\phi^{(\pm)*}(\boldsymbol{k})]_\xi \tag{6.6.12}$$

であらわされる．いうまでもなく，右辺の $\phi^{(\pm)}(\boldsymbol{k})$ は関数形としては(5.1.2)の左辺と同じであっても，平行移動の変換のもとでは $T(\boldsymbol{a}, -a_0)\phi_\xi^{(\pm)}(\boldsymbol{k})$ なる変換を受ける量である．(6.6.12)で $u^{(\pm)}$ は内積を不変にするようなユニタリー演算子であるが，今の場合スピン添字 ξ だけに作用し $\boldsymbol{k}$ を含まぬものと考えよう．変換(6.6.11)により正負の振動の入れかわった状態 $T(\boldsymbol{a}, -a_0)\phi_\xi^{(\pm)}(\boldsymbol{k})$ に，(6.6.12)の変換をほどこすと

$$\begin{aligned} T(\boldsymbol{a}, -a_0)\phi_\xi^{(\pm)}(\boldsymbol{k}) &\to \sum_{\xi'} u_{\xi\xi'}{}^{(\pm)}[T(\boldsymbol{a}, -a_0)\phi_{\xi'}{}^{(\pm)}(\boldsymbol{k})]^* \\ &= e^{-i\boldsymbol{k}\boldsymbol{a}\mp i\omega_k a_0}\sum_{\xi'} u_{\xi\xi'}{}^{(\pm)}\phi_{\xi'}{}^{(\pm)*}(\boldsymbol{k}). \end{aligned} \tag{6.6.13}$$

この式から，時間反転を受けた状態 $\sum_{\xi'} u_{\xi\xi'}{}^{(\pm)}\phi_{\xi'}{}^{(\pm)*}(\boldsymbol{k})$ の運動量は逆向きにかわることがわかる．これは古典力学における時間反転の描像とも一致する．そ

れゆえ時間反転を受けた世界での波動関数を運動表示で $\phi_\xi^{(\pm)''}(\boldsymbol{k})$ とかけば

$$\phi_\xi^{(\pm)''}(\boldsymbol{k}) = \sum_{\xi'} u_{\xi\xi'}^{(\pm)} \phi_{\xi'}^{(\pm)*}(-\boldsymbol{k}). \tag{6.6.14}$$

ここで，$u^{(\pm)}$ をきめるために $\phi_\xi^{(\pm)''}(\boldsymbol{k})$ のローレンツ変換を考えよう．まず，(5.1.16)で $\boldsymbol{k}$ を $-\boldsymbol{k}$ とし，両辺の複素共役をとって $u^{(\pm)}$ をかければ，θ-変換で

$$[\phi_\xi^{(\pm)'}(\boldsymbol{k})]'' = \sum_{\xi'} \left\{1+i\left(\frac{1}{i}\boldsymbol{k}\times\frac{\partial}{\partial \boldsymbol{k}} - u^{(\pm)}\boldsymbol{S}^* u^{(\pm)-1}\right)\right\}_{\xi\xi'} \phi_{\xi'}^{(\pm)''}(\boldsymbol{k}) \tag{6.6.15}$$

を得る．時間反転で理論が不変であれば上式左辺で $[\phi_\xi^{(\pm)'}(\boldsymbol{k})]'' = [\phi_\xi^{(\pm)''}(\boldsymbol{k})]'$ としたものが，(5.1.16)で $\phi_\xi(\boldsymbol{k})$ を $\phi_\xi''(\boldsymbol{k})$ におきかえた式に一致する必要がある．そのためには

$$u^{(\pm)}\boldsymbol{S}^* u^{(\pm)-1} = -\boldsymbol{S} \tag{6.6.16}$$

であればよい．ところで $\boldsymbol{S}$ として(4.1.5), (4.1.7)で与えられるマトリックスを採用すると，S_2 のみが虚マトリックスであるから

$$S_1^* = S_1, \quad S_2^* = -S_2, \quad S_3^* = S_3 \tag{6.6.17}$$

したがって，$u^{(\pm)}$ は第2軸のまわりの 180° 回転の演算子となる．もちろん，この場合も位相因子の任意性は残るから，一般に

$$u^{(\pm)} = e^{i(\delta'\pm c')} e^{i\pi S_2} \tag{6.6.18}$$

とかける．この $u^{(\pm)}$ を τ-変換に用いると，(5.1.22), (5.1.24)により

$$[\phi_\xi^{(\pm)'}(\boldsymbol{k})]'' = \sum_{\xi'} (1+i\boldsymbol{K\tau})_{\xi\xi'} \phi_{\xi'}^{(\pm)''}(\boldsymbol{k}) \tag{6.6.19}$$

となる．この式は，(5.1.24)と比べて $\boldsymbol{K}$ の符号が逆転しているが，空間反転のときにも述べたように，理論のローレンツ不変性とは矛盾しない．したがってこの場合も $[\phi_\xi^{(\pm)'}(\boldsymbol{k})]'' = [\phi_\xi^{(\pm)''}(\boldsymbol{k})]'$ とすることができる．

共変形式との関連をみるために再びスピン 1/2 の場合を考える．このときは S_2 を $\sigma_2/2$ とおけばよいから(6.2.2)の $\varphi(\boldsymbol{k})$ は，(6.6.18)により

$$\varphi''(\boldsymbol{k}) = ie^{i\delta'} e^{ic'\beta} \sigma_2 \varphi^*(-\boldsymbol{k}) \tag{6.6.20}$$

なる変換を受ける．したがって

$$\begin{aligned} \psi''(\boldsymbol{k}) &= ie^{i\delta'} U_{\mathrm{F}}(\boldsymbol{k}) e^{ic'\beta} \sigma_2 U_{\mathrm{F}}^*(-\boldsymbol{k})^{-1} \psi(-\boldsymbol{k}) \\ &= ie^{i\delta'} \{\cos c' + iU_{\mathrm{F}}^2(\boldsymbol{k})\beta \sin c'\} \sigma_2 \psi^*(-\boldsymbol{k}). \end{aligned} \tag{6.6.21}$$

ここで共変性の要求から $c'=0$ とおき，x-表示に移ると

$$\psi''(\boldsymbol{x},t)=\frac{i}{(2\pi)^{3/2}}e^{i\delta'}\int\frac{d\boldsymbol{k}}{\omega_{\boldsymbol{k}}}e^{i(\boldsymbol{kx}-k_0t)}\sigma_2\psi^*(-\boldsymbol{k})$$

$$=ie^{i\delta'}\sigma_2\psi^*(\boldsymbol{x},-t) \tag{6.6.22}$$

が導かれる．

ここでは γ の表示としてディラック表示が用いられているが，一般の γ の表示に移行するためには若干の工夫を要する．これは $\psi^*(x)$ がディラック方程式をみたさないことによる．そこで，一般の γ の表示で $\psi^*(x)$ ではなく $\bar{\psi}(x)=\psi^*(x)\gamma_4$ のみたす式をまず求めると(6.2.41)より

$$(\gamma_\mu{}^{\mathrm{T}}\partial_\mu-m)\bar{\psi}(x)=0, \tag{6.6.23}$$

それゆえ

$$\psi^C(x)=C\bar{\psi}(x) \tag{6.6.24}$$

は，(6.5.14)を用いるとき

$$(\gamma_\mu\partial_\mu+m)\psi^C(x)=0 \tag{6.6.25}$$

となりディラック方程式を満足する．$\psi(x)$ を $\psi^C(x)$ に変える変換は**荷電共役変換**とよばれる．ここで，(6.6.22)の ψ^* を(6.2.4), (6.5.24)を用いてディラック表示での ψ^C にかきかえ，さらにこれにかかる4行4列のマトリックスを(6.2.42)により γ マトリックスであらわすと

$$\psi''(\boldsymbol{x},t)=ie^{i\delta'}\gamma_5\gamma_4\psi^C(\boldsymbol{x},-t) \tag{6.6.26}$$

を得る．これは，ディラック表示で得られた式であるが，ψ^C がディラック方程式を満足するので，一般の γ の表示でなりたつ関係である．

一般のスピンの場合には，(6.4.24)の各 $\gamma_\mu{}^{(i)}$ に対応して $-\gamma_\mu{}^{(i)\mathrm{T}}=C^{(i)-1}\times\gamma_\mu{}^{(i)}C^{(i)}$ なる $C^{(i)}$ を導入し

$$\psi^C{}_{\boxed{\;\;\;}}(x)=\prod_{i=1}^{n}C^{(i)}\bar{\psi}_{\boxed{\;\;\;}}(x) \tag{6.6.27}$$

とすれば，時間反転は

$$\psi''{}_{\boxed{\;\;\;}}(\boldsymbol{x},t)=e^{i\delta'}\prod_{j=1}^{n}(i\gamma_5{}^{(j)}\gamma_4{}^{(j)})\psi^C{}_{\boxed{\;\;\;}}(\boldsymbol{x},-t) \tag{6.6.28}$$

となることは明らかであろう．また時間反転で共変内積が

$$\langle\!\langle 1|2\rangle\!\rangle\to\langle\!\langle 1''|2''\rangle\!\rangle=\langle\!\langle 2|1\rangle\!\rangle \tag{6.6.29}$$

なる変換を受けることはいうまでもない．

c）　荷電共役変換

任意スピン粒子の荷電共役変換は(6.6.27)によって定義される．このとき，(6.5.14), (6.5.15)により

$$(\psi_{\boxed{\;\;}}{}^{C}(x))^{C} = \prod_{i=1}^{n} C^{(i)}\overline{\psi_{\boxed{\;\;}}{}^{C}}(x) = \psi_{\boxed{\;\;}}(x). \tag{6.6.30}$$

$\psi_{\boxed{\;\;}}(x)$ と $\psi_{\boxed{\;\;}}{}^{C}(x)$ は同一の方程式(6.4.24)を満足し，しかもこの変換の過程で複素共役をとるという操作が入るので，荷電共役変換は運動量 $\boldsymbol{k}$ の向きを逆転させ，同時に正振動の解を負振動の解へまたその逆の移行を与える変換とみなすことができる．この意味で，荷電共役変換をポアンカレ群の一つの既約表現空間内において定義することはできない．しかし，この変換のもとで，正，負の振動に対し理論が対称的であることは，例えば前節で与えた $S(\Lambda)$ を用いるとき $\psi_{\boxed{\;\;}}(x)$ のローレンツ変換が

$$\psi_{\boxed{\;\;}}{}'(x) = \prod_{j=1}^{n} S^{(j)}(\Lambda)\psi_{\boxed{\;\;}}(\Lambda^{-1}x) \tag{6.6.31}$$

となり，一方(6.5.18)，および(6.5.19)の転置行列の式から，

$$\psi_{\boxed{\;\;}}{}'^{C}(x) = \prod_{j=1}^{n} S^{(j)}(\Lambda)\psi_{\boxed{\;\;}}{}^{C}(\Lambda^{-1}x), \tag{6.6.32}$$

したがって $\psi_{\boxed{\;\;}}{}'^{C}(x)=\psi_{\boxed{\;\;}}{}^{C'}(x)$ とおけば，$\psi_{\boxed{\;\;}}{}^{C}(x)$ が(6.6.31)と同じ形の変換を受けることにもみられる．

空間反転，時間反転のもとでは，(6.6.1), (6.6.28)より

$$\psi_{\boxed{\;\;}}{}'^{C}(\boldsymbol{x},t) = e^{-i\delta}\prod_{j=1}^{n}(i\gamma_4{}^{(j)})\psi_{\boxed{\;\;}}{}^{C}(-\boldsymbol{x},t) \qquad (\text{空間反転}), \tag{6.6.33}$$

$$\psi_{\boxed{\;\;}}{}''^{C}(\boldsymbol{x},t) = e^{-i\delta'}\prod_{j=1}^{n}(i\gamma_5{}^{(j)}\gamma_4{}^{(j)})(\psi_{\boxed{\;\;}}{}^{C}(\boldsymbol{x},-t))^{C} \qquad (\text{時間反転}). \tag{6.6.34}$$

それゆえ $e^{-i\delta}, e^{-i\delta'}$ が実数のときに $\psi_{\boxed{\;\;}}{}'^{C}=\psi_{\boxed{\;\;}}{}^{C'}$，$\psi_{\boxed{\;\;}}{}''^{C}=\psi_{\boxed{\;\;}}{}^{C''}$ とすることができる．

また，共変内積は荷電共役変換により

$$\langle\!\langle 1|2\rangle\!\rangle \to \langle\!\langle 1^{C}|2^{C}\rangle\!\rangle = (-1)^{n-1}\langle\!\langle 2|1\rangle\!\rangle \tag{6.6.35}$$

となり，スピンが半整数か整数によって前にあらわれる符号に差が生ずる．こ

れは第8章に述べる粒子の統計性と関連をもつものである．

なお，マヨラナ表示を用いると，荷電共役変換は

$$\psi_{\square}{}^{C}(x)=\psi_{\square}{}^{*}(x) \tag{6.6.36}$$

という簡単な形であらわすことができる．

§6.7　その他の共変形式

以上，有限質量の粒子に対するポアンカレ群の既約表現とその共変的な記述との関連を論じてきたが，補足的な意味で異なった形の共変形式について少し述べておくことにする．ただこれらは，これまでに求めたものの形式的なかきかえに過ぎず，基本的には何ら異なるものではないが，場合によってはこの形式の方が便利なこともある．

a）スピン1の粒子

バーグマン・ウィグナーの振幅 $\psi_{(ab)}(x)$ を4行4列の対称行列 $\psi(x)$ の第 a 行第 b 列の要素とみなそう．そのとき，方程式(6.3.25)は

$$\left.\begin{aligned}(\gamma_\mu\partial_\mu+m)\psi(x)&=0,\\ \psi(x)(\gamma_\mu{}^{\mathrm{T}}\overleftarrow{\partial}_\mu+m)&=0\end{aligned}\right\} \tag{6.7.1}$$

とかくことができる．ここで $\psi(x)\overleftarrow{\partial}_\mu$ は $\partial_\mu\psi(x)$ を意味する．また行列 $\psi(x)$ が対称行列であることにより，第1式から第2式が導かれることは容易にわかる．それゆえ前者のみを考察すればよい．ところで $\psi(x)$ は1次独立な10個の対称行列 $\gamma_\mu C, \sigma_{\mu\nu}C$ を用いて一意的に展開されるので，$\psi(x)C^{-1}=\chi(x)$ とすれば

$$\chi(x)=V_\mu(x)\gamma_\mu-\frac{i}{2}T_{[\mu\nu]}(x)\sigma_{\mu\nu}. \tag{6.7.2}$$

一方，$\psi(x)$ はローレンツ変換によって $S(\Lambda)\psi(\Lambda^{-1}x)S(\Lambda)^{\mathrm{T}}$ に変換されるから(6.5.19)を用いれば $\chi(x)$ の変換は

$$\begin{aligned}\chi'(x)&=S(\Lambda)\chi(\Lambda^{-1}x)S(\Lambda)^{-1}\\ &=V_\mu(\Lambda^{-1}x)S(\Lambda)\gamma_\mu S(\Lambda)^{-1}-\frac{i}{2}T_{[\mu\nu]}(\Lambda^{-1}x)S(\Lambda)\sigma_{\mu\nu}S(\Lambda)^{-1}\\ &=\Lambda_{\nu\mu}V_\mu(\Lambda^{-1}x)\gamma_\nu-\frac{i}{2}\Lambda_{\rho\mu}\Lambda_{\sigma\nu}T_{[\mu\nu]}(\Lambda^{-1}x)\sigma_{\rho\sigma}\end{aligned} \tag{6.7.3}$$

となる．ただし右辺を導く際には(6.5.20)をつかった．その結果，$V_\mu(x)$ はベ

クトル，$T_{[\mu\nu]}(x)$ は反対称テンソルとして変換する．これらの量をつかって運動方程式をかこう．そのため，(6.7.2)を(6.7.1)の第1式に代入し，

$$\gamma_\mu\gamma_\nu = \delta_{\mu\nu}+i\sigma_{\mu\nu}, \tag{6.7.4}$$

および(6.5.39)より与えられる

$$i\gamma_\mu\sigma_{\lambda\rho} = \varepsilon_{\mu\lambda\rho\sigma}\gamma_5\gamma_\sigma+\delta_{\mu\lambda}\gamma_\rho-\delta_{\mu\rho}\gamma_\lambda \tag{6.7.5}$$

なる関係を利用して整理すると

$$\begin{aligned}\partial_\mu V_\mu(x)-&\{\partial_\mu T_{[\mu\nu]}(x)-mV_\nu(x)\}\gamma_\nu\\&+\frac{i}{2}\{\partial_\mu V_\nu(x)-\partial_\nu V_\mu(x)-mT_{[\mu\nu]}(x)\}\sigma_{\mu\nu}\\&-\frac{i}{2}\varepsilon_{\mu\nu\lambda\rho}\partial_\mu T_{[\nu\lambda]}(x)\gamma_5\gamma_\rho = 0.\end{aligned} \tag{6.7.6}$$

これから直ちにわれわれは

$$mT_{[\mu\nu]}(x) = \partial_\mu V_\nu(x)-\partial_\nu V_\mu(x), \tag{6.7.7}$$

$$mV_\nu(x) = \partial_\mu T_{[\mu\nu]}(x), \tag{6.7.8}$$

$$\partial_\mu V_\mu(x) = 0, \tag{6.7.9}$$

$$\varepsilon_{\mu\nu\lambda\rho}\partial_\nu T_{[\mu\lambda]}(x) = 0 \tag{6.7.10}$$

を得る．これらがバーグマン・ウィグナーの方程式(6.7.1)と同等のものであることはいうまでもない．ただこれら4個の式は必ずしも独立ではなく，例えば(6.7.9)，(6.7.10)はそれぞれ(6.7.8)，(6.7.7)から導かれる．(6.7.7)と(6.7.8)を一組にしたものは**プロカ**(Proca)**の方程式**とよばれ，スピン1の粒子を記述する共変形式の一つである．

あるいは，(6.7.7)を用いて残りの式から $T_{[\mu\nu]}(x)$ を消去すると，(6.7.7)～(6.7.10)と同等の式として

$$(\partial_\mu{}^2-m^2)V_\mu(x) = 0, \tag{6.7.11}$$

$$\partial_\mu V_\mu(x) = 0 \tag{6.7.12}$$

が得られる．この形式は，バーグマン・ウィグナー振幅 $\psi_{(ab)}(x)$ が10成分，プロカの方程式における $V_\mu(x)$, $T_{[\mu\nu]}(x)$ が同じく10成分であるのに対し，4成分の $V_\mu(x)$ を用いて記述できる利点があるので，しばしば用いられる．

次に，共変内積を $V_\mu(x)$, $T_{[\mu\nu]}(x)$ を用いてあらわそう．$\psi(x)=\chi(x)C$ の転置行列をつくると $\psi(x)$ が対称行列であることから $\psi(x)=C^{\mathrm{T}}\chi^{\mathrm{T}}(x)$，したがっ

て $\psi^*(x) = C^{-1}\chi^\dagger(x)$ とかくことができる. $\chi^\dagger(x)$ は $\chi(x)$ のエルミート共役マトリックスである. その結果 $\bar{\psi}(x) = \gamma_4^T \psi^*(x) \gamma_4$ より

$$\bar{\psi}(x) = -C^{-1}\gamma_4 \chi^\dagger(x) \gamma_4, \qquad (6.7.13)$$

ゆえに(6.3.39)から

$$\begin{aligned}
《1|2》 &= \frac{1}{2|N|^2 m} \int d\boldsymbol{x} \Big(\sum_{a_1, a_1', a_2} \bar{\psi}_{(a_1 a_2)}(x)_1 (\gamma_4)_{a_1 a_1'} \psi_{(a_1' a_2)}(x)_2 \\
&\quad + \sum_{a_1, a_2, a_2'} \bar{\psi}_{(a_1 a_2)}(x)_1 (\gamma_4)_{a_2 a_2'} \psi_{(a_1 a_2')}(x)_2 \Big) \\
&= \frac{1}{|N|^2 m} \int d\boldsymbol{x} \, \text{Tr}(\bar{\psi}(x)_1 \gamma_4 \psi(x)_2) \\
&= \frac{-1}{|N|^2 m} \int d\boldsymbol{x} \, \text{Tr}(\gamma_4 \chi^\dagger(x)_1 \chi(x)_2). \qquad (6.7.14)
\end{aligned}$$

$\chi(x)_h$ ($h=1,2$) に対応して,(6.7.2)により $V_\mu(x)_h, T_{[\mu\nu]}(x)_h$ を導入し, (6.7.14)の右辺を, §6.5に述べた対角和の計算法を用いて求めると, $T_{[4\mu]}(x)_h = iT_{[0\mu]}(x)_h$ として

$$\begin{aligned}
《1|2》 &= \frac{4i}{|N|^2 m} \sum_{j=1}^3 \int d\boldsymbol{x} (T_{[0j]}{}^*(x)_1 V_j(x)_2 - V_j^*(x)_1 T_{[0j]}(x)_2) \\
&= \frac{4}{|N|^2 m^2 i} \int d\boldsymbol{x} \left\{ \left(\frac{\partial \boldsymbol{V}^*(x)_1}{\partial t} + \boldsymbol{\nabla} V_0^*(x)_1 \right) \boldsymbol{V}(x)_2 \right. \\
&\quad \left. - \boldsymbol{V}^*(x)_1 \left(\frac{\partial \boldsymbol{V}(x)_2}{\partial t} + \boldsymbol{\nabla} V_0(x)_2 \right) \right\} \\
&= \frac{4}{|N|^2 m^2 i} \int d\boldsymbol{x} \left\{ \left(\frac{\partial \boldsymbol{V}^*(x)_1}{\partial t} \boldsymbol{V}(x)_2 - \frac{\partial V_0^*(x)_1}{\partial t} V_0(x)_2 \right) \right. \\
&\quad \left. - \left(\boldsymbol{V}^*(x)_1 \frac{\partial \boldsymbol{V}(x)_2}{\partial t} - V_0^*(x)_1 \frac{\partial V_0(x)_2}{\partial t} \right) \right\} \qquad (6.7.15)
\end{aligned}$$

を得る. 最後の式は部分積分および(6.7.12)を用いて導かれた. 上式では通常 $|N|^2 = 8/m^2$ とおくことが多い.

b) スピン3/2の粒子

もう一つの例としてスピン3/2の粒子のバーグマン・ウィグナー振幅を同様の方法でかきかえてみよう. 3個の添字が対称な $\psi_{(abc)}(x)$ は20成分からなる. スピン1のときと同じように展開すると添字 a, b, c の対称性から

$$\sum_{b'}\psi_{(ab'c)}(x)(C^{-1})_{b'b} = (\gamma_\mu)_{ab}\psi_{\mu,c}(x) - \frac{i}{2}(\sigma_{\mu\nu})_{ab}\psi_{[\mu\nu],c}(x)$$

$$= (\gamma_\mu)_{cb}\psi_{\mu,a}(x) - \frac{i}{2}(\sigma_{\mu\nu})_{cb}\psi_{[\mu\nu],a}(x) \qquad (6.7.16)$$

が与えられる．ここで $\psi_{\mu,a}(x)$, $\psi_{[\mu\nu],a}(x)$ はローレンツ変換のもとでそれぞれベクトル，反対称テンソルと，ディラック・スピノルの直積としての変換性をもつ．しかし，これらの量は上の式にみられるように1次独立ではない．まずその関係を求めよう．(6.7.16)に $(\gamma^A)_{bc}$ をかけて b, c について和をとると

$$\gamma_\mu\gamma^A\psi_\mu(x) - \frac{i}{2}\sigma_{\mu\nu}\gamma^A\psi_{[\mu\nu]}(x)$$

$$= \mathrm{Tr}(\gamma_\mu\gamma^A)\psi_\mu(x) - \frac{i}{2}\mathrm{Tr}(\sigma_{\mu\nu}\gamma^A)\psi_{[\mu\nu]}(x). \qquad (6.7.17)$$

ここでは，ディラック・スピノルの添字をあらわにかくのは省略した．これに(6.5.9)の γ^A を代入し(6.5.11)を用いれば次の関係式が与えられる．

$$\gamma_\mu\psi_\mu - \frac{i}{2}\sigma_{\mu\nu}\psi_{[\mu\nu]}(x) = 0, \qquad (6.7.18)$$

$$\gamma_\mu\gamma_\lambda\psi_\mu(x) - \frac{i}{2}\sigma_{\mu\nu}\gamma_\lambda\psi_{[\mu\nu]}(x) = 4\psi_\lambda(x), \qquad (6.7.19)$$

$$\gamma_\mu\sigma_{\lambda\rho}\psi_\mu(x) - \frac{i}{2}\sigma_{\mu\nu}\sigma_{\lambda\rho}\psi_{[\mu\nu]}(x) = -4i\psi_{[\lambda\rho]}(x), \qquad (6.7.20)$$

$$\gamma_\mu\gamma_\lambda\gamma_5\psi_\mu(x) - \frac{i}{2}\sigma_{\mu\nu}\gamma_\lambda\gamma_5\psi_{[\mu\nu]}(x) = 0, \qquad (6.7.21)$$

$$\gamma_\mu\gamma_5\psi_\mu(x) - \frac{i}{2}\sigma_{\mu\nu}\gamma_5\psi_{[\mu\nu]}(x) = 0. \qquad (6.7.22)$$

ここで(6.7.22)に γ_5 をかけこれを(6.7.18)とくらべると

$$\gamma_\mu\psi_\mu(x) = 0, \qquad (6.7.23)$$

$$\sigma_{\mu\nu}\psi_{[\mu\nu]}(x) = 0 \qquad (6.7.24)$$

が得られる．また(6.7.21)に γ_5 をかけたものは

$$\{\gamma_\mu, \gamma_\lambda\}\psi_\mu(x) - \gamma_\lambda\gamma_\mu\psi_\mu(x) + \frac{i}{2}[\sigma_{\mu\nu}, \gamma_\lambda]\psi_{[\mu\nu]}(x)$$

$$+ \frac{i}{2}\gamma_\lambda\sigma_{\mu\nu}\psi_{[\mu\nu]}(x) = 2\psi_\lambda(x) + 2\gamma_\mu\psi_{[\mu\lambda]}(x) = 0. \qquad (6.7.25)$$

ここで(6.7.23),(6.7.24)を用いた．したがって

$$\psi_\nu(x) = -\gamma_\mu \psi_{[\mu\nu]}(x) \tag{6.7.26}$$

となる．同じような議論は(6.7.19),(6.7.20)に対しても行うことができる．しかしこれ以外の新しい関係はそこからはでてこない．ところで(6.7.24)は，(6.7.23)と(6.7.26)から得られるから，(6.7.23),(6.7.26)を $\psi_\mu(x)$ および $\psi_{[\mu\nu]}(x)$ に対する条件式とみなすことができる．$\psi_\mu(x), \psi_{[\mu\nu]}(x)$ は全部で40成分，一方，条件式の数は20個であるから，独立な成分としては20成分が残る．これはちょうど $\psi_{(abc)}(x)$ の成分数に等しい．いいかえれば(6.7.23),(6.7.26)は $\psi_{(abc)}(x)$ の添字が完全に対称という条件と同等である．

$\psi_\mu(x), \psi_{[\mu\nu]}(x)$ に対する運動方程式は，バーグマン・ウィグナーの方程式より

$$\sum_{b'c'} (\gamma_\mu \partial_\mu + m)_{cc'} \psi_{(ab'c')} (C^{-1})_{b'b} = (\gamma_\mu)_{ab} \{(\gamma_\lambda \partial_\lambda + m)\psi_\mu(x)\}_c$$

$$-\frac{i}{2}(\sigma_{\mu\nu})_{ab} \{(\gamma_\lambda \partial_\lambda + m)\psi_{[\mu\nu]}(x)\}_c = 0, \tag{6.7.27}$$

したがって

$$(\gamma_\lambda \partial_\lambda + m)\psi_\mu(x) = 0, \tag{6.7.28}$$

$$(\gamma_\lambda \partial_\lambda + m)\psi_{[\mu\nu]}(x) = 0 \tag{6.7.29}$$

を得る．(6.7.28)に γ_μ をかけて(6.7.23)を用いれば

$$\partial_\mu \psi_\mu(x) = 0. \tag{6.7.30}$$

また，(6.7.29)に γ_μ をかけると(6.7.26),(6.7.28)により

$$m\psi_\mu(x) = \partial_\lambda \psi_{[\lambda\mu]}(x) \tag{6.7.31}$$

が得られる．

つぎに，バーグマン・ウィグナー方程式におけるもう一つの式

$$\sum_{a',b'} (\gamma_\lambda \partial_\lambda + m)_{aa'} \psi_{(a'b'c)}(x) (C^{-1})_{b'b} = \{(\gamma_\lambda \partial_\lambda + m)\gamma_\mu\}_{ab} \psi_{\mu,c}(x)$$

$$-\frac{i}{2}\{(\gamma_\lambda \partial_\lambda + m)\sigma_{\mu\nu}\}_{ab} \psi_{[\mu\nu],c}(x) = 0 \tag{6.7.32}$$ *)

に $(\gamma^A)_{ba}$ をかけ a, b について和をとると，$\gamma^A = \sigma_{\rho\sigma}$ のとき

---

*) (6.7.23),(6.7.26)は $\psi_{(abc)}$ の添字が完全対称であることと同等であるから，(6.7.23),(6.7.26),(6.7.28)からもまた(6.7.32)は導かれるはずである．実際，(6.7.23),(6.7.26)より議論の逆をたどり，(6.7.18)～(6.7.22)を経て(6.7.17)が導かれ，これの両辺に $[(\gamma_\mu \partial_\mu + m)\gamma^A]_{ab}$ をかけ A についての和をとって(6.5.31)を用いれば，(6.7.32)が得られる．

$$m\psi_{[\mu\nu]}(x) = \partial_\mu\psi_\nu(x) - \partial_\nu\psi_\mu(x) \tag{6.7.33}$$

を得る(その他の γ^A に対しては新しい式はでない). しかしながら, $\psi_\mu(x)$, $\psi_{[\mu\nu]}(x)$ に関しこれまでに得られた式は, すべて(6.7.23)と(6.7.28)から導かれることが容易にわかる. この際(6.7.33)は $\psi_\mu(x)$ を用いての $\psi_{[\mu\nu]}(x)$ の定義だと思えばよい. すなわちスピン3/2の有限質量の粒子の方程式として

$$\left.\begin{aligned}&(\gamma_\lambda\partial_\lambda+m)\psi_\mu(x) = 0,\\ &\gamma_\mu\psi_\mu(x) = 0\end{aligned}\right\} \tag{6.7.34}$$

を用いることができる. この式は**スピン3/2のラリタ・シュウィンガー**(Rarita-Schwinger)**の方程式**とよばれる.

共変内積は(6.3.39)および(6.7.16)を用いると次式で与えられることが示される.

$$\begin{aligned}\langle\!\langle 1|2\rangle\!\rangle &= \frac{4i}{|N|^2 m}\sum_{j=1}^{3}\int d\boldsymbol{x}(\psi_{[0j]}{}^*(x)_1\gamma_4\psi_j(x)_2 - \psi_j{}^*(x)_1\gamma_4\psi_{[0,j]}(x)_2)\\ &= \frac{8}{|N|^2 m^2}\int d\boldsymbol{x}\left(\sum_{j=1}^{3}\psi_j{}^*(x)_1\psi_j(x)_2 - \psi_0{}^*(x)_1\psi_0(x)_2\right).\end{aligned} \tag{6.7.35}$$

c)　一般化

以上, われわれはスピン1, 3/2の場合のバーグマン・ウィグナー振幅をかきかえ, 見掛けの異なる共変形式を求めてきた. これを長々と述べたのは, γ マトリックスの取り扱いの演習をかねて, バーグマン・ウィグナー振幅との関係を具体的に示してみたかったことと, もう一つには§7.3の議論との関連もあってのことだが, しかしこの方法を大きなスピンの粒子に応用する場合には, ある程度面倒な計算を覚悟しなければならない. それは, 途中にバーグマン・ウィグナー振幅という成分数の多いものを媒介として計算することに起因する. したがってこのような方法を避けて, 上記a), b)項の結果を一般化するには, むしろ新しい共変振幅をポアンカレ群の既約表現と直結させそれを利用した方がよい. そこで準備として, まずスピン1の粒子についての議論を整理しておこう.

(6.3.17)によればスピン1の場合は

$$\psi(\boldsymbol{k}) = \omega_{\boldsymbol{k}} U_{\rm F}(\boldsymbol{k})\varphi(\boldsymbol{k})U_{\rm F}(\boldsymbol{k})^{\rm T} \tag{6.7.36}$$

とかける. ただしここでも $\psi(\boldsymbol{k}), \varphi(\boldsymbol{k})$ は4行4列の対称マトリックスとみなし

た．$U_F(\boldsymbol{k})$ は(6. 2. 11)で与えられるが，便宜上(6. 2. 42)の γ マトリックスを用いてかいておくと

$$U_F(\boldsymbol{k})=\frac{\omega_k+m-i\boldsymbol{\gamma k}}{\sqrt{2\omega_k(\omega_k+m)}} \tag{6.7.37}$$

となる．ここで $\boldsymbol{\gamma}=(\gamma_1,\gamma_2,\gamma_3)$ であって，もちろんこれはディラック表示での γ マトリックスである．以下すべてこの表示で話を進める．したがって(6. 7. 2)の左辺のフーリエ成分 $\chi(\boldsymbol{k})$ は

$$\chi(\boldsymbol{k})=\psi(\boldsymbol{k})C^{-1}=\omega_k U_F(\boldsymbol{k})\varphi(\boldsymbol{k})C^{-1}\,U_F(\boldsymbol{k})^{-1} \tag{6.7.38}$$

となる．ここで $\varphi(\boldsymbol{k})C^{-1}$ に対し(6. 3. 5), (6. 3. 6)(ただし $n=2$) および(6. 5. 24)を用い，また $\boldsymbol{\phi}^{(\pm)}(\boldsymbol{k})\,(=(\phi_1{}^{(\pm)}(\boldsymbol{k}),\ \phi_2{}^{(\pm)}(\boldsymbol{k}),\ \phi_3{}^{(\pm)}(\boldsymbol{k})))$ を

$$\phi^{(\pm)}(\boldsymbol{k})\sigma_2=\mp 2i\sum_{j=1}^{3}\phi_j{}^{(\pm)}(\boldsymbol{k})\sigma_j=\mp 2i\boldsymbol{\phi}^{(\pm)}(\boldsymbol{k})\boldsymbol{\sigma} \tag{6.7.39}$$

で定義すれば*)，

$$\varphi(\boldsymbol{k})=N\begin{pmatrix}\phi^{(+)}(\boldsymbol{k}) & \boldsymbol{0}\\ \boldsymbol{0} & \phi^{(-)}(\boldsymbol{k})\end{pmatrix}$$

であるから

$$\begin{aligned}\varphi(\boldsymbol{k})C^{-1}&=N\begin{pmatrix}\boldsymbol{0} & -2i\boldsymbol{\phi}^{(+)}(\boldsymbol{k})\boldsymbol{\sigma}\\ 2i\boldsymbol{\phi}^{(-)}\boldsymbol{\sigma} & \boldsymbol{0}\end{pmatrix}\\ &=N\{(1+\gamma_4)\boldsymbol{\gamma\phi}^{(+)}(\boldsymbol{k})+(1-\gamma_4)\boldsymbol{\gamma\phi}^{(-)}(\boldsymbol{k})\}.\end{aligned} \tag{6.7.40}$$

したがって，(6. 7. 2), (6. 7. 38)より

$$\begin{aligned}V_\mu(\boldsymbol{k})&=\frac{1}{4}\mathrm{Tr}(\gamma_\mu\chi(\boldsymbol{k}))\\ &=\frac{N}{8(\omega_k+m)}\sum_{j=1}^{3}[\mathrm{Tr}\{\gamma_\mu(m+\omega_k-i\boldsymbol{\gamma k})(1+\gamma_4)\gamma_j(m+\omega_k+i\boldsymbol{\gamma k})\}\phi_j{}^{(+)}(\boldsymbol{k})\\ &\quad+\mathrm{Tr}\{\gamma_\mu(m+\omega_k-i\boldsymbol{\gamma k})(1-\gamma_4)\gamma_j(m+\omega_k+i\boldsymbol{\gamma k})\}\phi_j{}^{(-)}(\boldsymbol{k})]\\ &=N\sum_{j=1}^{3}F_{\mu j}(\boldsymbol{k})\phi_j(\boldsymbol{k})\end{aligned} \tag{6.7.41}$$

を得る．ここで，$F_{\mu j}$ および $\phi_j(\boldsymbol{k})$ は

---

*)　(6. 7. 39)左辺の $\phi^{(\pm)}(\boldsymbol{k})$ が2行2列のマトリックスであるのに対し，右辺の $\phi_j{}^{(\pm)}(\boldsymbol{k})$ は $\pm i\mathrm{Tr}(\phi^{(\pm)}(\boldsymbol{k})\sigma_2\sigma_j)/4$ であってマトリックスではなく単に複素数であることに注意せよ．

$$F_{\mu j}=\left(m\delta_{\mu j}+\frac{\sum_{i=1}^{3}\delta_{\mu i}k_i}{\omega_k+m}k_j+\frac{k_4}{\omega_k}\delta_{\mu 4}k_j\right), \tag{6.7.42}$$

$$\phi_j(\boldsymbol{k})=\phi_j{}^{(+)}(\boldsymbol{k})+\phi_j{}^{(-)}(\boldsymbol{k}) \qquad (j=1,2,3) \tag{6.7.43}$$

である．(6.7.41), (6.7.42)から

$$k_\mu V_\mu(\boldsymbol{k})=0 \tag{6.7.44}$$

がなりたつことは容易にわかる．これは(6.7.12)にほかならない．それゆえ $V_i(\boldsymbol{k})$ $(i=1,2,3)$ を独立成分にとることができ，それは $\phi_i(\boldsymbol{k})$ を用いて

$$V_i(\boldsymbol{k})=N\sum_{j=1}^{3}F_{ij}\phi_j(\boldsymbol{k}) \tag{6.7.45}$$

によって与えられる．逆に $V_i(\boldsymbol{k})$ が与えられたとき $\phi_i(\boldsymbol{k})$ は

$$\left.\begin{aligned}\phi_i(\boldsymbol{k})&=\frac{1}{N}\sum_{j=1}^{3}\tilde{F}_{ij}V_j(\boldsymbol{k}),\\ \tilde{F}_{ij}&=\frac{1}{m}\left(\delta_{ij}-\frac{k_ik_j}{\omega_k(\omega_k+m)}\right)\end{aligned}\right\} \tag{6.7.46}$$

であらわされる．実際，$\sum_{l=1}^{3}\tilde{F}_{il}F_{lj}=\delta_{ij}$ がなりたつことは直接の計算により簡単に確かめられる．このことは3成分の $\phi_i(\boldsymbol{k})$ と，(6.7.44)に従う4成分の $V_\mu(\boldsymbol{k})$ は同等であることを示す．

$\phi^{(\pm)}(\boldsymbol{k})$ が無限小空間回転のもとで，(6.3.4)(ただし $n=2$)の変換を受けることから，(6.7.39)を用いると $\phi_i(\boldsymbol{k})$ はそこでは3次元ベクトルとして変換されることがわかる．したがって，(5.1.14), (5.1.15)より

$$\boldsymbol{\phi}'(\boldsymbol{k})=\boldsymbol{\phi}(\boldsymbol{k}-\boldsymbol{k}\times\boldsymbol{\theta})-\boldsymbol{\theta}\times\boldsymbol{\phi}(\boldsymbol{k}) \qquad (\theta\text{-変換}), \tag{6.7.47}$$

$$\boldsymbol{\phi}'(\boldsymbol{k})=\boldsymbol{\phi}(\boldsymbol{k}+\boldsymbol{\tau}k_0)-\frac{k_0}{\omega_k(m+\omega_k)}(\boldsymbol{k}\times\boldsymbol{\tau})\times\boldsymbol{\phi}(\boldsymbol{k}) \qquad (\tau\text{-変換}) \tag{6.7.48}$$

を得る．これと，(6.7.41), (6.7.42), (6.7.44)を用いると $V_\mu(\boldsymbol{k})$ はローレンツ変換のもとで4次元ベクトルとしての変換を受けることを確かめることができるが，そのチェックは読者にまかせよう．

$\boldsymbol{\phi}(\boldsymbol{k})$ の3個の成分は独立であって，それは

$$k_0\phi_j{}^{(\pm)}(\boldsymbol{k})=\pm\omega_k\phi_j{}^{(\pm)}(\boldsymbol{k}) \tag{6.7.49}$$

をみたす．それゆえ，上式および(6.7.44)より

$$V_\mu(x)=\frac{1}{(2\pi)^{3/2}}\int\frac{d\boldsymbol{k}}{\omega_k}e^{i(\boldsymbol{kx}-k_0t)}V_\mu(\boldsymbol{k}) \qquad (6.7.50)$$

は，(6.7.11), (6.7.12)を満足する．逆にこれに従う $V_\mu(x)$ からは(6.7.46)を経て上の議論をさかのぼり，(6.7.47)～(6.7.49)をみたす $\phi_i(\boldsymbol{k})$ が得られるので両者の記述が同等であることがわかる．このようにして，$V_\mu(x)$ を用いての共変的な記述は(6.7.46)を介してリトル・グループの既約表現と直結されたことになる．なお，ついでに記すと $F_{\mu j}$ は

$$\sum_{j=1}^{3}F_{\mu j}F_{\nu j}=m^2\left(\delta_{\mu\nu}+\frac{k_\mu k_\nu}{m^2}\right) \qquad (6.7.51)$$

なる関係をみたしている*)．

以上の議論を整数スピン n の場合に拡張するには，次のようにやればよい．まず，3次元ベクトル n 個の直積をつくり，このようにして得られた n 階テンソルの添字のすべてを対称化したものを $u_{(i_1i_2\cdots i_n)}$ $(i_1, i_2, \cdots, i_n=1, 2, 3)$ とする．この直積空間には，角運動量が $n, n-1, n-2, \cdots$ の，回転群の既約表現が含まれているが，角運動量 n をとりだすために

$$\sum_{j=1}^{3}u_{(jji_3\cdots i_n)}=0 \qquad (6.7.52)$$

なる附加条件を設けることにする．$u_{(i_1\cdots i_n)}$ の添字は対称であるから，(6.7.52)は任意の2個の添字の和に対してなりたち，しかもこの式は3次元回転で不変である．他方ベクトル $\boldsymbol{u}=(u_1, u_2, u_3)$ は角運動量1の既約表現空間に属しており，この空間で $u_1+iu_2\neq0$ で，他の成分はすべて0であるような状態ベクトルは3軸のまわりの回転の角運動量が1の状態である((4.3.4)参照)．したがってこのようなベクトル n 個の直積をつくると，これは3軸のまわりの角運動量が n の状態であって，その成分は対称テンソル $u_{(i_1i_2\cdots i_n)}$ の1次結合である．しかも添字にはこのとき3は現われないから，(6.7.52)とは抵触しない．いいかえれば(6.7.52)をみたす n 階対称テンソルのつくる空間は角運動量 n の既約表現空間を含む．ところで $u_{(i_1i_2\cdots i_n)}$ の成分数は，1, 2, 3から重複して n 個をとりだす組合せであるから，$(n+2)(n+1)/2$ となり，他方条件(6.7.52)の数は，

---

*)　$k_\mu{}^2+m^2=0$ かつ $R_{\mu\nu}(k)=\delta_{\mu\nu}+k_\mu k_\nu/m^2$ とすると，$R_{\mu\nu}(k)R_{\nu\lambda}(k)=R_{\mu\lambda}(k)$, $k_\mu R_{\mu\nu}(k)=0$. それゆえ $R_{\mu\nu}(k)$ は任意のベクトル $V_\mu(k)$ (ただし $k_\mu{}^2+m^2=0$) から(6.7.44)に従う部分をとり出す射影演算子である．

1, 2, 3 から $(n-2)$ 個をとりだす重複組合せで $n(n-1)/2$，したがって(6.7.52)をみたす対称テンソルの独立成分数は $(n+2)(n+1)/2-n(n-1)/2=2n+1$ となる．これは角運動量 $\boldsymbol{n}$ の既約表現空間の次元数に他ならず，その結果，(6.7.52)によって角運動量 $\boldsymbol{n}$ の既約表現がとりだされたことになる．

スピン n のポアンカレ群の既約表現空間において，上記の $u_{(i_1i_2\cdots i_n)}$ に対応した $\phi_{(i_1i_2\cdots i_n)}(\boldsymbol{k})(=\phi_{(i_1i_2\cdots i_n)}{}^{(+)}(\boldsymbol{k})+\phi_{(i_1i_2\cdots i_n)}{}^{(-)}(\boldsymbol{k}))$ を考えよう．もちろん，

$$k_0\phi_{(i_1i_2\cdots i_n)}{}^{(\pm)}(\boldsymbol{k})=\pm\omega_k\phi_{(i_1i_2\cdots i_n)}{}^{(\pm)}(\boldsymbol{k}). \tag{6.7.53}$$

それゆえ

$$U_{\mu_1\mu_2\cdots\mu_n}(\boldsymbol{k})=\sum_{i_1,i_2,\cdots,i_n=1,2,3}\left(\prod_{l=1}^{n}F_{\mu_l i_l}\right)\phi_{(i_1i_2\cdots i_n)}(\boldsymbol{k}) \tag{6.7.54}$$

とすると，$U_{\mu_1\mu_2\cdots\mu_n}(\boldsymbol{k})$ は n 階対称テンソルであって，

$$k_\mu U_{\mu\mu_2\cdots\mu_n}(\boldsymbol{k})=0 \tag{6.7.55}$$

をみたすことは容易にわかる．さらに(6.7.42)から

$$F_{\mu_i}F_{\mu_j}=m^2\delta_{ij}+\left(1-\frac{k_0{}^2}{\omega_k{}^2}\right)k_ik_j \tag{6.7.56}$$

となるので，(6.7.52)および(6.7.53)を用いれば

$$U_{\mu\mu\mu_3\cdots\mu_n}(\boldsymbol{k})=0 \tag{6.7.57}$$

を得る．(6.7.55), (6.7.57)は(6.7.52)と同等である．したがって対称テンソル $U_{\mu_1\mu_2\cdots\mu_n}(\boldsymbol{k})$ に対してこれ以外の条件は存在しない．そこで

$$U_{\mu_1\mu_2\cdots\mu_n}(x)=\frac{1}{(2\pi)^{3/2}}\int\frac{d\boldsymbol{k}}{\omega_k}e^{i(\boldsymbol{kx}-k_0t)}U_{\mu_1\mu_2\cdots\mu_n}(\boldsymbol{k}) \tag{6.7.58}$$

とすれば，スピン n の粒子に対する共変形式として

$$(\partial_\mu{}^2-m^2)U_{\mu_1\mu_2\cdots\mu_n}(x)=0, \tag{6.7.59}$$

$$\partial_\mu U_{\mu\mu_2\cdots\mu_n}(x)=0, \tag{6.7.60}$$

$$U_{\mu\mu\mu_3\cdots\mu_n}(x)=0 \tag{6.7.61}$$

が得られる．(6.7.59)～(6.7.61)を**フィールツ・パウリの方程式**という．なお，(5.1.7), (6.7.54)より内積は，N' を適当な規格化の定数とするとき

$$\langle 1,\pm|2,\pm\rangle$$
$$=\frac{1}{|N'|^2}\sum_{i_1,i_2,\cdots,i_n=1,2,3}\int\frac{d\boldsymbol{k}}{\omega_k}\phi_{(i_1i_2\cdots i_n)}{}^{(\pm)*}(\boldsymbol{k})_1\phi_{(i_1i_2\cdots i_n)}{}^{(\pm)}(\boldsymbol{k})_2$$

$$=\frac{1}{|N'|^2}\sum_{\substack{i_1,\cdots,i_n,\\ j_1,\cdots,j_n,\\ j_1',\cdots,j_n'}}\int\frac{d\boldsymbol{k}}{\omega_k}U_{j_1\cdots j_n}{}^{(\pm)*}(\boldsymbol{k})_1\prod_{l=1}^{n}(F_{i_lj_l}\tilde{F}_{i_lj_l'})U_{j_1'\cdots j_n'}{}^{(\pm)}(\boldsymbol{k})_2.$$

(6.7.62)

ここで，(6.7.46)より導かれる

$$\sum_{i=1,2,3}\tilde{F}_{ij}\tilde{F}_{ij'}=\frac{1}{m^2}\left(\delta_{jj'}-\frac{k_jk_{j'}}{\omega_k{}^2}\right) \tag{6.7.63}$$

なる関係および(6.7.55)を考慮すれば

$$\sum_{i_l,j_l,j_l'}U_{j_1\cdots j_{l-1}j_lj_{l+1}\cdots j_n}{}^{(\pm)*}(\boldsymbol{k})_1\tilde{F}_{i_lj_l}\tilde{F}_{i_lj_l'}U_{j_1'\cdots j_{l-1}'j_l'j_{l+1}'\cdots j_n'}{}^{(\pm)}(\boldsymbol{k})_2$$

$$=\frac{1}{m^2}U_{j_1\cdots j_{l-1}\mu j_{l+1}\cdots j_n}{}^{(\pm)*}(\boldsymbol{k})_1U_{j_1'\cdots j_{l-1}'\mu j_{l+1}'\cdots j_n'}{}^{(\pm)}(\boldsymbol{k})_2 \tag{6.7.64}$$

を得る．ただし $U_{j_1\cdots\mu\cdots j_n}{}^{(\pm)*}$ の意味は，$\mu=1,2,3$ のときは $U_{j_1\cdots\mu\cdots j_n}{}^{(\pm)}$ のそのままの複素共役，また $\mu=4$ のときは $U_{j_1\cdots 0\cdots j_n}{}^{(\pm)}$ の複素共役に $\boldsymbol{i}$ をかけたものである．一般に $\boldsymbol{n}$ 階テンソル $U_{\mu_1\cdots\mu_n}$ の添字のうち $\boldsymbol{a}$ 個が値4をとったときには，これに $(-i)^a$ をかけてそのような添字をすべて0におきかえ，それの複素共役をとった後 $\boldsymbol{i}^a$ をかけたものを，$U_{\mu_1\cdots\mu_n}{}^*$ と定義する．これは $U_{\mu_1\cdots\mu_n}$ の単純な複素共役(これを $(U_{\mu_1\cdots\mu_n})^*$ とかく)ではないが，$\boldsymbol{n}$ 階テンソルとしての変換性をもつ．なお * 記号についてのこのような約束はテンソル量に対してのみ行われるものであって，その他の量に対しては * はこれまで通り単なる複素共役を意味するものとする．

ところで(6.7.64)はこれとは別な形にもかきかえられることに注意しよう．というのは(6.7.63)は

$$\sum_{i=1}^{3}\tilde{F}_{ij}\tilde{F}_{ij'}=\frac{1}{2m^2\omega_k}\left(2\delta_{ij'}\omega_k-\frac{k_j}{\omega_k}k_{j'}-k_j\frac{k_{j'}}{\omega_k}\right) \tag{6.7.65}$$

ともかけるので，この(　)の部分で(6.7.53), (6.7.55)を用いると

$$(6.7.64)=\frac{\pm 1}{2m^2\omega_k}\Bigg\{\sum_j 2k_0U_{j_1\cdots j_{l-1}jj_{l+1}\cdots j_n}{}^{(\pm)*}(\boldsymbol{k})_1U_{j_1'\cdots j_{l-1}'jj_{l+1}'\cdots j_n'}(\boldsymbol{k})_2{}^{(\pm)}$$
$$-\sum_j k_j(U_{j_1\cdots j_{l-1}jj_{l+1}\cdots j_n}{}^{(\pm)*}(\boldsymbol{k})_1U_{j_1\cdots j_{l-1}0j_{l+1}\cdots j_n}{}^{(\pm)}(\boldsymbol{k})_2$$
$$+U_{j_1\cdots j_{l-1}0j_{l+1}\cdots j_n}{}^{(\pm)*}(\boldsymbol{k})_1U_{j_1\cdots j_{l-1}jj_{l+1}\cdots j_n}{}^{(\pm)}(\boldsymbol{k})_2)\Bigg\}$$

$$= \frac{\pm 1}{2m^2\omega_k} \sum_j \{(k_0 U_{j_1\cdots j_{l-1} j j_{l+1}\cdots j_n}{}^{(\pm)*}(\boldsymbol{k})_1 - k_j U_{j_1\cdots j_{l-1} 0 j_{l+1}\cdots j_n}{}^{(\pm)*}(\boldsymbol{k})_1)$$
$$\times U_{j_1'\cdots j_{l-1}' j j_{l+1}'\cdots j_n'}{}^{(\pm)}(\boldsymbol{k})_2 + U_{j_1\cdots j_{l-1} j j_{l+1}\cdots j_n}{}^{(\pm)*}(\boldsymbol{k})_1$$
$$\times (k_0 U_{j_1'\cdots j_{l-1}' j j_{l+1}'\cdots j_n'}{}^{(\pm)}(\boldsymbol{k})_2 - k_j U_{j_1'\cdots j_{l-1}' 0 j_{l+1}'\cdots j_n'}{}^{(\pm)}(\boldsymbol{k})_2)\} \tag{6.7.66}$$

となる．(6.7.62)の右辺で，添字 j_l, j_l' $(l \geqq 2)$ に対しては(6.7.64)を，また j_1, j_1' に対しては(6.7.66)を用いると，内積として

$$\langle 1, \pm|2, \pm\rangle = \frac{\pm 1}{2m^{2n}|N'|^2} \sum_j \int \frac{d\boldsymbol{k}}{\omega_k{}^2} \{(k_0 U_{j\mu_2\cdots\mu_n}{}^{(\pm)*}(\boldsymbol{k})_1$$
$$- k_j U_{0\mu_2\cdots\mu_n}{}^{(\pm)*}(\boldsymbol{k})_1) U_{j\mu_2\cdots\mu_n}{}^{(\pm)}(\boldsymbol{k})_2 + U_{j\mu_2\cdots\mu_n}{}^{(\pm)*}(\boldsymbol{k})_1$$
$$\times (k_0 U_{j\mu_2\cdots\mu_n}{}^{(\pm)}(\boldsymbol{k})_2 - k_j U_{0\mu_2\cdots\mu_n}(\boldsymbol{k})_2)\} \tag{6.7.67}$$

が導かれる．整数スピンの特徴として共変内積は，(6.7.67)とは《1, ±|2, ±》$=\pm\langle 1, \pm|2, \pm\rangle$ なる関係にあり，したがって(6.7.58)から x-表示では

$$《1|2》 = \frac{1}{2im^{2n}|N'|^2} \sum_j \int d\boldsymbol{x} \left\{\left(\frac{\partial}{\partial t} U_{j\mu_2\cdots\mu_n}{}^*(x)_1 + \frac{\partial}{\partial x_j} U_{0\mu_2\cdots\mu_n}{}^*(x)_1\right)\right.$$
$$\times U_{j\mu_2\cdots\mu_n}(x)_2$$
$$\left. - U_{j\mu_2\cdots\mu_n}{}^*(x)_1 \left(\frac{\partial}{\partial t} U_{j\mu_2\cdots\mu_n}(x)_2 + \frac{\partial}{\partial x_j} U_{0\mu_2\cdots\mu_n}(x)_2\right)\right\}$$
$$= \frac{1}{2m^{2n-1}|N'|^2} \int d\boldsymbol{x} (U_{[4\mu_1]\mu_2\cdots\mu_n}{}^*(x)_1 U_{\mu_1\mu_2\cdots\mu_n}(x)_2$$
$$- U_{\mu_1\mu_2\cdots\mu_n}{}^*(x)_1 U_{[4\mu_1]\mu_2\cdots\mu_n}(x)_n)$$
$$= \frac{1}{2im^{2n}|N'|^2}$$
$$\times \int d\boldsymbol{x} \left(\frac{\partial U_{\mu_1\mu_2\cdots\mu_n}{}^*(x)_1}{\partial t} U_{\mu_1\mu_2\cdots\mu_n}(x)_2 - U_{\mu_1\mu_2\cdots\mu_n}{}^*(x)_1 \frac{\partial U_{\mu_1\mu_2\cdots\mu_n}(x)_2}{\partial t}\right) \tag{6.7.68}$$

で与えられる．ただしここで

$$mU_{[\nu\lambda]\mu_2\cdots\mu_n}(x) = \partial_\nu U_{\lambda\mu_2\mu\cdots_n}(x) - \partial_\lambda U_{\nu\mu_2\cdots\mu_n}(x) \tag{6.7.69}$$

とした．(6.7.68)は(6.7.15)の一般化にほかならない．

次に半整数スピンの粒子を考えよう．角運動量 $n+1/2$ は(6.7.52)の $u_{(i_1 i_2\cdots i_n)}$ とスピノル u_ξ $(\xi=1, 2)$ の直積，$v_{(i_1 i_2\cdots i_n),\xi}$ から得られる．もっとも角運動量の

合成則によればこの直積空間には $n+1/2, n-1/2$ の 2 種類の角運動量が含まれているから，$v_{(i_1 i_2 \cdots i_n),\xi}$ に附加条件を課して $n-1/2$ の部分を落す必要がある．そのため

$$\sum_{j=1}^{3} \sigma_j v_{(j i_2 \cdots i_n)} = 0 \tag{6.7.70}$$

とおこう．ただし，$v_{(i_1 i_2 \cdots i_n)}$ は $v_{(i_1 i_2 \cdots i_n),\xi}$ の略記である．(6.7.70)に従う $v_{(i_1 \cdots i_n)}$ の添字 $i_1, i_2, \cdots, i_n$ が対称であるということに着目し，$\sigma_i \sigma_j = \delta_{ij} + [\sigma_i, \sigma_j]/2$ を $v_{(i j i_3 \cdots i_n)}$ に作用させ i, j について和をとれば

$$\sum_{j=1}^{3} v_{(j j i_3 \cdots i_n)} = 0 \tag{6.7.71}$$

が導かれる．つまり(6.7.71)は(6.7.70)の結果であって独立な条件ではない．ところで $v_{(i_1 i_2 \cdots i_n)}$ が(6.7.70)をみたすとき，これで角運動量 $n+1/2$ の状態が記述されることは，次のようにして容易にわかる．まず $v_{(i_1 i_2 \cdots i_n)}$ の成分数は，$(n+1)(n+2)$，また条件(6.7.70)の数は $n(n+1)$ であるから，結局(6.7.70)に従う $v_{(i_1 \cdots i_n)}$ の独立成分数は $(n+1)(n+2)-n(n+1)=2(n+1/2)+1$，これは角運動量 $n+1/2$ の既約表現空間の次元数と一致する．一方 $\sum_j \sigma_j v_{(j i_2 \cdots i_n)}$ は 3 次元空間の $(n-1)$ 階テンソルとスピノルの直積であって，これに含まれる角運動量は高々 $n-1/2$ である．それゆえ $v_{(i_1 \cdots i_n)}$ のもつ角運動量のうち $n+1/2$ の部分が(6.7.70)によって落されてしまうことはない．いいかえれば(6.7.70)に従う $v_{(i_1 \cdots i_n)}$ には角運動量 $n+1/2$ の既約表現が含まれている．しかもその次元数は上記の如く，ちょうど $2(n+1/2)+1$ であるから，このような $v_{(i_1 \cdots i_n)}$ によって，角運動量 $n+1/2$ の既約表現空間が与えられたことになる．

$v_{(i_1 \cdots i_n)}$ に対応してスピン $n+1/2$ の粒子を記述するポアンカレ群の既約表現の波動関数 $\phi_{(i_1 \cdots i_n),\xi}{}^{(\pm)}(\boldsymbol{k})$ が与えられる．例によって

$$\varphi_{(i_1 \cdots i_n)}(\boldsymbol{k}) = \begin{pmatrix} \phi_{(i_1 \cdots i_n)}{}^{(+)}(\boldsymbol{k}) \\ \phi_{(i_1 \cdots i_n)}{}^{(-)}(\boldsymbol{k}) \end{pmatrix} \tag{6.7.72}$$

により，与えられた $i_1, \cdots, i_n$ に対して 4 成分をもつ $\varphi_{(i_1 \cdots i_n),a}(\boldsymbol{k})$ $(a=1,2,3,4)$ を導入しよう．ただし以下では添字 a をあらわにかくのは略する．そうすると

$$k_0 \varphi_{(i_1 \cdots i_n)}(\boldsymbol{k}) = \beta \omega_k \varphi_{(i_1 \cdots i_n)}(\boldsymbol{k}). \tag{6.7.73}$$

また(6.7.70)により

$$\sum_{j=1}^{3}\sigma_j\varphi_{(ji_2\cdots i_n)}(\boldsymbol{k})=0 \tag{6.7.74}$$

である.

その結果，前述の整数スピンの一般論および§6.2のディラック粒子の議論を併用すれば，スピン $n+1/2$ の粒子の共変振幅として，$\mu_1, \mu_2, \cdots, \mu_n$ に関し対称な

$$\psi_{\mu_1\mu_2\cdots\mu_n}(\boldsymbol{k})=\omega_k{}^{1/2}\sum_{i_1,i_2,\cdots,i_n}\left(\prod_{l=1}^{n}F_{\mu_l i_l}\right)U_{\mathrm{F}}(\boldsymbol{k})\varphi_{(i_1\cdots i_n)}(\boldsymbol{k}) \tag{6.7.75}$$

が与えられ，次の関係を満足することはこれまでの議論から直ちにわかる.

$$(i\gamma_\mu k_\mu+m)\psi_{\mu_1\mu_2\cdots\mu_n}(\boldsymbol{k})=0, \tag{6.7.76}$$

$$\psi_{\mu\mu\mu_3\cdots\mu_n}(\boldsymbol{k})=0, \tag{6.7.77}$$

$$k_\mu\psi_{\mu\mu_2\cdots\mu_n}(\boldsymbol{k})=0. \tag{6.7.78}$$

つぎに(6.7.74)に対応する条件を求めるために $\gamma_\mu\psi_{\mu\mu_2\cdots\mu_n}(\boldsymbol{k})$ を計算してみよう.(6.7.42)により

$$\gamma_\mu F_{\mu j}=m\gamma_j+\frac{\gamma_\mu k_\mu}{\omega_k+m}k_j+\frac{m\gamma_4 k_4}{\omega_k(\omega_k+m)}k_j. \tag{6.7.79}$$

ここで

$$(i\gamma_\mu k_\mu+m)U_{\mathrm{F}}(\boldsymbol{k})\varphi_{(i_1\cdots i_n)}(\boldsymbol{k})=0$$

がなりたつことを考慮すれば，(6.7.78)および(6.7.79)により

$$\gamma_\mu\psi_{\mu\mu_2\cdots\mu_n}(\boldsymbol{k})=\omega_k{}^{1/2}m\sum_j\left(\gamma_j+\frac{ik_j}{\omega_k+m}+\frac{ik_0\beta}{\omega_k(\omega_k+m)}k_j\right)U_{\mathrm{F}}(\boldsymbol{k})$$
$$\times\sum_{i_2,\cdots,i_n}\left(\prod_{l=2}^{n}F_{\mu_l i_l}\right)\varphi_{(ji_2\cdots i_n)}(\boldsymbol{k}) \tag{6.7.80}$$

となる．他方，(6.7.37)より

$$\gamma_j U_{\mathrm{F}}(\boldsymbol{k})=U_{\mathrm{F}}(\boldsymbol{k})^{-1}\gamma_j-\frac{2ik_j}{\sqrt{2\omega_k(\omega_k+m)}}$$
$$=U_{\mathrm{F}}(\boldsymbol{k})^{-1}\gamma_j-\frac{ik_j}{\omega_k+m}(U_{\mathrm{F}}(\boldsymbol{k})+U_{\mathrm{F}}(\boldsymbol{k})^{-1}), \tag{6.7.81}$$

さらに

$$k_0\beta U_{\mathrm{F}}(\boldsymbol{k})\varphi_{(ji_2\cdots i_n)}(\boldsymbol{k})=U_{\mathrm{F}}(\boldsymbol{k})^{-1}k_0\beta\varphi_{(ji_2\cdots i_n)}(\boldsymbol{k})$$
$$=\omega_k U_{\mathrm{F}}(\boldsymbol{k})^{-1}\varphi_{(ji_2\cdots i_n)}(\boldsymbol{k}) \tag{6.7.82}$$

であるから，これらを(6.7.80)に代入すれば

$$\gamma_\mu \psi_{\mu\mu_2\cdots\mu_n}(\boldsymbol{k}) = \omega_k{}^{1/2} m U_{\mathrm{F}}(\boldsymbol{k})^{-1} \sum_{i_2,\cdots,i_n} \left(\prod_{l=2}^{n} F_{\mu_l i_l} \right) \sum_j \gamma_j \varphi_{(j i_2 \cdots i_n)}(\boldsymbol{k}) \quad (6.7.83)$$

を得る．ところで γ_j はディラック表示では

$$\gamma_j = \begin{pmatrix} 0 & -iI \\ iI & 0 \end{pmatrix} \sigma_j,$$

それゆえ，(6.7.74), (6.7.83)より

$$\gamma_\mu \psi_{\mu\mu_2\cdots\mu_n}(\boldsymbol{k}) = 0 \quad (6.7.84)$$

が導かれる．またこれがなりたてば(6.7.83)を経由して逆に(6.7.74)が与えられる．

(6.7.77)は(6.7.84)から，また(6.7.78)は(6.7.76)と(6.7.84)から導かれるので，スピン $n+1/2$ の有限質量の粒子を記述する方程式として

$$(\gamma_\mu \partial_\mu + m) \psi_{\mu_1\mu_2\cdots\mu_n}(x) = 0, \quad (6.7.85)$$

$$\gamma_\mu \psi_{\mu\mu_2\cdots\mu_n}(x) = 0, \quad (6.7.86)$$

ただし

$$\psi_{\mu_1\mu_2\cdots\mu_n}(x) = \frac{1}{(2\pi)^{3/2}} \int \frac{d\boldsymbol{k}}{\omega_k} e^{i(\boldsymbol{kx} - k_0 t)} \psi_{\mu_1\mu_2\cdots\mu_n}(\boldsymbol{k}) \quad (6.7.87)$$

が得られる．(6.7.85), (6.7.86)を一まとめにして，**スピン $n+1/2$ のラリタ・シュウヴィンガーの方程式**といい，b)項の結果の一般化になっている．さらに共変内積は関係(6.7.64)を用いることによって

$$\begin{aligned} \langle\!\langle 1|2 \rangle\!\rangle &= \langle 1|2 \rangle \\ &= \frac{1}{m^{2n}|N'|^2} \int d\boldsymbol{x} \psi_{\mu_1\mu_2\cdots\mu_n}{}^*(x)_1 \psi_{\mu_1\mu_2\cdots\mu_n}(x)_2 \end{aligned} \quad (6.7.88)$$

となることは容易にわかる．これもまた(6.7.35)の一般化である．

第7章　共変形式 II——質量0の粒子

§7.1　不連続スピンの粒子

質量0粒子に対するポアンカレ群の既約表現は，§5.2に述べたように，不連続スピンおよび連続スピンの2種類にまず大別される．われわれはこの節で，前者の共変的な記述を求めることを試みよう．

このような粒子の波動関数のローレンツ変換性は(5.2.21), (5.2.22)で与えられる．まず，最も簡単なスピンが0の場合，つまり $S=0$ を考えよう．このとき，(5.2.21), (5.2.22)は(6.1.1)および(6.1.2)で $m=0$ とおいた式と同じものとなるから，その共変形式は(6.1.8)～(6.1.10)で単に $m=0$ とすればよい．その結果

$$\partial_\mu{}^2 U(x) = 0, \tag{7.1.1}$$

$$U'(x) = U(\Lambda^{-1}x), \tag{7.1.2}$$

$$\langle\!\langle 1|2 \rangle\!\rangle = \frac{1}{2i}\int d\boldsymbol{x}\left(\frac{\partial U^*(x)_1}{\partial t}U(x)_2 - U^*(x)_1\frac{\partial U(x)_2}{\partial t}\right) \tag{7.1.3}$$

となることは明らかであろう．また(6.1.11)以下の形式に対応するものとしては

$$U_\mu(x) = \partial_\mu U(x), \tag{7.1.4}$$

$$\partial_\mu U_\mu(x) = 0 \tag{7.1.5}$$

とおき，共変内積は(6.1.13)の右辺の m を落したものを用いればよいことは容易にわかる．さらにケンマー型の方程式としては，(6.1.15)において m の代りに p 行 q 列要素が $(M)_{pq}=\delta_{pq}-\delta_{p5}\delta_{q5}\,(p, q=1, \cdots, 5)$ なる5行5列の対角マトリックス M を用い，また(6.1.17)からは m を落せばよい．要するに，スピンが0のとき共変形式は§6.1の諸式の単純な変形の結果にほかならず，この意味では，質量0の特徴が現われるのはむしろ $|S|\geqq 1/2$ の場合であるとみなすことができよう．そこで，手はじめとして，有限質量のときと同様，スピン1/2すなわち $|S|=1/2$ の粒子を考察することにする．

$S=1/2, -1/2$ に対応した波動関数 $\phi_{1/2}{}^{(\pm)}(\boldsymbol{k}), \phi_{-1/2}{}^{(\pm)}(\boldsymbol{k})$ の無限小ローレンツ変換は，(5.2.23)～(5.2.26)により，θ-変換においては

$$\phi_{1/2}{}^{(\pm)\prime}(\boldsymbol{k}) = \left[1+i\left\{\boldsymbol{k}\times\left(\frac{1}{i}\frac{\partial}{\partial\boldsymbol{k}}+\frac{1}{2}\frac{\boldsymbol{n}\times\boldsymbol{k}}{|\boldsymbol{k}|(|\boldsymbol{k}|+k_3)}\right)+\frac{1}{2}\frac{\boldsymbol{k}}{|\boldsymbol{k}|}\right\}\boldsymbol{\theta}\right]\phi_{1/2}{}^{(\pm)}(\boldsymbol{k}), \tag{7.1.6}$$

$$\phi_{-1/2}{}^{(\pm)\prime}(\boldsymbol{k}) = \left[1+i\left\{\boldsymbol{k}\times\left(\frac{1}{i}\frac{\partial}{\partial\boldsymbol{k}}-\frac{1}{2}\frac{\boldsymbol{n}\times\boldsymbol{k}}{|\boldsymbol{k}|(|\boldsymbol{k}|+k_3)}\right)-\frac{1}{2}\frac{\boldsymbol{k}}{|\boldsymbol{k}|}\right\}\boldsymbol{\theta}\right]\phi_{-1/2}{}^{(\pm)}(\boldsymbol{k}), \tag{7.1.7}$$

また τ-変換に対しては

$$\phi_{1/2}{}^{(\pm)\prime}(\boldsymbol{k}) = \left\{1+ik_0\left(\frac{1}{i}\frac{\partial}{\partial\boldsymbol{k}}+\frac{1}{2}\frac{\boldsymbol{n}\times\boldsymbol{k}}{|\boldsymbol{k}|(|\boldsymbol{k}|+k_3)}\right)\boldsymbol{\tau}\right\}\phi_{1/2}{}^{(\pm)}(\boldsymbol{k}), \tag{7.1.8}$$

$$\phi_{-1/2}{}^{(\pm)\prime}(\boldsymbol{k}) = \left\{1+ik_0\left(\frac{1}{i}\frac{\partial}{\partial\boldsymbol{k}}-\frac{1}{2}\frac{\boldsymbol{n}\times\boldsymbol{k}}{|\boldsymbol{k}|(|\boldsymbol{k}|+k_3)}\right)\boldsymbol{\tau}\right\}\phi_{-1/2}{}^{(\pm)}(\boldsymbol{k}) \tag{7.1.9}$$

で与えられる．ただし，ここで $\boldsymbol{n}$ は第3軸の方向を向いた単位ベクトル，すなわち

$$\boldsymbol{n} = (0, 0, 1) \tag{7.1.10}$$

である．有限質量のとき(6.2.2)にみたように，この場合も共変形式を得るには正振動と負振動の状態を適当に組み合わせておくと便利である．われわれは，そのために

$$\varphi^{R(+)}(\boldsymbol{k}) = \begin{pmatrix}\phi_{1/2}{}^{(+)}(\boldsymbol{k})\\ 0\end{pmatrix}, \qquad \varphi^{R(-)}(\boldsymbol{k}) = \begin{pmatrix}0\\ \phi_{-1/2}{}^{(-)}(\boldsymbol{k})\end{pmatrix}, \tag{7.1.11}$$

$$\varphi^{L(+)}(\boldsymbol{k}) = \begin{pmatrix}0\\ \phi_{-1/2}{}^{(+)}(\boldsymbol{k})\end{pmatrix}, \qquad \varphi^{L(-)}(\boldsymbol{k}) = \begin{pmatrix}\phi_{1/2}{}^{(-)}(\boldsymbol{k})\\ 0\end{pmatrix} \tag{7.1.12}$$

として，正，負の振動をもった2成分の状態ベクトル

$$\varphi^{R}(\boldsymbol{k}) = \varphi^{R(+)}(\boldsymbol{k})+\varphi^{R(-)}(\boldsymbol{k}), \tag{7.1.13}$$

$$\varphi^{L}(\boldsymbol{k}) = \varphi^{L(+)}(\boldsymbol{k})+\varphi^{L(-)}(\boldsymbol{k}) \tag{7.1.14}$$

を導入しよう．これらのローレンツ変換性は，(7.1.6)～(7.1.9)より $\varphi^{R}(\boldsymbol{k})$，$\varphi^{L}(\boldsymbol{k})$ に対して

$$\varphi^{R,L\prime}(\boldsymbol{k})=\left[1+i\left\{\boldsymbol{k}\times\left(\frac{1}{i}\frac{\partial}{\partial\boldsymbol{k}}+\frac{\sigma_3}{2}\frac{(\boldsymbol{n}\times\boldsymbol{k})}{|\boldsymbol{k}|(|\boldsymbol{k}|+k_3)}\right)+\frac{\sigma_3}{2}\frac{\boldsymbol{k}}{|\boldsymbol{k}|}\right\}\boldsymbol{\theta}\right]\varphi^{R,L}(\boldsymbol{k})$$

(θ-変換),　　(7.1.15)

$$\varphi^{R,L\prime}(\boldsymbol{k})=\left\{1+ik_0\left(\frac{1}{i}\frac{\partial}{\partial\boldsymbol{k}}+\frac{\sigma_3}{2}\frac{(\boldsymbol{n}\times\boldsymbol{k})}{|\boldsymbol{k}|(|\boldsymbol{k}|+k_3)}\right)\boldsymbol{\tau}\right\}\varphi^{R,L}(\boldsymbol{k})$$

(τ-変換),　　(7.1.16)

また，(5.2.27)は

$$k_0\varphi^R(\boldsymbol{k})=|\boldsymbol{k}|\sigma_3\varphi^R(\boldsymbol{k}),\tag{7.1.17}$$

$$k_0\varphi^L(\boldsymbol{k})=-|\boldsymbol{k}|\sigma_3\varphi^L(\boldsymbol{k})\tag{7.1.18}$$

とかくことができる．しかしここに与えられた式では第3軸方向が特別に扱われているので，共変形式を得るためにはまずこのような方向の特殊性を除かねばならない．そこで

$$U(\boldsymbol{k})\sigma_3U(\boldsymbol{k})^{-1}=\frac{(\boldsymbol{\sigma k})}{|\boldsymbol{k}|}\tag{7.1.19}$$

ならしめるユニタリー演算子 $U(\boldsymbol{k})$ を導入し

$$\chi^{R,L}(\boldsymbol{k})=U(\boldsymbol{k})\varphi^{R,L}(\boldsymbol{k})\tag{7.1.20}$$

とすると，(7.1.17), (7.1.18)は(7.1.19)により

$$k_0\chi^R(\boldsymbol{k})=(\boldsymbol{\sigma k})\chi^R(\boldsymbol{k}),\tag{7.1.21}$$

$$k_0\chi^L(\boldsymbol{k})=-(\boldsymbol{\sigma k})\chi^L(\boldsymbol{k})\tag{7.1.22}$$

となる．(7.1.19)によれば $U(\boldsymbol{k})$ は，$\boldsymbol{k}$ と $\boldsymbol{n}$ のなす角を θ すなわち $k_3=|\boldsymbol{k}|\cos\theta$ とするとき，原点を通りしかも $\boldsymbol{k}$ と $\boldsymbol{n}$ のつくる平面に垂直な軸のまわりに，角度 θ の回転を与える演算子と考えられる．したがって，

$$U(\boldsymbol{k})=\exp\left(i\frac{\theta}{2}\cdot\frac{\boldsymbol{\sigma}(\boldsymbol{k}\times\boldsymbol{n})}{|\boldsymbol{k}\times\boldsymbol{n}|}\right)=\cos\frac{\theta}{2}+i\frac{\boldsymbol{\sigma}(\boldsymbol{k}\times\boldsymbol{n})}{|\boldsymbol{k}\times\boldsymbol{n}|}\sin\frac{\theta}{2}$$

$$=\frac{1}{\sqrt{2(\boldsymbol{k}^2+(\boldsymbol{nk})|\boldsymbol{k}|)}}\{|\boldsymbol{k}|+(\boldsymbol{nk})+i\boldsymbol{\sigma}(\boldsymbol{k}\times\boldsymbol{n})\}\tag{7.1.23}$$

となる．

$\chi^{R,L}(\boldsymbol{k})$ のローレンツ変換を求めるためには，(7.1.15), (7.1.16)からわかるように $U(\boldsymbol{k})(\partial/\partial\boldsymbol{k})U(\boldsymbol{k})^{-1}$ を計算しなければならないが，(7.1.23)を用いると，これは

$$\frac{1}{i}U(\boldsymbol{k})\left(\frac{\partial}{\partial \boldsymbol{k}}\right)U(\boldsymbol{k})^{-1}=\frac{1}{i}\frac{\partial}{\partial \boldsymbol{k}}+U(\boldsymbol{k})\frac{\partial U(\boldsymbol{k})^{-1}}{\partial \boldsymbol{k}}$$
$$=\frac{1}{i}\frac{\partial}{\partial \boldsymbol{k}}+\frac{1}{2}\frac{(\boldsymbol{\sigma}\times\boldsymbol{k})}{\boldsymbol{k}^2}-\frac{1}{2}\frac{\boldsymbol{n}\times\boldsymbol{k}}{|\boldsymbol{k}|^2(|\boldsymbol{k}|+k_3)}(\boldsymbol{\sigma k}) \tag{7.1.24}$$

となることがわかる．ただしこの式を導くにあたっては，

$$\boldsymbol{A}\times(\boldsymbol{B}\times\boldsymbol{C})=\boldsymbol{B}(\boldsymbol{AC})-(\boldsymbol{AB})\boldsymbol{C}-\sum_{j=1}^{3}[\boldsymbol{B},A_j]\boldsymbol{C}_j,$$
$$\boldsymbol{\sigma}\times\boldsymbol{\sigma}=2i\boldsymbol{\sigma},$$
$$\boldsymbol{\sigma}(\boldsymbol{A\sigma})=i(\boldsymbol{A}\times\boldsymbol{\sigma})+\boldsymbol{A}$$

などの関係式を用いた．その結果，(7.1.19)を考慮すれば

$$U(\boldsymbol{k})\left(\frac{1}{i}\frac{\partial}{\partial \boldsymbol{k}}+\frac{\sigma_3}{2}\frac{\boldsymbol{n}\times\boldsymbol{k}}{|\boldsymbol{k}|(|\boldsymbol{k}|+k_3)}\right)U(\boldsymbol{k})^{-1}=\frac{1}{i}\frac{\partial}{\partial \boldsymbol{k}}+\frac{1}{2}\frac{\boldsymbol{\sigma}\times\boldsymbol{k}}{\boldsymbol{k}^2} \tag{7.1.25}$$

となるから，$\chi^{R,L}(\boldsymbol{k})$ の変換性は

$$\chi^{R,L\prime}(\boldsymbol{k})=\left[1+i\left\{\frac{1}{i}\left(\boldsymbol{k}\times\frac{\partial}{\partial \boldsymbol{k}}\right)+\frac{\boldsymbol{\sigma}}{2}\right\}\boldsymbol{\theta}\right]\chi^{R,L}(\boldsymbol{k})\qquad(\theta\text{-変換}) \tag{7.1.26}$$

$$\chi^{R,L\prime}(\boldsymbol{k})=\left\{1+ik_0\left(\frac{1}{i}\frac{\partial}{\partial \boldsymbol{k}}+\frac{1}{2}\frac{\boldsymbol{\sigma}\times\boldsymbol{k}}{\boldsymbol{k}^2}\right)\boldsymbol{\tau}\right\}\chi^{R,L}(\boldsymbol{k})\qquad(\tau\text{-変換}) \tag{7.1.27}$$

で与えられる．ところで，(7.1.27)の右辺は，恒等式

$$\frac{\boldsymbol{\sigma}\times\boldsymbol{k}}{2\boldsymbol{k}^2}=\frac{1}{2\boldsymbol{k}^2 i}(-\boldsymbol{\sigma}(\boldsymbol{k\sigma})+\boldsymbol{k})$$

および(7.1.21), (7.1.22)を用いることにより，

$$(7.1.27)=\left\{1+\left(k_0\frac{\partial}{\partial \boldsymbol{k}}\mp\frac{\boldsymbol{\sigma}}{2}+\frac{\boldsymbol{k}}{2k_0}\right)\boldsymbol{\tau}\right\}\chi^{R,L}(\boldsymbol{k}) \tag{7.1.28}$$

とかきかえられるが，ここに現われた $\boldsymbol{k}/2k_0$ は，$\phi^{R,L}(\boldsymbol{k})=|\boldsymbol{k}|^{1/2}\chi^{R,L}(\boldsymbol{k})$ とすれば，有限質量のときと同様に，$\phi^{R,L}(\boldsymbol{k})$ の変換式からは消去されることは容易にわかる．なお，(7.1.28)の $-$, $+$ はそれぞれ，R, L に対応するものである．以下このような記法が用いられる．

以上の議論をまとめると次のようになる．(7.1.13), (7.1.14)を出発点として

$$\psi^{R,L}(\boldsymbol{k}) = |\boldsymbol{k}|^{1/2}U(\boldsymbol{k})\phi^{R,L}(\boldsymbol{k}) \tag{7.1.29}$$

とおくとき，$\psi^R(\boldsymbol{k})$ および $\psi^L(\boldsymbol{k})$ は，ローレンツ変換のもとで

$$\psi^{R,L\prime}(\boldsymbol{k}) = \left(1+\frac{i}{2}\boldsymbol{\theta\sigma}\right)\psi^{R,L}(\boldsymbol{k}-\boldsymbol{k}\times\boldsymbol{\theta}) \qquad (\theta\text{-変換}) \tag{7.1.30}$$

$$\psi^{R,L\prime}(\boldsymbol{k}) = \left(1\mp\frac{1}{2}\boldsymbol{\tau\sigma}\right)\psi^{R,L}(\boldsymbol{k}+\boldsymbol{\tau}k_0) \qquad (\tau\text{-変換}) \tag{7.1.31}$$

なる変換をうけ，また

$$k_0\psi^R(\boldsymbol{k}) = (\boldsymbol{k\sigma})\psi^R(\boldsymbol{k}), \tag{7.1.32}$$

$$k_0\psi^L(\boldsymbol{k}) = -(\boldsymbol{k\sigma})\psi^L(\boldsymbol{k}) \tag{7.1.33}$$

を満足する．

したがって x-表示の振幅を，例によって

$$\psi^{R,L}(x) = \frac{1}{(2\pi)^{3/2}}\int\frac{d\boldsymbol{k}}{|\boldsymbol{k}|}e^{i(\boldsymbol{kx}-k_0t)}\psi^{R,L}(\boldsymbol{k}) \tag{7.1.34}$$

で定義すれば，

$$\left(\frac{\partial}{\partial t}+\boldsymbol{\sigma\nabla}\right)\psi^R(x) = 0, \tag{7.1.35}$$

$$\left(\frac{\partial}{\partial t}-\boldsymbol{\sigma\nabla}\right)\psi^L(x) = 0, \tag{7.1.36}$$

かつローレンツ変換は

$$\psi^{R,L\prime}(x) = \left(1+\frac{i}{2}\boldsymbol{\theta\sigma}\right)\psi^{R,L}(\Lambda(\boldsymbol{\theta})^{-1}x) \qquad (\theta\text{-変換}), \tag{7.1.37}$$

$$\psi^{R,L\prime}(x) = \left(1\mp\frac{1}{2}\boldsymbol{\tau\sigma}\right)\psi^{R,L}(\Lambda(\boldsymbol{\tau})^{-1}x) \qquad (\tau\text{-変換}), \tag{7.1.38}$$

さらに内積は，(5.2.28)より R, L に対応して

$$\langle 1|2\rangle^{R,L} = \langle\!\langle 1|2\rangle\!\rangle = \int d\boldsymbol{x}\psi^{R,L*}(x)_1\psi^{R,L}(x)_2 \tag{7.1.39}$$

となることは明らかであろう．このようにして $|S|=1/2$ の粒子の共変形式が得られた．(7.1.35), (7.1.36)はそれぞれ**ワイル**(Weyl)**の方程式**と呼ばれ，質量0，スピン1/2の粒子の従う方程式である．

$\psi^R(x)$ と $\psi^L(x)$ を一まとめにして，

$$\psi(x) = \begin{pmatrix}\psi^R(x)\\ \psi^L(x)\end{pmatrix} \tag{7.1.40}$$

とすると，(7.1.35), (7.1.36)より $\phi(x)$ は

$$\left\{\begin{pmatrix} 0 & i\boldsymbol{\sigma} \\ -i\boldsymbol{\sigma} & 0 \end{pmatrix}\boldsymbol{\nabla}+\begin{pmatrix} 0 & I \\ I & 0 \end{pmatrix}\partial_4\right\}\phi(x)=0 \tag{7.1.41}$$

をみたす．これは(6.5.25)に与えた，γ_5 が対角的な表示における，$m=0$ のディラック方程式である．もちろん，これの解の独立成分は，ポアンカレ群のもとでただ一つの既約表現空間をつくらず，いわば可約であるから $\phi^R(x), \phi^L(x)$ に相当するものをとりだすためには $\phi(x)$ にそれぞれ $\frac{1}{2}(1-\gamma_5)$，$\frac{1}{2}(1+\gamma_5)$ なる射影演算子をかけてやらなければならない．すなわち (7.1.35), (7.1.36) のそれぞれに対応して

$$\frac{1}{2}\gamma_\mu\partial_\mu(1-\gamma_5)\phi(x)=0, \tag{7.1.42}$$

$$\frac{1}{2}\gamma_\mu\partial_\mu(1+\gamma_5)\phi(x)=0 \tag{7.1.43}$$

を得る．また共変内積はこのとき

$$\langle\!\langle 1|2\rangle\!\rangle^{R,L}=\frac{1}{2}\int d\boldsymbol{x}\phi^*(x)_1(1\mp\gamma_5)\phi(x)_2 \tag{7.1.44}$$

となる．

以上の議論の $|S|=n/2\,(n>1)$ の場合への拡張は，§6.3 における有限質量のときと同じようにして行うことができる．

まず，$\rho_1, \rho_2, \cdots, \rho_n$ は1および2の値をとるものとし，これらを完全対称な添字とする $\varphi_{(\rho_1\cdots\rho_n)}{}^{R(\pm)}(\boldsymbol{k})$，$\varphi_{(\rho_1\cdots\rho_n)}{}^{L(\pm)}(\boldsymbol{k})$ を，$\phi_{n/2}{}^{(\pm)}(\boldsymbol{k})$，$\phi_{-n/2}{}^{(\pm)}(\boldsymbol{k})$ に代るものとして，次式で定義しよう．

$$\varphi_{(\rho_1\cdots\rho_n)}{}^{R(+)}(\boldsymbol{k})=\begin{cases}\phi_{n/2}{}^{(+)}(\boldsymbol{k}) & (\rho_1=\rho_2=\cdots=\rho_n=1 \text{ の場合}),\\ 0 & (\text{その他の場合}),\end{cases} \tag{7.1.45}$$

$$\varphi_{(\rho_1\cdots\rho_n)}{}^{R(-)}(\boldsymbol{k})=\begin{cases}\phi_{-n/2}{}^{(-)}(\boldsymbol{k}) & (\rho_1=\rho_2=\cdots=\rho_n=2 \text{ の場合}),\\ 0 & (\text{その他の場合}),\end{cases} \tag{7.1.46}$$

$$\varphi_{(\rho_1\cdots\rho_n)}{}^{L(+)}(\boldsymbol{k})=\begin{cases}\phi_{-n/2}{}^{(+)}(\boldsymbol{k}) & (\rho_1=\rho_2=\cdots=\rho_n=2 \text{ の場合}),\\ 0 & (\text{その他の場合}),\end{cases} \tag{7.1.47}$$

$$\varphi_{(\rho_1\cdots\rho_n)}{}^{L(-)}(\boldsymbol{k}) = \begin{cases} \phi_{n/2}{}^{(-)}(\boldsymbol{k}) & (\rho_1 = \rho_2 = \cdots = \rho_n = 1 \text{ の場合}), \\ 0 & (\text{その他の場合}). \end{cases}$$

(7.1.48)

さらに

$$\varphi_{(\rho_1\cdots\rho_n)}{}^{R,L}(\boldsymbol{k}) = \varphi_{(\rho_1\cdots\rho_n)}{}^{R,L(+)}(\boldsymbol{k}) + \varphi_{(\rho_1\cdots\rho_n)}{}^{R,L(-)}(\boldsymbol{k}) \qquad (7.1.49)$$

とする．以下添字 $(\rho_1\cdots\rho_n)$ を簡単のために $(\cdots)_n$ とかくことにしよう．ところで(7.1.45), (7.1.46)は

$$k_0\varphi_{(\cdots)_n}{}^R(\boldsymbol{k}) = |\boldsymbol{k}|\sigma_3{}^{(i)}\varphi_{(\cdots)_n}{}^R(\boldsymbol{k}) \qquad (i=1,2,\cdots,n) \qquad (7.1.50)$$

の解にほかならないことは容易にわかるから，(7.1.45), (7.1.46)の代りに上式を用いることができる．同様にして，(7.1.47), (7.1,48)の代りに

$$k_0\varphi_{(\cdots)_n}{}^L(\boldsymbol{k}) = -|\boldsymbol{k}|\sigma_3{}^{(i)}\varphi_{(\cdots)_n}{}^L(\boldsymbol{k}) \qquad (i=1,2,\cdots,n) \qquad (7.1.51)$$

を用いてよい．

(5.2.21), (5.2.22)より，$\varphi_{(\cdots)_n}{}^R\boldsymbol{k}, \varphi_{(\cdots)_n}{}^L(\boldsymbol{k})$ は，ローレンツ変換のもとでは，(7.1.13), (7.1.14)の $\varphi^R(\boldsymbol{k})$ および $\varphi^L(\boldsymbol{k})$ それぞれの n 個の直積と同型の変換を受けると考えられるから，

$$\varphi_{(\cdots)_n}{}^{R,L\prime}(\boldsymbol{k}) = \left[1+i\left\{\boldsymbol{k}\times\left(\frac{1}{i}\frac{\partial}{\partial\boldsymbol{k}} + \sum_{i=1}^n \frac{\sigma_3{}^{(i)}}{2}\frac{\boldsymbol{n}\times\boldsymbol{k}}{|\boldsymbol{k}|(|\boldsymbol{k}|+k_3)}\right)\right.\right.$$
$$\left.\left. + \sum_{i=1}^n \frac{\sigma_3{}^{(i)}}{2}\frac{\boldsymbol{k}}{|\boldsymbol{k}|}\right\}\boldsymbol{\theta}\right]\varphi_{(\cdots)_n}{}^{R,L}(\boldsymbol{k}) \qquad (\theta\text{-変換}), \qquad (7.1.52)$$

$$\varphi_{(\cdots)_n}{}^{R,L\prime}(\boldsymbol{k}) = \left\{1+ik_0\left(\frac{1}{i}\frac{\partial}{\partial\boldsymbol{k}} + \sum_{i=1}^n \frac{\sigma_3{}^{(i)}}{2}\frac{\boldsymbol{n}\times\boldsymbol{k}}{|\boldsymbol{k}|(|\boldsymbol{k}|+k_3)}\right)\boldsymbol{\tau}\right\}\varphi_{(\cdots)_n}{}^{R,L}(\boldsymbol{k})$$

$(\tau$-変換), (7.1.53)

を得る．したがって，添字 ρ_i に作用するユニタリー演算子(7.1.23)を $U^{(i)}(\boldsymbol{k})$ とし，(7.1.29)を一般化して

$$\psi_{(\cdots)_n}{}^{R,L}(\boldsymbol{k}) = |\boldsymbol{k}|^{n/2}\prod_{i=1}^n U^{(i)}(\boldsymbol{k})\varphi_{(\cdots)_n}{}^{R,L}(\boldsymbol{k}) \qquad (7.1.54)$$

とおくならば，$|S|=1/2$ のときと同様の議論により

$$\psi_{(\cdots)_n}{}^{R,L\prime}(\boldsymbol{k}) = \left(1+\frac{i}{2}\boldsymbol{\theta}\sum_{i=1}^n \boldsymbol{\sigma}^{(i)}\right)\psi_{(\cdots)_n}{}^{R,L}(\boldsymbol{k}-\boldsymbol{k}\times\boldsymbol{\theta}) \qquad (\theta\text{-変換}),$$

(7.1.55)

$$\psi_{(\ldots)_n}{}^{R,L'}(\boldsymbol{k}) = \left(1 \mp \frac{1}{2}\boldsymbol{\tau} \sum_{i=1}^{n} \boldsymbol{\sigma}^{(i)}\right)\psi_{(\ldots)_n}{}^{R,L}(\boldsymbol{k}+\boldsymbol{\tau}k_0) \qquad (\tau\text{-変換}), \tag{7.1.56}$$

また(7.1.50), (7.1.51)より

$$k_0\psi_{(\ldots)_n}{}^{R}(\boldsymbol{k}) = (\boldsymbol{k}\boldsymbol{\sigma}^{(i)})\psi_{(\ldots)_n}{}^{R}(\boldsymbol{k}) \qquad (i = 1, 2, \cdots, n), \tag{7.1.57}$$

$$k_0\psi_{(\ldots)_n}{}^{L}(\boldsymbol{k}) = -(\boldsymbol{k}\boldsymbol{\sigma}^{(i)})\psi_{(\ldots)_n}{}^{L}(\boldsymbol{k}) \qquad (i = 1, 2, \cdots, n) \tag{7.1.58}$$

を得る．それゆえ，x-表示の $\psi_{(\ldots)_n}{}^{R,L}(x)$ を

$$\psi_{(\ldots)_n}{}^{R,L}(x) = \frac{1}{(2\pi)^{3/2}}\int\frac{d\boldsymbol{k}}{|\boldsymbol{k}|}e^{i(\boldsymbol{k}\boldsymbol{x}-k_0t)}\psi_{(\ldots)_n}{}^{R,L}(\boldsymbol{k}) \tag{7.1.59}$$

とすれば，直ちに

$$\psi_{(\ldots)_n}{}^{R,L'}(x) = \left(1 + \frac{i}{2}\boldsymbol{\theta} \sum_{i=1}^{n} \boldsymbol{\sigma}^{(i)}\right)\psi_{(\ldots)_n}{}^{R,L}(\Lambda(\boldsymbol{\theta})^{-1}x) \qquad (\theta\text{-変換}), \tag{7.1.60}$$

$$\psi_{(\ldots)_n}{}^{R,L'}(x) = \left(1 \mp \frac{1}{2}\boldsymbol{\tau} \sum_{i=1}^{n} \boldsymbol{\sigma}^{(i)}\right)\psi_{(\ldots)_n}{}^{R,L}(\Lambda(\boldsymbol{\tau})^{-1}x) \qquad (\tau\text{-変換}), \tag{7.1.61}$$

および運動方程式として

$$\left(\frac{\partial}{\partial t} + \boldsymbol{\sigma}^{(i)}\boldsymbol{\nabla}\right)\psi_{(\ldots)_n}{}^{R}(x) = 0 \qquad (i = 1, 2, \cdots, n), \tag{7.1.62}$$

$$\left(\frac{\partial}{\partial t} - \boldsymbol{\sigma}^{(i)}\boldsymbol{\nabla}\right)\psi_{(\ldots)_n}{}^{L}(x) = 0 \qquad (i = 1, 2, \cdots, n) \tag{7.1.63}$$

が導かれる．(7.1.62), (7.1.63)は**スピン $n/2$, 質量 0 の粒子に対するバーグマン・ウィグナーの方程式**である．R および L の記号は，それぞれ右あるいは左に偏った粒子を示す．例えば，$n=2$ とすると，(7.1.62)は右旋性の光子，(7.1.63)は左旋性の光子に対する方程式となる(§7.3 参照)．また $\psi_{(a_1\cdots a_n)}(x)$ の添字 $a_1, a_2, \cdots, a_n$ のそれぞれを 1 から 4 までの値をとるディラック・スピノルとみなすと(7.1.62), (7.1.63)はそれぞれ次のようにかくこともできる．

$$\gamma_\mu{}^{(i)}\partial_\mu\left[\prod_{j=1}^{n}\frac{1}{2}(1-\gamma_5)^{(j)}\right]\psi_{(\ldots)_n}(x) = 0, \tag{7.1.64}$$

$$\gamma_\mu{}^{(i)}\partial_\mu\left[\prod_{j=1}^{n}\frac{1}{2}(1+\gamma_5)^{(j)}\right]\psi_{(\ldots)_n}(x) = 0. \tag{7.1.65}$$

共変内積は，有限質量の粒子における議論からの類推によって，(5.2.28),

(7.1.54)より

$$\langle\!\langle 1|2\rangle\!\rangle^{R,L}=\frac{1}{|N|^2}\sum_{\rho_1,\rho_2,\cdots,\rho_n=1,2}\int\frac{d\boldsymbol{k}}{|\boldsymbol{k}|^2}\frac{\psi_{(\rho_1\cdots\rho_n)}{}^{R,L*}(\boldsymbol{k})_1\psi_{(\rho_1\cdots\rho_n)}{}^{R,L}(\boldsymbol{k})_2}{k_0{}^{n-1}} \tag{7.1.66}$$

とかいてよいであろう．ここに与えられた共変内積は，規格化の因子 $1/|N|^2$ を無視すれば(5.2.28)と

$$\left.\begin{aligned}\langle n/2\,;1,\pm|n/2\,;2,\pm\rangle&=(\pm1)^{n-1}\langle\!\langle 1,\pm|2,\pm\rangle\!\rangle^{R,L},\\ \langle -n/2\,;1,\pm|-n/2\,;2,\pm\rangle&=(\pm1)^{n-1}\langle\!\langle 1,\pm|2,\pm\rangle\!\rangle^{L,R}\end{aligned}\right\} \tag{7.1.67}$$

なる関係にある．しかしながら $n\geqq2$ の場合は(7.1.66)の右辺を，(7.1.59)を用いて簡単に x-表示で書きあらわすことはできない．これは，質量が0であるため(6.3.35)のようなやり方で余分な因子 $1/k_0{}^{n-1}$ を運動方程式を使って消去するわけにはいかないからである．それゆえ共変内積を x-表示の量を用いてかくためにはさらに工夫を必要とするが，その議論は§7.3で述べることにし，その前に不連続変換についての考察を行うことにする．

§7.2　不連続変換

まず空間反転について考察しよう．(6.6.2)～(6.6.4)をみたす，ユニタリーな空間反転の演算子 $\mathcal{R}$ が存在したと仮定する．ただしこの場合，$\boldsymbol{J},\boldsymbol{K}$ は(5.2.25), (5.2.26)で与えられるが，以下 S への依存性を明示するためこれらを $\boldsymbol{J}(S),\boldsymbol{K}(S)$ とかくことにする．ここで，(6.6.5)と同様に $\mathcal{R}=\mathfrak{q}\mathfrak{p}$ として

$$\mathfrak{p}\phi_S{}^{(\pm)}(\boldsymbol{k})=\phi_S{}^{(\pm)}(-\boldsymbol{k}) \tag{7.2.1}$$

とすれば，(6.6.2)により $\mathfrak{q}$ は $\boldsymbol{k}$ と可換なユニタリー演算子，つまり $\boldsymbol{k}$ のみの関数となる故，これを $\mathfrak{q}(\boldsymbol{k})$ とかくことにする．このとき仮定により $\mathfrak{q}(\boldsymbol{k})$ のみたすべき式として，(6.6.3), (6.6.4)より

$$\left.\begin{aligned}\mathcal{R}^{-1}J_1(S)\mathcal{R}&=\mathfrak{q}(-\boldsymbol{k})^{-1}\left\{\frac{1}{i}\left(\boldsymbol{k}\times\frac{\partial}{\partial\boldsymbol{k}}\right)_1-S\frac{k_1}{|\boldsymbol{k}|-k_3}\right\}\mathfrak{q}(-\boldsymbol{k})=J_1(S),\\ \mathcal{R}^{-1}J_2(S)\mathcal{R}&=\mathfrak{q}(-\boldsymbol{k})^{-1}\left\{\frac{1}{i}\left(\boldsymbol{k}\times\frac{\partial}{\partial\boldsymbol{k}}\right)_2-S\frac{k_2}{|\boldsymbol{k}|-k_3}\right\}\mathfrak{q}(-\boldsymbol{k})=J_2(S),\\ \mathcal{R}^{-1}J_3(S)\mathcal{R}&=\mathfrak{q}(-\boldsymbol{k})^{-1}\left\{\frac{1}{i}\left(\boldsymbol{k}\times\frac{\partial}{\partial\boldsymbol{k}}\right)_3+S\right\}\mathfrak{q}(-\boldsymbol{k})=J_3(S)\end{aligned}\right\} \tag{7.2.2}$$

および

$$\left.\begin{aligned}
\mathcal{R}^{-1}K_1(S)\mathcal{R} &= \mathfrak{q}(-\boldsymbol{k})^{-1}\left\{k_0\left(\frac{1}{i}\frac{\partial}{\partial k_1}-S\frac{k_2}{|\boldsymbol{k}|(|\boldsymbol{k}|-k_3)}\right)\right\}\mathfrak{q}(-\boldsymbol{k}) = -K_1(S),\\
\mathcal{R}^{-1}K_2(S)\mathcal{R} &= \mathfrak{q}(-\boldsymbol{k})^{-1}\left\{k_0\left(\frac{1}{i}\frac{\partial}{\partial k_2}+S\frac{k_1}{|\boldsymbol{k}|(|\boldsymbol{k}|-k_3)}\right)\right\}\mathfrak{q}(-\boldsymbol{k}) = -K_2(S),\\
\mathcal{R}^{-1}K_3(S)\mathcal{R} &= \mathfrak{q}(-\boldsymbol{k})^{-1}\left(\frac{1}{i}k_0\frac{\partial}{\partial k_3}\right)\mathfrak{q}(-\boldsymbol{k}) = -K_3(S)
\end{aligned}\right\} \tag{7.2.3}$$

が得られる．しかしながら，ポアンカレ群の一つの既約表現空間内で定義されしかもこれらの式を満足するような $\mathfrak{q}(\boldsymbol{k})$ は $S=0$ の場合を除いては存在し得ないことが，次のようにして容易に示される．$\mathfrak{q}(-\boldsymbol{k})=u_1(\boldsymbol{k})u_2(\boldsymbol{k})$ として $u_1(\boldsymbol{k})$ を

$$u_1(\boldsymbol{k}) = \exp\left\{-2iS\tan^{-1}\left(\frac{k_2}{k_1}\right)\right\} \tag{7.2.4}$$

で定義すると，(7.2.2), (7.2.3)から計算の結果

$$\mathcal{R}^{-1}\boldsymbol{J}(S)\mathcal{R} = u_2(\boldsymbol{k})^{-1}\boldsymbol{J}(-S)u_2(\boldsymbol{k}) = \boldsymbol{J}(S), \tag{7.2.5}$$

$$\mathcal{R}^{-1}\boldsymbol{K}(S)\mathcal{R} = -u_2(\boldsymbol{k})^{-1}\boldsymbol{K}(-S)u_2(\boldsymbol{k}) = -\boldsymbol{K}(S), \tag{7.2.6}$$

つまり $u_2(\boldsymbol{k})$ は，$\boldsymbol{J}(-S)$ を $\boldsymbol{J}(S)$ に，また $\boldsymbol{K}(-S)$ を $\boldsymbol{K}(S)$ に変換するユニタリー演算子でなければならぬことになる．しかし，$S\neq 0$ のときは S の符号が異なればポアンカレ群の既約表現としては別のものになるから，このような $\boldsymbol{u_2(k)}$，したがってユニタリーな空間反転の演算子 $\mathcal{R}$ はポアンカレ群の一つの既約表現空間内では存在し得ないことがわかる．

それゆえ，空間反転を定義するには，アンチ・ユニタリー変換を利用するか，あるいは S と $-S$ の二つの既約表現の直和の空間においてこれを行う必要がある．

まず前者の場合，(5.2.23), (5.2.24)の両辺の複素共役をとると S の符号が変る．これを上記の議論と組み合わせれば，たしかに空間反転の一つの定義が可能となるが，ただ複素共役をとることによって正負の振動の入れ替りが生ずるので好ましいものとはいえない．

他方，後者の場合，上記の演算からわかるように状態ベクトルの変換は一般に

$$\phi_S{}^{(\pm)\prime}(\boldsymbol{k}) = \exp(i\delta_S{}^{(\pm)}) \exp\left\{-2iS\tan^{-1}\left(\frac{k_2}{k_1}\right)\right\}\phi_{-S}{}^{(\pm)}(-\boldsymbol{k}) \qquad (7.2.7)$$

によって与えられる．ただし $\delta_S{}^{(\pm)}$ は実の定数.

$S=0$ のときは，$\delta_0{}^{(+)}=\delta_0{}^{(-)}=\delta$ とすれば(7.1.1)の $U(x)$ は，空間反転のもとで

$$U'(\boldsymbol{x},t) = e^{i\delta}U(-\boldsymbol{x},t) \qquad (7.2.8)$$

となることは容易に導かれる．

$|S|\geqq 1/2$ の場合は，有限質量のときと同様，$|S|=1/2$ を考察しておけば他の場合は自動的に求められる．そこで $|S|=1/2$ とすると，(7.1.11)～(7.1.14)より

$$\varphi^{R\prime}(\boldsymbol{k}) = e^{i(\delta+\sigma_3 c)}\exp\left\{-i\sigma_3\tan^{-1}\left(\frac{k_2}{k_1}\right)\right\}\sigma_1\varphi^L(-\boldsymbol{k}). \qquad (7.2.9)$$

ただし，$\delta=(\delta_{1/2}{}^{(+)}+\delta_{-1/2}{}^{(-)})/2$, $c=(\delta_{1/2}{}^{(+)}-\delta_{-1/2}{}^{(-)})/2$ である．ここで(7.1.29)および $U(\boldsymbol{k})$ の具体的な形(7.1.23)を用いて計算すると

$$\begin{aligned}
&\psi^{R\prime}(\boldsymbol{k})\\
&=\left[U(\boldsymbol{k})e^{i(\delta+\sigma_3 c)}\exp\left\{-i\sigma_3\tan^{-1}\left(\frac{k_2}{k_1}\right)\right\}U(\boldsymbol{k})^{-1}U(\boldsymbol{k})\sigma_1 U(-\boldsymbol{k})^{-1}\right]\psi^L(-\boldsymbol{k})\\
&=e^{i\delta}\left(i\sin c+\frac{(\boldsymbol{k\sigma})}{|\boldsymbol{k}|}\cos c\right)\psi^L(-\boldsymbol{k}) \qquad (7.2.10)
\end{aligned}$$

を得るから，共変性の条件により $c=\pi/2$, したがって x-表示においては

$$\psi^{R\prime}(\boldsymbol{x},t) = ie^{i\delta}\psi^L(-\boldsymbol{x},t) \qquad (7.2.11)$$

が導かれる．同様にして

$$\psi^{L\prime}(\boldsymbol{x},t) = ie^{i\hat{\delta}}\psi^R(-\boldsymbol{x},t). \qquad (7.2.12)$$

ただし，$(\delta_{1/2}{}^{(-)}+\delta_{-1/2}{}^{(+)})/2=\hat{\delta}$, $(\delta_{1/2}{}^{(-)}-\delta_{-1/2}{}^{(+)})/2=\pi/2$ とおいた．これらを $|S|\geqq 1/2$ に一般化すれば

$$\left.\begin{aligned}
\psi_{(\dots)_n}{}^{R\prime}(\boldsymbol{x},t) &= e^{i\delta}\psi_{(\dots)_n}{}^L(-\boldsymbol{x},t),\\
\psi_{(\dots)_n}{}^{L\prime}(\boldsymbol{x},t) &= e^{i\hat{\delta}}\psi_{(\dots)_n}{}^R(-\boldsymbol{x},t)
\end{aligned}\right\} \qquad (7.2.13)$$

となることは明らかであろう．このようにして，正負の振動を入れかえないような空間反転で，理論の不変性を要求するならば，$|S|\geqq 1/2$ に対しては(7.1.62), (7.1.63)が共存してはじめてそれが可能となることがわかる．

したがってもし，$\psi_{(\dots)_n}{}^R(x)$ と $\psi_{(\dots)_n}{}^L(x)$ のうち一方だけが自然界に存在して

いる場合には，このような自由粒子に対してその記述を不変にするような空間反転は存在しないことになる．その代表的な例はニュートリノ ($|S|=1/2$) であって，L 振幅のニュートリノのみが存在し R 振幅のものがないことが実験で知られている．すなわち，この理論を不変にする空間反転をつくることはできない．§1.2 でもふれたように特殊相対論の枠内には，不連続変換のもとでも理論は不変でなければならぬという要求はもともと存在していないわけであるから，このこと自身理論的な矛盾ではないが，ニュートリノと対照的なのは同じく質量 0 をもつ光子 ($|S|=1$) である．光子には R および L つまり，右旋性や左旋性をもつ双方の状態が存在し，しかもそれらの重ね合せの状態としての楕円偏光や直線偏光をあらわす光子のあることもよく知られている．このように R と L を別種の光子とは見ずに，一つの光子の異なった状態と考えるのは単に習慣上の問題といってしまえばそれまでだが，少なくとも実際には，ポアンカレ群に空間反転を含めたより大きな群の既約表現によって，光子の自由粒子像を規定することになっている．ニュートリノに対してはポアンカレ群のみを，また光子においてはより広い群を，ということでは論旨の一貫性を欠いているが，この事情は相互作用のあり方つまりニュートリノや光子の放出，吸収がどのような具合に行われるかという問題とも実は関連している．本書ではそこまで立ち入って議論する余裕はないが，ただ自由粒子の範囲内だけでも次節に述べる共変内積の形から光子に対しては R と L を同時に考える方が自然であるということは理解されるであろう．

次に時間反転について述べよう．§6.6 と同様の議論により，$\phi_S{}^{(\pm}(\boldsymbol{k})$ を時間反転したときの振幅を $\phi_S{}^{(\pm)\prime\prime}(\boldsymbol{k})$ と記すとき，

$$\phi_S{}^{(\pm)\prime\prime}(\boldsymbol{k}) = \exp(i\delta_S{}^{(\pm)\prime})\exp\left\{-2iS\tan^{-1}\left(\frac{k_2}{k_1}\right)\right\}\phi_S{}^{(\pm)*}(-\boldsymbol{k}) \tag{7.2.14}$$

とおくことができる．ただし右辺の $\phi_S{}^{(\pm)}(\boldsymbol{k})$ は，(6.6.12)の $\phi_\xi{}^{(\pm)}(\boldsymbol{k})$ と同様，座標の平行移動のもとで $T(\boldsymbol{a}, -a_0)\phi_S{}^{(\pm)}(\boldsymbol{k})$ なる変換に従う．(7.2.14)を共変形式における振幅の変換にかきかえるのは容易である．

$S=0$ に対しては，$\delta_0{}^{(\pm)\prime}=\delta'$ として

$$U''(\boldsymbol{x}, t) = e^{i\delta'}U^*(\boldsymbol{x}, -t), \tag{7.2.15}$$

また，$|S|=1/2$ のときは $(\delta_{1/2}{}^{(+)\prime}+\delta_{-1/2}{}^{(-)\prime})/2=\delta_R{}'$，$(\delta_{1/2}{}^{(+)\prime}-\delta_{-1/2}{}^{(-)\prime})/2=c_R{}'+\pi/2$ とおくと，(7.2.14), (7.1.11), (7.1.13)より

$$\varphi^{R''}(\boldsymbol{k}) = \exp\left\{i\left(\delta_R{}'+\sigma_3 c_R{}'+\frac{\sigma_3\pi}{2}\right)\right\}\exp\left\{-i\sigma_3\tan^{-1}\left(\frac{k_2}{k_1}\right)\right\}\varphi^{R*}(-\boldsymbol{k})$$
$$= \exp\{i(\delta_R{}'+\sigma_3 c_R{}')\}\exp\left\{-i\sigma_3\tan^{-1}\left(\frac{k_2}{k_1}\right)\right\}\sigma_1\sigma_2\varphi^{R*}(-\boldsymbol{k}). \tag{7.2.16}$$

ここで，$\sigma_2 U^*(-\boldsymbol{k})^{-1}\sigma_2=U(-\boldsymbol{k})^{-1}$ なる関係を利用すれば，(7.1.29)によって

$$\psi^{R''}(\boldsymbol{k})$$
$$=\left[U(\boldsymbol{k})\exp\{i(\delta_R{}'+\sigma_3 c_R{}')\}\exp\left\{-i\sigma_3\tan^{-1}\left(\frac{k_2}{k_1}\right)\right\}U(\boldsymbol{k})^{-1}\times U(\boldsymbol{k})\sigma_1 U(\boldsymbol{k})^{-1}\right]$$
$$\times\sigma_2\psi^{R*}(-\boldsymbol{k}). \tag{7.2.17}$$

上式の [⋯] は，(7.2.10)における [⋯] と同形であるから，$c_R{}'=\pi/2$ とすれば

$$\psi^{R''}(\boldsymbol{k}) = i\,e^{i\delta_R{}'}\sigma_2\psi^{R*}(-\boldsymbol{k}), \tag{7.2.18}$$

したがって $\boldsymbol{x}$-表示で

$$\psi^{R''}(\boldsymbol{x},t) = i\,e^{i\delta_R{}'}\sigma_2\psi^{R*}(\boldsymbol{x},-t) \tag{7.2.19}$$

を得る．同様にして，$(\delta_{1/2}{}^{(-)\prime}+\delta_{-1/2}{}^{(+)\prime})/2=\delta_L{}'$, $(\delta_{1/2}{}^{(-)\prime}-\delta_{-1/2}{}^{(+)\prime})/2=\pi$ とすれば

$$\psi^{L''}(\boldsymbol{x},t) = i\,e^{i\delta_L{}'}\sigma_2\psi^{L*}(\boldsymbol{x},-t) \tag{7.2.20}$$

が導かれる．これらの $|S|\geqq 1/2$ への拡張は

$$\psi_{(\cdots)_n}{}^{R,L''}(\boldsymbol{x},t) = e^{i\delta_{R,L}{}'}\prod_{i=1}^{n}\sigma_2{}^{(i)}\psi_{(\cdots)_n}{}^{R,L*}(\boldsymbol{x},-t) \tag{7.2.21}$$

であることは明らかであろう．以上の議論にみられるように，時間反転は空間反転と異なって ψ^R と ψ^L の共存を必要とせず，アンチ・ユニタリー変換を用いれば，そのおのおのにおいて定義することができる．

なお，$m=0$ では $|S|\geqq 1/2$ のとき，ψ^R または ψ^L に対し，別々に荷電共役変換を定義することはできない．実際，この変換の過程では x_μ はそのままにして振幅の複素共役をとる必要があるが，すでに述べたようにこの操作は S を $-S$ に変えてしまうからである．いいかえれば，荷電共役変換は，ψ^R と ψ^L が共存してはじめて可能となる．

§7.3 共変内積

スピンが1以上のとき，(7.1.66)右辺の余分な因子 $1/k_0{}^{n-1}$ を消去し，共変内積を x-表示の振幅を用いてあらわすことを考えよう．それには，分子の $\sum_{\rho_1\rho_2\cdots\rho_n=1,2}\psi^{R,L*}{}_{(\rho_1\rho_2\cdots\rho_n)}(\boldsymbol{k})_1\psi^{R,L}{}_{(\rho_1\rho_2\cdots\rho_n)}(\boldsymbol{k})_2$ を $k_0{}^{n-1}$ に比例するような形にかきかえる必要がある．しかしバーグマン・ウィグナーの振幅のままではこれは不可能なので，§6.7で行ったように，これをまずテンソルの添字をもつ振幅に変形し，そこから k_0 をとりだすことにする．ただ一般のスピンの粒子に対してこれを行うのは，手続きが少々面倒になるので，例としてスピンが1および3/2の場合だけを述べることにする．

a) スピン1の粒子

(7.1.64), (7.1.65) において $n=2$ とする．$\psi_{(a_1a_2)}(x)\,(a_1, a_2=1,2,3,4)$ に $\prod_{i=1,2}\left\{\frac{1}{2}(1-\gamma_5)^{(i)}\right\}$, $\prod_{i=1,2}\left\{\frac{1}{2}(1+\gamma_5)^{(i)}\right\}$ を作用させたものがそれぞれ R および L の振幅となるが，$\psi_{(a_1a_2)}(x)$ を4行4列の対称行列 $\psi(x)$ の a_1 行 a_2 列の要素とみなせば，これらはそれぞれ $\frac{1-\gamma_5}{2}\psi(x)\frac{1-\gamma_5{}^{\mathrm{T}}}{2}$, $\frac{1+\gamma_5}{2}\psi(x)\frac{1+\gamma_5{}^{\mathrm{T}}}{2}$ とかける．これに右から C^{-1} をかけ $\psi(x)C^{-1}=\chi(x)$ とすれば，R-振幅に対する方程式として，(7.1.64)より

$$\gamma_\mu\partial_\mu\frac{1-\gamma_5}{2}\chi(x)\frac{1-\gamma_5}{2}=0, \tag{7.3.1}$$

$$\frac{1-\gamma_5}{2}\chi(x)\frac{1-\gamma_5}{2}\gamma_\mu\overleftarrow{\partial_\mu}=0 \tag{7.3.2}$$

を得る．ただし $C\gamma_5{}^{\mathrm{T}}C^{-1}=\gamma_5$ なる関係を用いた．L-振幅に対しては，上式で γ_5 の符号を変えたものとなる．この二つの式のうち一方は他方から導かれるので，以下(7.3.1)のみを考えよう．$\psi(x)$ が対称行列である結果として $\chi(x)$ は(6.7.2)の形に展開されるが，これに両側から $(1-\gamma_5)/2$ をかけると，γ_μ が γ_5 と反可換なことから，$V_\mu(x)$ は落ちてしまい，これを(7.3.1)に代入すると $T_{[\mu\nu]}(x)$ に対する方程式として

$$\gamma_\mu\sigma_{\lambda\rho}(1-\gamma_5)\partial_\mu T_{[\lambda\rho]}(x)=0 \tag{7.3.3}$$

が導かれる．左辺の γ-マトリックスの積を(6.7.5)を用いてかきかえれば，(7.3.3)は

$$\partial_\lambda T_{[\lambda\rho]}{}^R(x)=0, \tag{7.3.4}$$

$$T_{[\lambda\rho]}{}^R(x) = T_{[\lambda\rho]}(x) + \frac{\varepsilon_{\lambda\rho\mu\nu}}{2} T_{[\mu\nu]}(x), \tag{7.3.5}$$

となる．同様にして，L-振幅に対しては，(7.3.3)における γ_5 の符号を変えた式から

$$\partial_\lambda T_{[\lambda\rho]}{}^L(x) = 0, \tag{7.3.6}$$

$$T_{[\lambda\rho]}{}^L(x) = T_{[\lambda\rho]}(x) - \frac{\varepsilon_{\lambda\rho\mu\nu}}{2} T_{[\mu\nu]}(x) \tag{7.3.7}$$

が得られることは明らかであろう．

(7.3.4)～(7.3.7)はマックスウェル(Maxwell)の方程式に他ならない．ここで $\sum_{i,j=1,2,3} \varepsilon_{ijk} T_{[ij]}(x)/2 = H_k(x)$, $T_{[4k]} = iE_k(x)$ $(k=1,2,3)$ とおけば，(7.3.4), (7.3.6)はそれぞれ $\boldsymbol{H}(x) - i\boldsymbol{E}(x)$ および $\boldsymbol{H}(x) + i\boldsymbol{E}(x)$，つまり右旋光，左旋光の光子に対する方程式となる．ただし，この場合 $\boldsymbol{H}(x), \boldsymbol{E}(x)$ はマックスウェル方程式を満足するものの，いわば確率波としての波動関数を変形して得られた量であるから，現実の時空間内に存在する通常の磁場，電場そのものではなく，これとは概念上全く別の複素数の量であることに注意しなければならない．

共変内積を求めるために

$$\chi(x) = \frac{1}{(2\pi)^{3/2}} \int \frac{d\boldsymbol{k}}{|\boldsymbol{k}|} e^{i(\boldsymbol{kx} - k_0 t)} \chi(\boldsymbol{k}), \tag{7.3.8}$$

$$T_{[\mu\nu]}(x) = \frac{1}{(2\pi)^{3/2}} \int \frac{d\boldsymbol{k}}{|\boldsymbol{k}|} e^{i(\boldsymbol{kx} - k_0 t)} T_{[\mu\nu]}(\boldsymbol{k}) \tag{7.3.9}$$

によって，一度運動表示の振幅にもどそう．そうすると(7.1.66)は，$(1\mp\gamma_5)\times\chi(\boldsymbol{k})(1\mp\gamma_5) = -iT_{[\mu\nu]}(\boldsymbol{k})\sigma_{\mu\nu}(1\mp\gamma_5)$ により

$$\begin{aligned}
\langle\!\langle 1|2 \rangle\!\rangle^{R,L} &= \frac{1}{|N|^2} \int \frac{d\boldsymbol{k}}{8k_0|\boldsymbol{k}|^2} \mathrm{Tr}\{(1\mp\gamma_5)\chi^\dagger(\boldsymbol{k})_1(1\mp\gamma_5)\chi(\boldsymbol{k})_2(1\mp\gamma_5)\} \\
&= \frac{1}{|N|^2} \int \frac{d\boldsymbol{k}}{8k_0|\boldsymbol{k}|^2} (T_{[\mu\nu]}(\boldsymbol{k})_1)^* T_{[\lambda\rho]}(\boldsymbol{k})_2 \mathrm{Tr}\{\sigma_{\mu\nu}\sigma_{\lambda\rho}(1\mp\gamma_5)\}
\end{aligned} \tag{7.3.10}$$

となる．$\chi^\dagger(\boldsymbol{k})$ は $\chi(\boldsymbol{k})$ のエルミート共役マトリックスである．ところで電磁気学とのアナロジーによって $T_{[\mu\nu]}(\boldsymbol{k})$ をベクトル・ポテンシャル $A_\mu(\boldsymbol{k})$ を用いて

$$T_{[\mu\nu]}(\boldsymbol{k}) = i(k_\mu A_\nu(\boldsymbol{k}) - k_\nu A_\mu(\boldsymbol{k})) \tag{7.3.11}$$

であらわそう．他方また(7.3.10)の Tr は §6.5 の議論により

$$\mathrm{Tr}\{\sigma_{\mu\nu}\sigma_{\lambda\rho}(1\mp\gamma_5)\} = 4(\delta_{\mu\lambda}\delta_{\nu\rho}-\delta_{\mu\rho}\delta_{\nu\lambda}\pm\varepsilon_{\mu\nu\lambda\rho}) \tag{7.3.12}$$

となるから，(7.3.10)の右辺の分子は

$$\begin{aligned}&16\{(\boldsymbol{k}^2+k_0{}^2)(\boldsymbol{A}^*(\boldsymbol{k})_1\boldsymbol{A}(\boldsymbol{k})_2+A_0{}^*(\boldsymbol{k})_1A_0(\boldsymbol{k})_2)-(\boldsymbol{k}\boldsymbol{A}(\boldsymbol{k})_1+k_0A_0(\boldsymbol{k})_1)^*\\&\quad\times(\boldsymbol{k}\boldsymbol{A}(\boldsymbol{k})_2+k_0A_0(\boldsymbol{k})_2)\mp 2ik_0(\boldsymbol{k}[\boldsymbol{A}^*(\boldsymbol{k})_1\times\boldsymbol{A}(\boldsymbol{k})_2])\}\\&=32\,k_0\{k_0(\boldsymbol{A}^*(\boldsymbol{k})_1\boldsymbol{A}(\boldsymbol{k})_2-A_0{}^*(\boldsymbol{k})_1A_0(\boldsymbol{k})_2)\\&\quad\mp i\boldsymbol{k}[\boldsymbol{A}^*(\boldsymbol{k})_1\times\boldsymbol{A}(\boldsymbol{k})_2]\}\end{aligned} \tag{7.3.13}$$

となって k_0 が全体にかかる因子としてとりだされる．ただしここではベクトル・ポテンシャル $A_\mu(\boldsymbol{k})$ に対するローレンツ条件

$$k_\mu A_\mu(\boldsymbol{k}) = 0 \tag{7.3.14}$$

および $\boldsymbol{k}^2=k_0{}^2$ を用いた．その結果(7.3.10)において規格化因子 $1/|N|^2$ を 1/8 とおき，かつ

$$A_\mu(x) = \frac{1}{(2\pi)^{3/2}}\int\frac{d\boldsymbol{k}}{|\boldsymbol{k}|}e^{i(\boldsymbol{k}\boldsymbol{x}-k_0t)}A_\mu(\boldsymbol{k}) \tag{7.3.15}$$

とすれば

$$\begin{aligned}\langle\!\langle 1|2\rangle\!\rangle^{R,L} &= \frac{1}{4i}\int d\boldsymbol{x}\left(\frac{\partial\boldsymbol{A}^*(x)_1}{\partial t}\boldsymbol{A}(x)_2-\boldsymbol{A}^*(x)_1\frac{\partial\boldsymbol{A}(x)_2}{\partial t}-\frac{\partial A_0{}^*(x)_1}{\partial t}A_0(x)_2\right.\\&\qquad\left.+A_0{}^*(x)_1\frac{\partial A_0(x)_2}{\partial t}\right)\\&\quad\pm\frac{1}{4}\int d\boldsymbol{x}\{(\nabla\times\boldsymbol{A}^*(x)_1)\boldsymbol{A}(x)_2+\boldsymbol{A}^*(x)_1(\nabla\times\boldsymbol{A}(x)_2)\}\\&=\frac{1}{4}\int d\boldsymbol{x}\left\{\frac{\partial A_\mu{}^*(x)_1}{\partial x_4}A_\mu(x)_2\right.\\&\qquad\left.-A_\mu{}^*(x)_1\frac{\partial A_\mu(x)_2}{\partial x_4}\pm((\nabla\times\boldsymbol{A}^*(x)_1)\boldsymbol{A}(x)_2+\boldsymbol{A}^*(x)_1(\nabla\times\boldsymbol{A}(x)_2)\right\}\end{aligned} \tag{7.3.16}$$

が導かれる．$A_\mu{}^*(x)$ の * 記号の意味は(6.7.64)のあとに述べた．また，右辺の ± は，上の符号が R, 下の符号が L に対応するものであることはいうまでもない．次項でも同様の記法が用いられる．

このようにして，x-表示の振幅を用いて共変内積をかくことができた．しかし，その定義からわかるように，ここで用いられた振幅 $A_\mu(x)$ は，もはや R とか L に固有のものではなく，それは両者が共存してはじめて導入され得る

ものであることに注意する必要がある．われわれは，(7.3.16)で R と L のそれぞれに対して共変内積を与えたが，この意味ではむしろ，R と L の二つの表現空間の直和の空間(ここでは前節の議論により空間反転，荷電共役変換が定義できる)においてその共変内積を定義するのが自然であろう．もちろん，それは

$$\langle\!\langle 1|2\rangle\!\rangle = \langle\!\langle 1|2\rangle\!\rangle^R + \langle\!\langle 1|2\rangle\!\rangle^L$$
$$= \frac{1}{2}\int d\boldsymbol{x}\left(\frac{\partial A_\mu{}^*(x)_1}{\partial x_4}A_\mu(x)_2 - A_\mu{}^*(x)_1\frac{\partial A_\mu(x)_2}{\partial x_4}\right) \qquad (7.3.17)$$

である．

なお，$T_{[\mu\nu]}(x)$ が与えられても $A_\mu(x)$ は一意的には決らず，$A_\mu(x)$ はいわゆるゲージ(gauge)変換の自由度をもつことはよく知られている．つまり $A_\mu(x)$ の代りに $A_\mu(x)+\partial_\mu\Lambda(x)$ $(\partial_\mu{}^2\Lambda(x)=0)$ を用いても $T_{[\mu\nu]}(x)$ は変わらず，また $A_\mu(x)$ のみたす方程式も不変に保たれる．(7.3.16), (7.3.17)がこの変換のもとで不変であることは運動量表示であらわせば容易に確かめられる．ただし，(7.3.16), (7.3.17)の被積分関数はゲージ不変にはならない．

b)　スピン 3/2 の粒子，その他

R-および L-振幅は

$$\frac{1}{8}\sum_{a',b',c'}(1\mp\gamma_5)_{aa'}(1\mp\gamma_5)_{bb'}(1\mp\gamma_5)_{cc'}\psi_{(a'b'c')}(x)$$
$$= \frac{1}{8}\sum_{a',b',c'}(1\mp\gamma_5)_{aa'}(1\mp\gamma_5)_{cc'}\psi_{(a'b'c')}(x)(1\mp\gamma_5{}^{\mathrm{T}})_{b'b} \qquad (7.3.18)$$

で与えられる．これに右から C^{-1} をかければ

$$\frac{1}{8}\sum_{a',b',c'}(1\mp\gamma_5)_{aa'}(1\mp\gamma_5)_{cc'}\left(\sum_{b''}\psi_{(a'b''c')}(x)(C^{-1})_{b''b'}\right)(1\mp\gamma_5)_{b'b} \qquad (7.3.19)$$

となり，$\sum_{b''}\psi_{(a'b''c')}(x)(C^{-1})_{b''b'}$ は(6.7.16)と同様に展開できるから，これを上式に代入すれば

$$(7.3.19) = -\frac{i}{4}(\sigma_{\mu\nu})_{ab}\psi_{[\mu\nu],c}{}^{R,L}(x) = -\frac{i}{4}(\sigma_{\mu\nu})_{cb}\psi_{[\mu\nu],a}{}^{R,L}(x) \qquad (7.3.20)$$

を得る．ただし

$$\psi_{[\mu\nu]}{}^{R,L}(x)=\frac{1}{2}(1\mp\gamma_5)\left(\psi_{[\mu\nu]}(x)\pm\frac{\varepsilon_{\mu\nu\lambda\rho}}{2}\psi_{[\lambda\rho]}(x)\right) \qquad (7.3.21)$$

であって，(7.3.20)を導く際には $\sigma_{\mu\nu}\gamma_5=-\varepsilon_{\mu\nu\lambda\rho}\sigma_{\lambda\rho}/2$ なる関係を用いた．定義から容易にわかるように $\psi_{[\mu\nu]}{}^{R,L}(x)$ は

$$\frac{1}{2}\varepsilon_{\mu\nu\lambda\rho}\psi_{[\lambda\rho]}{}^{R,L}(x)=\pm\psi_{[\mu\nu]}{}^{R,L}(x), \qquad (7.3.22)$$

$$\gamma_5\psi_{[\mu\nu]}{}^{R,L}(x)=\mp\psi_{[\mu\nu]}{}^{R,L}(x) \qquad (7.3.23)$$

を満足する．

$\psi_{[\mu\nu]}{}^{R,L}(x)$ のみたす関係を求めるために(7.3.20)に $(\gamma^A)_{ba}$ をかけ a, b についての和をとろう．γ^A が γ_λ または $\gamma_\lambda\gamma_5$ のときは得られる式の両辺がともに0になるから，γ^A が $1, \gamma_5, \sigma_{\lambda\rho}$ の場合を考えれば十分である．そこで γ^A を1または γ_5 とすると

$$\sigma_{\mu\nu}\psi_{[\mu\nu]}{}^{R,L}(x)=0 \qquad (7.3.24)$$

を得る．つぎに $\gamma^A=\sigma_{\lambda\rho}$ とすれば(7.3.20)より

$$\mathrm{Tr}(\sigma_{\mu\nu}\sigma_{\lambda\rho})\psi_{[\mu\nu]}{}^{R,L}(x)=\sigma_{\mu\nu}\sigma_{\lambda\rho}\psi_{[\mu\nu]}{}^{R,L}(x). \qquad (7.3.25)$$

右辺は(7.3.24)を考慮すると $[\sigma_{\mu\nu}, \sigma_{\lambda\rho}]\psi_{[\mu\nu]}{}^{R,L}(x)$ となり，ここに現われた交換関係は，(6.5.16)を用いてかきかえることができる．一方左辺の $\mathrm{Tr}(\sigma_{\mu\nu}\sigma_{\lambda\rho})$ は，§6.5における γ-マトリックスの積の対角和に関する議論から，$4(\delta_{\mu\lambda}\delta_{\nu\rho}-\delta_{\mu\rho}\delta_{\nu\lambda})$ となるので，結局(7.3.25)は

$$\psi_{[\lambda\rho]}{}^{R,L}(x)=\frac{i}{2}(\sigma_{\mu\lambda}\psi_{[\mu\rho]}{}^{R,L}(x)-\sigma_{\mu\rho}\psi_{[\mu\lambda]}{}^{R,L}(x)) \qquad (7.3.26)$$

となる．このようにして $\psi_{[\mu\nu]}{}^{R,L}(x)$ の従う関係式(7.3.24), (7.3.26)が得られたが，以下の議論により，これらをさらに簡単にすることができる．γ_λ を(7.3.26)にかけると

$$\gamma_\lambda\psi_{[\lambda\rho]}{}^{R,L}(x)=\frac{-1}{2}(2\gamma_\mu\psi_{[\mu\rho]}{}^{R,L}(x)+\varepsilon_{\lambda\mu\rho\tau}\gamma_5\gamma_\tau\psi_{[\mu\lambda]}{}^{R,L}(x)) \qquad (7.3.27)$$

ただし $\gamma_\lambda\sigma_{\mu\lambda}=3i\gamma_\mu$，および(6.5.39)から得られる $\gamma_\lambda\sigma_{\mu\rho}=-i(\varepsilon_{\lambda\mu\rho\tau}\gamma_5\gamma_\tau+\delta_{\lambda\mu}\gamma_\rho-\delta_{\lambda\rho}\gamma_\mu)$ なる関係を用いた．(7.3.27)の（　）の中の第2項は(7.3.22), (7.3.23)により $2\gamma_\tau\psi_{[\tau\rho]}{}^{R,L}(x)$，したがって右辺は $-2\gamma_\mu\psi_{[\mu\rho]}{}^{R,L}(x)$ となるから，

$$\gamma_\mu\psi_{[\mu\nu]}{}^{R,L}(x)=0 \qquad (7.3.28)$$

が導かれる．この式から(7.3.24)，(7.3.26)は容易に得られるから，$\psi_{[\mu\nu]}{}^{R,L}(x)$ に対する条件式としては(7.3.28)のみを用いれば十分であることがわかる．

また $\psi_{[\mu\nu]}{}^{R,L}(x)$ の従う運動方程式は(7.1.64)，(7.1.65)より

$$\gamma_\mu\partial_\mu\psi_{[\lambda\rho]}{}^{R,L}(x)=0 \tag{7.3.29}$$

となる．上式に γ_λ をかけ(7.3.28)を用いるとさらに

$$\partial_\mu\psi_{[\mu\nu]}{}^{R,L}(x)=0 \tag{7.3.30}$$

が得られる．

われわれは，スピン1のときと同様に(7.3.21)の $\psi_{[\mu\nu]}(x)$ を

$$\psi_{[\mu\nu]}(x)=\partial_\mu\psi_\nu(x)-\partial_\nu\psi_\mu(x) \tag{7.3.31}$$

とかきたいが，(7.3.21)だけからは $\psi_{[\mu\nu]}(x)$ を求めることはできないので，$\psi_{[\mu\nu]}{}^{R,L}(x)$ には何の制約をも与えない式

$$(1\pm\gamma_5)\left(\psi_{[\mu\nu]}(x)\pm\frac{\varepsilon_{\mu\nu\lambda\rho}}{2}\psi_{[\lambda\rho]}(x)\right)=0 \tag{7.3.32}$$

をおこう．そうすると $\psi_{[\mu\nu]}(x)=\psi_{[\mu\nu]}{}^R(x)+\psi_{[\mu\nu]}{}^L$ となって，(7.3.28)，(7.3.29)より $\psi_{[\mu\nu]}(x)$ の従う式は

$$\gamma_\mu\partial_\mu\psi_{[\lambda\rho]}(x)=0, \tag{7.3.33}$$

$$\gamma_\mu\psi_{[\mu\nu]}(x)=0 \tag{7.3.34}$$

となる．逆にこれら二つの式から，$\psi_{[\mu\nu]}{}^{R,L}(x)$ を(7.3.21)で与えたとき，(7.3.28)，(7.3.29)，(7.3.32)が導かれることが次のようにして確かめられる．まず(7.3.29)がなりたつことは直ちにわかる．次に(6.5.39)から

$$\frac{i}{2}\gamma_5(\gamma_\lambda\sigma_{\mu\nu}\gamma_\rho-\gamma_\rho\sigma_{\mu\nu}\gamma_\lambda)=\varepsilon_{\mu\nu\lambda\rho}+\gamma_5(\delta_{\mu\lambda}\delta_{\nu\rho}-\delta_{\mu\rho}\delta_{\nu\lambda}) \tag{7.3.35}$$

なる関係が得られる．あるいは，この式を導くためには，左辺を16個の γ^A で展開し，§6.5の対角和の公式を用いて，その展開係数を求めてもよい．(7.3.35)を $\psi_{[\lambda\rho]}(x)$ に作用させれば，(7.3.34)により

$$\frac{1}{2}\varepsilon_{\mu\nu\lambda\rho}\psi_{[\lambda\rho]}(x)=-\gamma_5\psi_{[\mu\nu]}(x). \tag{7.3.36}$$

これから，(7.3.28)，(7.3.32)がなりたつことは，$\psi_{[\mu\nu]}{}^{R,L}(x)$ の定義式(7.3.21)を用いれば容易にわかる．その結果，(7.3.33)，(7.3.34)は(7.3.28)，(7.3.29)，(7.3.32)と同等になり，われわれは $\psi_{[\mu\nu]}{}^{R,L}(x)$ の代りに $\psi_{[\mu\nu]}(x)$ を用いるこ

とができる．

このようにして $\psi_{[\mu\nu]}(x)$ が導入できたので，(7.3.31)が可能となる．ここで $\psi_\mu(x)$ は

$$\gamma_\mu \partial_\mu \psi_\nu(x) = 0, \tag{7.3.37}$$

$$\gamma_\mu \psi_\mu(x) = 0 \tag{7.3.38}$$

を満足すると仮定すると，(7.3.33), (7.3.34)が導かれる．ただし

$$\psi_\mu(x) \to \psi_\mu(x) + \partial_\mu \psi(x), \tag{7.3.39}$$

$$\gamma_\mu \partial_\mu \psi(x) = 0 \tag{7.3.40}$$

なる変換で，$\psi_{[\mu\nu]}(x)$ および(7.3.37), (7.3.38)は不変となる．(7.3.39)はスピン 3/2 の粒子に対するゲージ変換であって，この変換の影響を受けないような，(7.3.37), (7.3.38)の独立解は，正，負それぞれの振動に対して2個ずつ存在し，これが R および L の振幅に対応する解となる．

さて，共変内積は，運動量表示の振幅を用いて，(7.1.66)および(7.3.21)より

$$\begin{aligned}\langle\!\langle 1|2 \rangle\!\rangle^{R,L} &= \frac{1}{16|N|^2}\int \frac{d\boldsymbol{k}}{|\boldsymbol{k}|^2} \frac{(\psi_{[\mu\nu]}{}^{R,L}(\boldsymbol{k})_1)^* \psi_{[\mu\nu]}{}^{R,L}(\boldsymbol{k})_2 \mathrm{Tr}(\sigma_{\mu\nu}\sigma_{\lambda\rho})}{k_0{}^2} \\ &= \frac{1}{2|N|^2}\int \frac{d\boldsymbol{k}}{|\boldsymbol{k}|^2} \frac{(\psi_{[\mu\nu]}{}^{R,L}(\boldsymbol{k})_1)^* \psi_{[\mu\nu]}{}^{R,L}(\boldsymbol{k})_2}{k_0{}^2}\end{aligned} \tag{7.3.41}$$

さらに，(7.3.21), (7.3.36)により $\psi_{[\mu\nu]}{}^{R,L}(x) = \dfrac{1}{2}(1 \mp \gamma_5)\psi_{[\mu\nu]}(x)$ であるから，(7.3.31)を用いて

$$\begin{aligned}\langle\!\langle 1|2 \rangle\!\rangle^{R,L} &= \frac{1}{|N|^2}\int \frac{d\boldsymbol{k}}{|\boldsymbol{k}|^2} \frac{(\psi_{[\mu\nu]}(\boldsymbol{k})_1)^* (1 \mp \gamma_5) \psi_{[\mu\nu]}(\boldsymbol{k})}{k_0{}^2} \\ &= \frac{4}{|N|^2}\int \frac{d\boldsymbol{k}}{|\boldsymbol{k}|^2} (\boldsymbol{\psi}^*(\boldsymbol{k})_1 (1 \mp \gamma_5) \boldsymbol{\psi}(\boldsymbol{k})_2 - \psi_0{}^*(\boldsymbol{k})_1 (1 \mp \gamma_5) \psi_0(\boldsymbol{k})_2) \\ &= \frac{4}{|N|^2}\int d\boldsymbol{x} \psi_\mu{}^*(x)_1 (1 \mp \gamma_5) \psi_\mu(x)_2\end{aligned} \tag{7.3.42}$$

を得る．これを求める際に，(7.3.37), (7.3.38)から導かれる $k_\mu \psi_\mu(\boldsymbol{k}) = 0$ を用いた．いうまでもなく $\boldsymbol{\psi}(x), \psi_0(x)$ はそれぞれ $\psi_\mu(x)$ の空間成分および時間成分であり，また $\psi_\mu(x)$ と $\psi_\mu(\boldsymbol{k})$ は

$$\psi_\mu(x) = \frac{1}{(2\pi)^{3/2}}\int \frac{d\boldsymbol{k}}{|\boldsymbol{k}|} e^{i(\boldsymbol{kx} - k_0 t)} \psi_\mu(\boldsymbol{k}) \tag{7.3.43}$$

なる関係で結ばれている.

スピン1のときと異なり，$\frac{1}{2}(1\mp\gamma_5)\psi_\mu(x)$ は，(7.3.31), (7.3.36)を媒介として $\psi_{[\mu\nu]}{}^{R,L}(x)$ と関連した振幅である．すなわち

$$\psi_\mu{}^{R,L}(x) = \frac{1}{2}(1\mp\gamma_5)\psi_\mu(x) \tag{7.3.44}$$

とかくとき

$$\psi_{[\mu\nu]}{}^{R,L}(x) = \partial_\mu\psi_\nu{}^{R,L}(x) - \partial_\nu\psi_\mu{}^{R,L}(x). \tag{7.3.45}$$

したがって，$|N|^2=8$ とおけば

$$\langle\!\langle 1|2\rangle\!\rangle^{R,L} = \int d\boldsymbol{x}\psi_\mu{}^{R,L*}(x)_1\psi_\mu{}^{R,L}(x)_2 \tag{7.3.46}$$

となる．このようにして，R, L それぞれの共変内積は，対応する振幅 $\psi_\mu{}^R(x)$, $\psi_\mu{}^L(x)$ を用いてあらわされる，この点，前項のスピン1のときは全く異なっていることに注意する必要がある．それゆえ，この限りでは，質量0，スピン3/2の粒子に対しその粒子像を規定するためにはポアンカレ群のみで十分であって，それにさらに空間反転を含めたより大きな群の既約表現を必要としないことがわかるであろう．ただ前述のスピン1の場合と共通なことは，x-表示で共変内積をあらわすとき，用いられる振幅そのものおよび被積分関数はゲージ不変ではないことで，これはより高いスピンの場合でもいえることである．

要するにこの節で行ったことは，まず質量0粒子のバーグマン・ウィグナー振幅におけるスピンの添字をできるだけテンソルの添字にかきかえ，次にこのようにして得られたテンソルをより低い階数のテンソルの微分であらわし，その結果現われる k_0 を利用して(7.1.66)の分母の k_0 を消すというやり方である．この方法は，計算は少々面倒になるが，より高いスピン粒子にも適用される．ただし，その際 $A_\mu(x)$ や $\psi_\mu{}^{R,L}(x)$ のようなゲージ不変でない振幅の導入を避けることはできない．この意味で，このようなゲージ不変でない量は，相対論的量子力学の共変的記述においては単に便宜上使用されるという以上により基本的なものであると考えられる．

以上の二つの例およびスピン0，1/2の場合からもわかるように，質量0の不連続スピンの粒子においても，ポアンカレ群の既約表現空間において最初に定義された内積と共変内積との間には，スピンの整数，半整数に応じて有限質

量の場合と同様の関係があり，すなわち共変ノルムは表6.1に従う．これはスピン自由度有限の粒子の一つの特徴とみなすことができよう．質量0の連続スピンというスピン自由度無限大の場合には全く異なった結果が現われることは次節で述べる．

なお§6.7のc)項に述べたようなバーグマン・ウィグナー振幅を媒介としないで共変内積を求める方法もあり得るが，その議論は必ずしも簡単ではないようである．

§7.4 連続スピンの粒子

§5.2の議論によれば，質量0をもつ連続スピンの粒子においては，ポアンカレ群の既約表現として1価および2価の表現が存在する．この節では，これらの粒子の共変的な記述を求めることにしよう．

a) 1価表現に属する粒子

この粒子の振舞は(5.2.30)～(5.2.37)によって与えられる．いま，ξ_1, ξ_2 は3次元ベクトル $\boldsymbol{\xi}$ の第1，第2成分であると考え，波動関数を $\phi^{(\pm)}(\boldsymbol{k}, \boldsymbol{\xi})$ とかくことにする．ただし(5.2.29)の波動関数は $\boldsymbol{k}$ と ξ_1, ξ_2 を変数としているから，$\phi^{(\pm)}(\boldsymbol{k}, \boldsymbol{\xi})=\delta(\xi_3)\phi^{(\pm)}(\boldsymbol{k}, \xi_1, \xi_2)$ と考えてよい．あるいは

$$\xi_3\phi^{(\pm)}(\boldsymbol{k}, \boldsymbol{\xi}) = 0 \tag{7.4.1}$$

とかくことができる．$\phi^{(\pm)}(\boldsymbol{k}, \boldsymbol{\xi})$ のローレンツ変換は，$\phi^{(\pm)}(\boldsymbol{k}, \xi_1, \xi_2)$ のそれと同じであることは，(5.2.30), (5.2.31)の両辺に $\delta(\xi_3)$ をかけ $\phi^{(\pm)}(\boldsymbol{k}, \xi_1, \xi_2)$ を $\phi^{(\pm)}(\boldsymbol{k}, \boldsymbol{\xi})$ にかきかえることによって容易にわかる．以下，われわれは

$$\phi(\boldsymbol{k}, \boldsymbol{\xi}) = \phi^{(+)}(\boldsymbol{k}, \boldsymbol{\xi})+\phi^{(-)}(\boldsymbol{k}, \boldsymbol{\xi}) \tag{7.4.2}$$

とかく．したがって(5.2.34)は

$$(\boldsymbol{k}^2-k_0{}^2)\phi(\boldsymbol{k}, \boldsymbol{\xi}) = 0 \tag{7.4.3}$$

であらわされる．$\phi^{(\pm)}(\boldsymbol{k}, \boldsymbol{\xi})$ は上式の $k_0 \gtrless 0$ なる解であることはいうまでもない．

ローレンツ変換の生成子は，第3軸の方向を向いた単位ベクトル $\boldsymbol{n}$(7.1.10)を用いてあらわすと(5.2.30), (5.2.31)により

$$\boldsymbol{J} = \boldsymbol{k}\times\left(\frac{1}{i}\frac{\partial}{\partial \boldsymbol{k}}+\hat{l}_3\frac{\boldsymbol{n}\times\boldsymbol{k}}{|\boldsymbol{k}|(|\boldsymbol{k}|+k_3)}\right)+\hat{l}_3\frac{\boldsymbol{k}}{|\boldsymbol{k}|}, \tag{7.4.4}$$

$$\boldsymbol{K} = -k_0\left(\frac{1}{i}\frac{\partial}{\partial \boldsymbol{k}}+\hat{l}_3\frac{\boldsymbol{n}\times\boldsymbol{k}}{|\boldsymbol{k}|(|\boldsymbol{k}|+k_3)}\right)-\boldsymbol{F}\frac{k_0}{\boldsymbol{k}^2} \tag{7.4.5}$$

となる．ただし，$\hat{l}_3$ は下に記す $\hat{\boldsymbol{l}}=(\hat{l}_1, \hat{l}_2, \hat{l}_3)$ の第3成分である．

$$\hat{\boldsymbol{l}} = \frac{1}{i}\left(\boldsymbol{\xi}\times\frac{\partial}{\partial\boldsymbol{\xi}}\right), \tag{7.4.6}$$

さらに $\boldsymbol{F}=(F_1, F_2, F_3)$ は

$$\left.\begin{aligned} F_1 &= \xi_1-\frac{k_1\xi_1+k_2\xi_2}{|\boldsymbol{k}|(|\boldsymbol{k}|+k_3)}k_1, \\ F_2 &= \xi_2-\frac{k_1\xi_1+k_2\xi_2}{|\boldsymbol{k}|(|\boldsymbol{k}|+k_3)}k_2, \\ F_3 &= -\frac{(k_1\xi_1+k_2\xi_2)}{|\boldsymbol{k}|} \end{aligned}\right\} \tag{7.4.7}$$

であって，(5.2.33)の $\mathscr{F}_\tau(\xi_1, \xi_2)$ とは $\boldsymbol{\tau F}=\mathscr{F}_\tau(\xi_1, \xi_2)$ なる関係にある．(7.4.1)は第3軸方向を特別に扱っているので，§7.1のスピン1/2のときのように

$$|\boldsymbol{k}|U\xi_3U^{-1} = \boldsymbol{k\xi} \tag{7.4.8}$$

ならしめるユニタリー演算子 U を導入し，これによって変換された波動関数を

$$\chi(\boldsymbol{k}, \boldsymbol{\xi}) = U\phi(\boldsymbol{k}, \boldsymbol{\xi}) \tag{7.4.9}$$

とかくことにする．U は具体的には

$$U = \exp\left(i\theta\frac{\hat{\boldsymbol{l}}(\boldsymbol{k}\times\boldsymbol{n})}{|\boldsymbol{k}\times\boldsymbol{n}|}\right) = \exp\{i\theta(\hat{l}_1\sin\varphi-\hat{l}_2\cos\varphi)\} \tag{7.4.10}$$

で与えられる．θ, φ は $\boldsymbol{k}$ の極座標における角度，すなわち $\boldsymbol{k}/|\boldsymbol{k}|=(\sin\theta\cos\varphi, \sin\theta\sin\varphi, \cos\theta)$ である．この U が実際に(7.4.8)をみたすことは，よく知られた関係式

$$\left.\begin{aligned} e^{-A}Be^{A} &= \sum_{n=0}^{\infty}\frac{B_n}{n!}, \\ B_n &= [B_{n-1}, A], \qquad B_0 = B \end{aligned}\right\} \tag{7.4.11}$$

および $[\xi_i, \hat{l}_j]=i\sum_{k=1}^{3}\varepsilon_{ijk}\xi_k$ を用いれば容易にわかる．したがって(7.4.1)および(5.2.35)はそれぞれ

$$(\boldsymbol{k\xi})\chi(\boldsymbol{k}, \boldsymbol{\xi}) = 0, \tag{7.4.12}$$

$$\left(\boldsymbol{\xi}^2-\frac{(\boldsymbol{k\xi})^2}{|\boldsymbol{k}|^2}-\varXi\right)\chi(\boldsymbol{k}, \boldsymbol{\xi}) = (\boldsymbol{\xi}^2-\varXi)\chi(\boldsymbol{k}, \boldsymbol{\xi}) = 0 \tag{7.4.13}$$

となる．つぎに，$\chi(\boldsymbol{k},\boldsymbol{\xi})$ に対するローレンツ変換を計算しよう．そのために(7.4.11)をつかって，$UFU^{-1}, \dfrac{1}{i}U\left(\dfrac{\partial}{\partial \boldsymbol{k}}\right)U^{-1}$ を求めると

$$UFU^{-1} = \frac{1}{{k_0}^2}\{\boldsymbol{k}\times(\boldsymbol{\xi}\times\boldsymbol{k})\}, \tag{7.4.14}$$

$$\frac{1}{i}U\left(\frac{\partial}{\partial \boldsymbol{k}}\right)U^{-1} = \frac{1}{i}\frac{\partial}{\partial \boldsymbol{k}}+\frac{\hat{\boldsymbol{l}}\times\boldsymbol{k}}{\boldsymbol{k}^2}-\frac{(\hat{\boldsymbol{l}}\boldsymbol{k})(\boldsymbol{n}\times\boldsymbol{k})}{\boldsymbol{k}^2(|\boldsymbol{k}|+k_3)} \tag{7.4.15}$$

を得る．(7.4.14)は，$U\boldsymbol{\xi}U^{-1}$ を(7.4.11)を用いて計算すると

$$U\boldsymbol{\xi}U^{-1} = \boldsymbol{\xi}\cos\theta+(1-\cos\theta)\frac{\{(\boldsymbol{k}\times\boldsymbol{n})\boldsymbol{\xi}\}}{|\boldsymbol{k}\times\boldsymbol{n}|^2}(\boldsymbol{k}\times\boldsymbol{n})$$
$$+\{(\boldsymbol{k}\times\boldsymbol{n})\times\boldsymbol{\xi}\}\frac{\sin\theta}{|\boldsymbol{k}\times\boldsymbol{n}|}$$

すなわち

$$U\xi_1U^{-1} = \frac{\xi_1k_3-\xi_3k_1}{|\boldsymbol{k}|}+\frac{k_2(\xi_1k_2-\xi_2k_1)}{|\boldsymbol{k}|(|\boldsymbol{k}|+k_3)},$$

$$U\xi_2U^{-1} = \frac{\xi_2k_3-\xi_3k_2}{|\boldsymbol{k}|}-\frac{k_1(\xi_1k_2-\xi_2k_1)}{|\boldsymbol{k}|(|\boldsymbol{k}|+k_3)},$$

$$U\xi_3U^{-1} = \frac{\boldsymbol{k}\boldsymbol{\xi}}{|\boldsymbol{k}|}$$

となるので，これから導かれる．また(7.4.15)を導くには次のようにやればよい．(7.4.11)において，$B=\dfrac{1}{i}\dfrac{\partial}{\partial \boldsymbol{k}}$，$A=i\theta(\hat{l}_1\sin\varphi-\hat{l}_2\cos\varphi)$ とすると，

$$\frac{1}{i}U\left(\frac{\partial}{\partial \boldsymbol{k}}\right)U^{-1} = \frac{1}{i}\frac{\partial}{\partial \boldsymbol{k}}-\frac{\partial\varphi}{\partial \boldsymbol{k}}\frac{(\hat{\boldsymbol{l}}\boldsymbol{k})}{|\boldsymbol{k}|}+\frac{\partial\varphi}{\partial \boldsymbol{k}}\hat{l}_3-\frac{\partial\theta}{\partial \boldsymbol{k}}\frac{\{\boldsymbol{n}(\hat{\boldsymbol{l}}\times\boldsymbol{k})\}}{\sqrt{{k_1}^2+{k_2}^2}}$$
$$= \frac{1}{i}\frac{\partial}{\partial \boldsymbol{k}}-\frac{(\boldsymbol{n}\times\boldsymbol{k})(\hat{\boldsymbol{l}}\boldsymbol{k})}{|\boldsymbol{k}|({k_1}^2+{k_2}^2)}+\frac{\boldsymbol{n}\times\boldsymbol{k}}{{k_1}^2+{k_2}^2}\hat{l}_3$$
$$-\frac{\{(\boldsymbol{k}\boldsymbol{n})\boldsymbol{k}-\boldsymbol{k}^2\boldsymbol{n}\}\{\boldsymbol{n}(\hat{\boldsymbol{l}}\times\boldsymbol{k})\}}{\boldsymbol{k}^2({k_1}^2+{k_2}^2)}. \tag{7.4.16}$$

一方，$\boldsymbol{A}\times\{\boldsymbol{B}\times(\boldsymbol{C}\times\boldsymbol{D})\}$ から得られる恒等式

$$\{\boldsymbol{A}(\boldsymbol{C}\times\boldsymbol{D})\}\boldsymbol{B} = (\boldsymbol{A}\boldsymbol{B})(\boldsymbol{C}\times\boldsymbol{D})-(\boldsymbol{B}\boldsymbol{C})(\boldsymbol{A}\times\boldsymbol{D})+(\boldsymbol{B}\boldsymbol{D})(\boldsymbol{A}\times\boldsymbol{C})$$

において，$\boldsymbol{A}=\boldsymbol{n}, \boldsymbol{C}=\hat{\boldsymbol{l}}, \boldsymbol{D}=\boldsymbol{k}$，さらに $\boldsymbol{B}$ を $(\boldsymbol{k}\boldsymbol{n})\boldsymbol{k}-\boldsymbol{k}^2\boldsymbol{n}$ とおくと(7.4.16)の右辺第4項の分子は

$$\{(\boldsymbol{k}\boldsymbol{n})^2-\boldsymbol{k}^2\}(\hat{\boldsymbol{l}}\times\boldsymbol{k})-\{(\boldsymbol{k}\boldsymbol{n})(\boldsymbol{k}\hat{\boldsymbol{l}})-\boldsymbol{k}^2(\boldsymbol{n}\hat{\boldsymbol{l}})\}(\boldsymbol{n}\times\boldsymbol{k})$$
$$+\{(\boldsymbol{k}\boldsymbol{n})\boldsymbol{k}^2-\boldsymbol{k}^2(\boldsymbol{k}\boldsymbol{n})\}(\boldsymbol{n}\times\hat{\boldsymbol{l}})$$

$$= -(k_1{}^2+k_2{}^2)(\hat{\boldsymbol{l}}\times\boldsymbol{k}) - k_3(\boldsymbol{k}\hat{\boldsymbol{l}})(\boldsymbol{n}\times\boldsymbol{k}) + \boldsymbol{k}^2(\boldsymbol{n}\times\boldsymbol{k})\hat{l}_3$$

となるから，これを用いれば(7.4.15)が得られる．したがって(7.4.8)を考慮すれば，$\chi(\boldsymbol{k},\boldsymbol{\xi})$ は θ-変換に対しては

$$\chi'(\boldsymbol{k},\boldsymbol{\xi}) = U(1+i\boldsymbol{J\theta})U^{-1}\chi(\boldsymbol{k},\boldsymbol{\xi})$$
$$= \left\{1+i\boldsymbol{\theta}\left(\frac{1}{i}\boldsymbol{k}\times\frac{\partial}{\partial\boldsymbol{k}}+\hat{\boldsymbol{l}}\right)\right\}\chi(\boldsymbol{k},\boldsymbol{\xi}), \qquad (7.4.17)$$

また τ-変換のもとでは

$$\chi'(\boldsymbol{k},\boldsymbol{\xi}) = U(1-i\tau\boldsymbol{K})U^{-1}\chi(\boldsymbol{k},\boldsymbol{\xi})$$
$$= \left\{1+ik_0\boldsymbol{\tau}\left(\frac{1}{i}\frac{\partial}{\partial\boldsymbol{k}}+\frac{\hat{\boldsymbol{l}}\times\boldsymbol{k}}{\boldsymbol{k}^2}+\frac{\boldsymbol{k}\times(\boldsymbol{\xi}\times\boldsymbol{k})}{(\boldsymbol{k}^2)^2}\right)\right\}\chi(\boldsymbol{k},\boldsymbol{\xi}) \qquad (7.4.18)$$

なる変換を受ける．

(7.4.12)，(7.4.13)によれば

$$\chi(\boldsymbol{k},\boldsymbol{\xi}) = \delta(\boldsymbol{\xi}^2-\Xi)\delta\left(\frac{\boldsymbol{k\xi}}{|\boldsymbol{k}|}\right)\tilde{\chi}(\boldsymbol{k},\boldsymbol{\xi}) \qquad (7.4.19)$$

とかくことができる．ここで $\delta(\boldsymbol{\xi}^2-\Xi)\delta(\boldsymbol{k\xi}/|\boldsymbol{k}|)$ は $U\delta(\xi_1{}^2+\xi_2{}^2-\Xi)\delta(\xi_3)U^{-1}$ であって，$\delta(\xi_1{}^2+\xi_2{}^2-\Xi)\delta(\xi_3)$ は $\boldsymbol{J},\boldsymbol{K}$ と可換であるから，(7.4.19)の δ 関数の部分はローレンツ変換(7.4.17)，(7.4.18)のもとで不変，したがって上記の変換はそれぞれ

$$\delta(\boldsymbol{\xi}^2-\Xi)\delta\left(\frac{\boldsymbol{k\xi}}{|\boldsymbol{k}|}\right)\tilde{\chi}'(\boldsymbol{k},\boldsymbol{\xi})$$
$$= \delta(\boldsymbol{\xi}^2-\Xi)\delta\left(\frac{\boldsymbol{k\xi}}{|\boldsymbol{k}|}\right)\left\{1+i\boldsymbol{\theta}\left(\frac{1}{i}\boldsymbol{k}\times\frac{\partial}{\partial\boldsymbol{k}}+\hat{\boldsymbol{l}}\right)\right\}\tilde{\chi}(\boldsymbol{k},\boldsymbol{\xi}) \qquad (\theta\text{-変換}),$$
$$(7.4.20)$$

$$\delta(\boldsymbol{\xi}^2-\Xi)\delta\left(\frac{\boldsymbol{k\xi}}{|\boldsymbol{k}|}\right)\tilde{\chi}'(\boldsymbol{k},\boldsymbol{\xi})$$
$$= \delta(\boldsymbol{\xi}^2-\Xi)\delta\left(\frac{\boldsymbol{k\xi}}{|\boldsymbol{k}|}\right)\left\{1+ik_0\boldsymbol{\tau}\left(\frac{1}{i}\frac{\partial}{\partial\boldsymbol{k}}+\frac{\hat{\boldsymbol{l}}\times\boldsymbol{k}}{\boldsymbol{k}^2}+\frac{\boldsymbol{k}\times(\boldsymbol{\xi}\times\boldsymbol{k})}{(\boldsymbol{k}^2)^2}\right)\right\}\tilde{\chi}(\boldsymbol{k},\boldsymbol{\xi})$$
$$= \delta(\boldsymbol{\xi}^2-\Xi)\delta\left(\frac{\boldsymbol{k\xi}}{|\boldsymbol{k}|}\right)$$
$$\times\left\{1+k_0\boldsymbol{\tau}\left(\frac{\partial}{\partial\boldsymbol{k}}+\frac{(\boldsymbol{\xi k})\frac{\partial}{\partial\boldsymbol{\xi}}-\boldsymbol{\xi}\left(\boldsymbol{k}\frac{\partial}{\partial\boldsymbol{\xi}}\right)}{\boldsymbol{k}^2}+i\frac{\boldsymbol{k}^2\boldsymbol{\xi}-(\boldsymbol{k\xi})\boldsymbol{k}}{(\boldsymbol{k}^2)^2}\right)\right\}\tilde{\chi}(\boldsymbol{k},\boldsymbol{\xi})$$

$$=\delta(\boldsymbol{\xi}^2-\Xi)\delta\left(\frac{\boldsymbol{k\xi}}{|\boldsymbol{k}|}\right)\left\{1+k_0\boldsymbol{\tau}\left(\frac{\partial}{\partial\boldsymbol{k}}-\frac{\boldsymbol{\xi}}{\boldsymbol{k}^2}\left(\boldsymbol{k}\frac{\partial}{\partial\boldsymbol{\xi}}\right)+i\frac{\boldsymbol{\xi}}{\boldsymbol{k}^2}\right)\right\}\tilde{\chi}(\boldsymbol{k},\boldsymbol{\xi})$$

$$(\tau\text{-変換}), \qquad (7.4.21)$$

となる．その結果 $\tilde{\chi}(\boldsymbol{k},\boldsymbol{\xi})$ のローレンツ変換としては

$$\tilde{\chi}'(\boldsymbol{k},\boldsymbol{\xi})=\left\{1+i\boldsymbol{\theta}\left(\frac{1}{i}\boldsymbol{k}\times\frac{\partial}{\partial\boldsymbol{k}}+\hat{\boldsymbol{l}}\right)\right\}\tilde{\chi}(\boldsymbol{k},\boldsymbol{\xi}) \qquad (\theta\text{-変換}), \qquad (7.4.22)$$

$$\tilde{\chi}'(\boldsymbol{k},\boldsymbol{\xi})=\left\{1+k_0\boldsymbol{\tau}\left(\frac{\partial}{\partial\boldsymbol{k}}-\frac{\boldsymbol{\xi}}{\boldsymbol{k}^2}\left(\boldsymbol{k}\frac{\partial}{\partial\boldsymbol{\xi}}\right)+i\frac{\boldsymbol{\xi}}{\boldsymbol{k}^2}\right)\right\}\tilde{\chi}(\boldsymbol{k},\boldsymbol{\xi})$$

$$(\tau\text{-変換}), \qquad (7.4.23)$$

を用いることができる．さらに内積(5.2.37)を $\tilde{\chi}(\boldsymbol{k},\boldsymbol{\xi})$ を用いてかきかえると

$$\begin{aligned}\langle 1|2\rangle &= \langle 1,+|2,+\rangle+\langle 1,-|2,-\rangle\\ &=\int\frac{d\boldsymbol{k}}{|\boldsymbol{k}|}d\boldsymbol{\xi}\,\delta(\boldsymbol{\xi}^2-\Xi)\delta\left(\frac{\boldsymbol{k\xi}}{|\boldsymbol{k}|}\right)\tilde{\chi}^*(\boldsymbol{k},\boldsymbol{\xi})_1\tilde{\chi}(\boldsymbol{k},\boldsymbol{\xi})_2\\ &=\int d\boldsymbol{k}d\boldsymbol{\xi}\,\delta(\boldsymbol{\xi}^2-\Xi)\delta(\boldsymbol{k\xi})\tilde{\chi}^*(\boldsymbol{k},\boldsymbol{\xi})_1\tilde{\chi}(\boldsymbol{k},\boldsymbol{\xi})_2 \qquad (7.4.24)\end{aligned}$$

が得られる．(5.1.19)以下の議論により，$\tilde{\chi}(\boldsymbol{k},\boldsymbol{\xi})=\tilde{\chi}^{(+)}(\boldsymbol{k},\boldsymbol{\xi})+\tilde{\chi}^{(-)}(\boldsymbol{k},\boldsymbol{\xi})$ における $\tilde{\chi}^{(\pm)}(\boldsymbol{k},\boldsymbol{\xi})$ は $\theta(\pm k_0)\tilde{\chi}^{(\pm)}(\boldsymbol{k},\boldsymbol{\xi})$ を意味するから，ここでは(5.1.26)と同様上式右辺で $\tilde{\chi}(\boldsymbol{k},\boldsymbol{\xi})_1$, $\tilde{\chi}(\boldsymbol{k},\boldsymbol{\xi})_2$ をそれぞれ $\tilde{\chi}^{(\pm)}(\boldsymbol{k},\boldsymbol{\xi})_1$, $\tilde{\chi}^{(\mp)}(\boldsymbol{k},\boldsymbol{\xi})_2$ とおいたものは0となることを用いた．

ところで(7.4.22), (7.4.23)の変換係数は $\boldsymbol{k}$ に依存しておりさらに $\boldsymbol{\xi}$ は3次元ベクトルであって，このままではまだ共変形に移行されていない．そこで $\boldsymbol{\xi}$ に代るものとして4次元ベクトル η_μ を導入し，スカラー関数 $\tilde{\phi}(\boldsymbol{k},\eta_\mu)$ を考えよう．すなわちそのローレンツ変換は

$$\tilde{\phi}'(\boldsymbol{k},\eta_\mu)=\left\{1+\boldsymbol{\theta}\left(\boldsymbol{k}\times\frac{\partial}{\partial\boldsymbol{k}}+\boldsymbol{\eta}\times\frac{\partial}{\partial\boldsymbol{\eta}}\right)\right\}\tilde{\phi}(\boldsymbol{k},\eta_\mu) \qquad (\theta\text{-変換})$$

$$(7.4.25)$$

$$\tilde{\phi}'(\boldsymbol{k},\eta_\mu)=\left\{1+\boldsymbol{\tau}\left(k_0\frac{\partial}{\partial\boldsymbol{k}}+\eta_0\frac{\partial}{\partial\boldsymbol{\eta}}+\boldsymbol{\eta}\frac{\partial}{\partial\eta_0}\right)\right\}\tilde{\phi}(\boldsymbol{k},\eta_\mu) \qquad (\tau\text{-変換})$$

$$(7.4.26)$$

とする．しかし η_μ は4成分をもつため，これを $\boldsymbol{\xi}$ に対応させるには，$\tilde{\phi}(\boldsymbol{k},\eta_\mu)$ において η_μ の成分の一つをころしておかなければならない．そこで $\phi(\boldsymbol{k},\eta_\mu)$ は

$$\tilde{\phi}(\boldsymbol{k},\eta_\mu)=e^{i\eta_0/k_0}\tilde{\phi}\left(\boldsymbol{k},\eta_\mu-\frac{\eta_0}{k_0}k_\mu\right)$$
$$=e^{i\eta_0/k_0}\tilde{\phi}\left(\boldsymbol{k},\boldsymbol{\eta}-\frac{\eta_0}{k_0}\boldsymbol{k}\right) \tag{7.4.27}$$

をみたすものと仮定する．ここでは，$\eta_\mu-\frac{\eta_0}{k_0}k_\mu$ の第4成分 ($\mu=4$) は0であるから(7.4.27)の右辺のような略記を用いた．(7.4.27)によれば，α を任意の実数として

$$\tilde{\phi}(\boldsymbol{k},\eta_\mu+\alpha k_\mu)=e^{i\{(\eta_0/k_0)+\alpha\}}\tilde{\phi}\left(\boldsymbol{k},\boldsymbol{\eta}+\alpha\boldsymbol{k}-\frac{\eta_0+\alpha k_0}{k_0}\boldsymbol{k}\right)$$
$$=e^{i\{(\eta_0/k_0)+\alpha\}}\tilde{\phi}\left(\boldsymbol{k},\boldsymbol{\eta}-\frac{\eta_0}{k_0}\boldsymbol{k}\right),$$

したがって

$$\tilde{\phi}(\boldsymbol{k},\eta_\mu+\alpha k_\mu)=e^{i\alpha}\tilde{\phi}(\boldsymbol{k},\eta_\mu) \tag{7.4.28}$$

を得る．この式で $\alpha=-\eta_0/k_0$ とすれば(7.4.27)が逆に導かれる．(7.4.28)は明らかに η_μ の4個の自由度のうち1個が凍結されていることを示す．すなわち η_μ を $\eta_\mu+\alpha k_\mu$ におきかえ(η_μ に対するゲージ変換)ても単に位相因子 $e^{i\alpha}$ が現われるに過ぎない．さらに(7.4.28)を α で微分して $\alpha=0$ とおくと $\tilde{\phi}(\boldsymbol{k},\eta_\mu)$ は

$$\left(k_\nu\frac{\partial}{\partial\eta_\nu}-i\right)\tilde{\phi}(\boldsymbol{k},\eta_\mu)=0 \tag{7.4.29}$$

をみたしている．また，この方程式の解がつねに(7.4.28)に従うことは，$\tilde{\phi}(\boldsymbol{k},\eta_\mu+\alpha k_\mu)$ を α についてテーラー展開し(7.4.29)を用いてまとめると(7.4.28)の右辺が得られることから容易にわかる．いいかえれば，(7.4.27)，(7.4.28)，(7.4.29)は $\tilde{\phi}(\boldsymbol{k},\eta_\mu)$ に対しすべて同等の条件になっている．

(7.4.27)を用いれば，(7.4.25)，(7.4.26)から $\tilde{\phi}\left(\boldsymbol{k},\boldsymbol{\eta}-\frac{\eta_0}{k_0}\boldsymbol{k}\right)$ のローレンツ変換が計算できて，

$$\tilde{\phi}'\left(\boldsymbol{k},\boldsymbol{\eta}-\frac{\eta_0}{k_0}\boldsymbol{k}\right)=\left\{1+\boldsymbol{\theta}\left(\boldsymbol{k}\times\frac{\partial}{\partial\boldsymbol{k}}+\boldsymbol{\xi}\times\frac{\partial}{\partial\boldsymbol{\xi}}\right)\right\}\tilde{\phi}(\boldsymbol{k},\boldsymbol{\xi})\Big|_{\boldsymbol{\xi}=\boldsymbol{\eta}-\frac{k_0}{\eta_0}\boldsymbol{k}}$$

(θ-変換)，　(7.4.30)

$$\tilde{\phi}'\left(\boldsymbol{k},\boldsymbol{\eta}-\frac{\eta_0}{k_0}\boldsymbol{k}\right)=\left\{1+k_0\boldsymbol{\tau}\left(\frac{\partial}{\partial\boldsymbol{k}}-\frac{\boldsymbol{\xi}}{\boldsymbol{k}^2}\left(\boldsymbol{k}\frac{\partial}{\partial\boldsymbol{\xi}}\right)+i\frac{\boldsymbol{\xi}}{\boldsymbol{k}^2}\right)\right\}\tilde{\phi}(\boldsymbol{k},\boldsymbol{\xi})\Big|_{\boldsymbol{\xi}=\boldsymbol{\eta}-\frac{k_0}{\eta_0}\boldsymbol{k}}$$

(τ-変換)．　(7.4.31)

ただし，ここで $\partial k_0/\partial \boldsymbol{k}=\boldsymbol{k}/k_0$ をつかった．これらを(7.4.22),(7.4.23)と比べよう．そうすると $\tilde{\chi}(\boldsymbol{k},\boldsymbol{\xi})$ は

$$\tilde{\chi}(\boldsymbol{k},\boldsymbol{\xi})=\int d\boldsymbol{\eta}\delta\left(\boldsymbol{\eta}-\frac{\eta_0}{k_0}\boldsymbol{k}-\boldsymbol{\xi}\right)\tilde{\phi}\left(\boldsymbol{k},\boldsymbol{\eta}-\frac{\eta_0}{k_0}\boldsymbol{k}\right)$$

$$=e^{-i\eta_0/k_0}\int d\boldsymbol{\eta}\delta\left(\boldsymbol{\eta}-\frac{\eta_0}{k_0}\boldsymbol{k}-\boldsymbol{\xi}\right)\tilde{\phi}(\boldsymbol{k},\eta_\mu) \qquad (7.4.32)$$

とかかれる．またこれより，逆に

$$\tilde{\phi}(\boldsymbol{k},\eta_\mu)=e^{i\eta_0/k_0}\tilde{\chi}\left(\boldsymbol{k},\boldsymbol{\eta}-\frac{\eta_0}{k_0}\boldsymbol{k}\right) \qquad (7.4.33)$$

が導かれるので，われわれは $\tilde{\chi}(\boldsymbol{k},\boldsymbol{\xi})$ の代りに，共変的な(7.4.25),(7.4.26),(7.4.29)に従う $\tilde{\phi}(\boldsymbol{k},\eta_\mu)$ を用いることができる．

内積(7.4.24)に(7.4.32)を代入すると

$$\langle 1|2\rangle=e^{i(\eta_0-\eta_0')/k_0}\int d\boldsymbol{k}d\boldsymbol{\xi}d\boldsymbol{\eta}d\boldsymbol{\eta}'\delta(\boldsymbol{k}\boldsymbol{\xi})\delta(\boldsymbol{\xi}^2-\Xi)\delta\left(\boldsymbol{\eta}-\frac{\eta_0}{k_0}\boldsymbol{k}-\boldsymbol{\xi}\right)$$

$$\times\delta\left(\boldsymbol{\eta}'-\frac{\eta_0'}{k_0}\boldsymbol{k}-\boldsymbol{\xi}\right)\tilde{\phi}^*(\boldsymbol{k},\eta_\mu)_1\tilde{\phi}(\boldsymbol{k},\eta_\mu')_2$$

$$=e^{i(\eta_0-\eta_0')/k_0}\int d\boldsymbol{k}d\boldsymbol{\eta}\delta(k_\mu\eta_\mu)\delta(\eta_\mu{}^2-\Xi)\tilde{\phi}^*(\boldsymbol{k},\eta_\mu)_1\tilde{\phi}\left(\boldsymbol{k},\eta_\mu-\frac{\eta_0-\eta_0'}{k_0}k_\mu\right)_2$$

$$=\int d\boldsymbol{k}d\boldsymbol{\eta}\delta(k_\mu\eta_\mu)\delta(\eta_\mu{}^2-\Xi)\tilde{\phi}^*(\boldsymbol{k},\eta_\mu)_1\tilde{\phi}(\boldsymbol{k},\eta_\mu)_2 \qquad (7.4.34)$$

が導かれる．これは $\tilde{\phi}(\boldsymbol{k},\eta_\mu)$ を用いてかかれた内積の表現に他ならない．

さて

$$\phi(\boldsymbol{k},\eta_\mu)=\delta(\eta_\mu{}^2-\Xi)\delta(k_\mu\eta_\mu)\tilde{\phi}(\boldsymbol{k},\eta_\mu) \qquad (7.4.35)$$

とおこう．

$$\delta(\boldsymbol{\xi}^2-\Xi)\delta\left(\frac{\boldsymbol{k}\boldsymbol{\xi}}{|\boldsymbol{k}|}\right)\Bigg|_{\boldsymbol{\xi}=\boldsymbol{\eta}-\frac{\eta_0}{k_0}\boldsymbol{k}}=|\boldsymbol{k}|\delta(\eta_\mu{}^2-\Xi)\delta(k_\mu\eta_\mu) \qquad (7.4.36)$$

であるから，(7.4.19),(7.4.33),(7.4.35)，および(7.4.9)により

$$\phi(\boldsymbol{k},\eta_\mu)=e^{i\eta_0/k_0}|\boldsymbol{k}|^{-1}\chi(\boldsymbol{k},\boldsymbol{\xi})\Bigg|_{\boldsymbol{\xi}=\boldsymbol{\eta}-\frac{\eta_0}{k_0}\boldsymbol{k}}$$

$$=|\boldsymbol{k}|^{-1}\exp\left\{i\theta(\hat{l}_1\sin\varphi-\hat{l}_2\cos\varphi)+\frac{i\eta_0}{k_0}\right\}\phi(\boldsymbol{k},\boldsymbol{\xi})\Bigg|_{\boldsymbol{\xi}=\boldsymbol{\eta}-\frac{\eta_0}{k_0}\boldsymbol{k}}, \qquad (7.4.37)$$

また，(7. 4. 32)に $U^{-1}\delta(\boldsymbol{\xi}^2-\Xi)\delta(\boldsymbol{k}\boldsymbol{\xi}/|\boldsymbol{k}|)$ をかけ(7. 4. 19), (7. 4. 9)を用いると

$$\phi(\boldsymbol{k},\boldsymbol{\xi}) = |\boldsymbol{k}|\exp\left\{-i\theta(\hat{l}_1\sin\varphi-\hat{l}_2\cos\varphi)-\frac{i\eta_0}{k_0}\right\}$$

$$\times\int d\boldsymbol{\eta}\delta\left(\boldsymbol{\eta}-\frac{\eta_0}{k_0}\boldsymbol{k}-\boldsymbol{\xi}\right)\psi(\boldsymbol{k},\eta_\mu) \tag{7.4.38}$$

となって，これらはポアンカレ群の表現空間の状態ベクトル $\phi(\boldsymbol{k},\boldsymbol{\xi})$ と共変的な振幅 $\psi(\boldsymbol{k},\eta_\mu)$ の関係を与える式となる.

$\psi(\boldsymbol{k},\eta_\mu)$ の従う式は，(7. 4. 35)より

$$k_\mu\eta_\mu\psi(\boldsymbol{k},\eta_\mu)=0, \tag{7.4.39}$$

$$({\eta_\mu}^2-\Xi)\psi(\boldsymbol{k},\eta_\mu)=0, \tag{7.4.40}$$

また(7. 4. 29)より

$$\left(k_\mu\frac{\partial}{\partial\eta_\mu}-i\right)\psi(\boldsymbol{k},\eta_\mu)=0 \tag{7.4.41}$$

となる．ただしこの式を導くにあたっては次の関係を用いた.

$$\left[\left(k_\mu\frac{\partial}{\partial\eta_\mu}-i\right),\ \delta({\eta_\mu}^2-\Xi)\right]=2k_\mu\eta_\mu\delta'({\eta_\mu}^2-\Xi),$$

$$\left[\left(k_\mu\frac{\partial}{\partial\eta_\mu}-i\right),\ \delta(k_\mu\eta_\mu)\right]={k_\mu}^2\delta'(k_\mu\eta_\mu)=0.$$

ここで，x-表示にうつるには

$$\psi(x_\mu,\eta_\nu)=\frac{1}{2\pi}\int\frac{d\boldsymbol{k}}{|\boldsymbol{k}|}e^{i(\boldsymbol{k}\boldsymbol{x}-k_0t)}\psi(\boldsymbol{k},\eta_\mu) \tag{7.4.42}$$

を用いればよい．これより直ちに

$$\frac{\partial^2}{\partial {x_\mu}^2}\psi(x_\mu,\eta_\nu)=0, \tag{7.4.43}$$

$$\eta_\mu\frac{\partial}{\partial x_\mu}\psi(x_\mu,\eta_\nu)=0, \tag{7.4.44}$$

$$({\eta_\mu}^2-\Xi)\psi(x_\mu,\eta_\nu)=0, \tag{7.4.45}$$

$$\left(\frac{\partial^2}{\partial x_\mu\partial\eta_\mu}+1\right)\psi(x_\mu,\eta_\nu)=0. \tag{7.4.46}$$

またローレンツ変換は

$$\psi'(x_\mu,\eta_\nu)=\psi({\Lambda^{-1}}_{\mu\lambda}x_\lambda,\ {\Lambda^{-1}}_{\nu\rho}\eta_\rho) \tag{7.4.47}$$

であることは，(7. 4. 25), (7. 4. 26)より明らかである．さらに共変内積は

$$
\langle\!\langle 1|2\rangle\!\rangle = \langle 1|2\rangle
$$

$$
= \int dx d\boldsymbol{\eta}\delta(\boldsymbol{x\eta})\delta(\boldsymbol{\eta}^2 - \Xi)\frac{\partial\tilde{\phi}^*(x_\mu, \boldsymbol{\eta})_1}{\partial t}\frac{\partial\tilde{\phi}(x_\mu, \boldsymbol{\eta})_2}{\partial t}, \qquad (7.4.48)
$$

ただし $\tilde{\phi}(x_\mu, \boldsymbol{\eta})$ は

$$
\tilde{\phi}(x_\mu, \boldsymbol{\eta}) = \frac{\sqrt{\Xi}}{2\pi}\int\frac{d\boldsymbol{k}}{|\boldsymbol{k}|}e^{i(\boldsymbol{kx}-k_0t)}\tilde{\phi}(\boldsymbol{k}, \eta_\nu)\delta(\boldsymbol{\eta k})\bigg|_{\eta_0=0} \qquad (7.4.49)
$$

で与えられる．これは次のようにして示すことができる．

(7.4.34)は，その左辺からわかるように η_0 の値には依存しない．それゆえ，$\eta_0=0$ とすれば(7.4.34)は

$$
\langle 1|2\rangle = \int d\eta d\boldsymbol{k}\delta(\boldsymbol{k\eta})\delta(\boldsymbol{\eta}^2 - \Xi)\tilde{\phi}^*(\boldsymbol{k}, \boldsymbol{\eta})_1\tilde{\phi}(\boldsymbol{k}, \boldsymbol{\eta})_2. \qquad (7.4.50)
$$

そこでまず

$$
I = \int d\boldsymbol{k}\delta(\boldsymbol{k\eta})\tilde{\phi}^*(\boldsymbol{k}, \boldsymbol{\eta})_1\tilde{\phi}(\boldsymbol{k}, \boldsymbol{\eta})_2|_{\eta^2=\Xi} \qquad (7.4.51)
$$

を計算する．$\tilde{\phi}(\boldsymbol{k}, \boldsymbol{\eta})$ を $\tilde{\phi}(k_1, k_2, k_3; \eta_1, \eta_2, \eta_3)$ とかき，$\boldsymbol{\eta}$ の方向を第3軸に選べば

$$
I = \frac{1}{\sqrt{\Xi}}\int dk_1dk_2\tilde{\phi}^*(k_1, k_2, 0; 0, 0, \sqrt{\Xi})_1\tilde{\phi}(k_1, k_2, 0; 0, 0, \sqrt{\Xi})_2. \qquad (7.4.52)
$$

一方，(7.4.49)において，やはり $\boldsymbol{\eta}$ を3軸方向にとり，$x_3=0, \boldsymbol{\eta}^2=\Xi$ とすると

$$
\tilde{\phi}(x_1, x_2, 0, t; 0, 0, \sqrt{\Xi}) = \frac{1}{2\pi}\int\frac{dk_1dk_2}{\sqrt{k_1{}^2+k_2{}^2}}e^{i(k_1x_1+k_2x_2-k_0t)} \times\tilde{\phi}(k_1, k_2, 0; 0, 0, \sqrt{\Xi}). \qquad (7.4.53)
$$

ここでは $k_0{}^2=k_1{}^2+k_2{}^2$ である．(7.4.53)の逆フーリエ変換を行って $\tilde{\phi}(k_1, k_2, 0; 0, 0, \sqrt{\Xi})$ を求め(7.4.52)に代入すれば

$$
I = \frac{1}{(2\pi)^2\sqrt{\Xi}}\int dx_1dx_2dx_1'dx_2'\tilde{\phi}^*(x_1, x_2, 0, t; 0, 0, \sqrt{\Xi})_1 \times\tilde{\phi}(x_1', x_2', 0, t; 0, 0, \sqrt{\Xi})_2e^{i\{k_1(x_1-x_1')+k_2(x_2-x_2')\}}k_0{}^2dk_1dk_2
$$

$$
= \frac{1}{\sqrt{\Xi}}\int dx_1dx_2\frac{\partial\tilde{\phi}^*(x_1, x_2, 0, t; 0, 0, \sqrt{\Xi})_1}{\partial t}\frac{\partial\tilde{\phi}(x_1, x_2, 0, t; 0, 0, \sqrt{\Xi})_2}{\partial t}
$$

$$= \int d\boldsymbol{x}\delta(\boldsymbol{x\eta})\frac{\partial\tilde{\phi}^*(x_\mu, \boldsymbol{\eta})_1}{\partial t}\frac{\partial\tilde{\phi}(x_\mu, \boldsymbol{\eta})_2}{\partial t}\bigg|_{\eta^2=\Xi}. \tag{7.4.54}$$

この右辺は，I が空間回転で不変であるから，$\boldsymbol{\eta}$ の向きには依存しない．これを(7.4.50)に代入すれば(7.4.48)が得られる．

(7.4.43)～(7.4.49)は，質量0で1価表現に属する連続スピン粒子の完全に共変的な記述を与える式である．(7.4.48)は正負の振動には無関係に，共変ノルムはつねに正の値をとることを示している．このような事実は，これまで述べてきたスピン自由度有限の1価表現に属する粒子とは著しい相違をなすものである．

なお，$\psi(x_\mu, \eta_\nu)$ に対する不連続変換は下のようになる．

空間反転　　　$\psi'(x_\mu, \eta_\nu) = e^{i\delta}\psi(-\boldsymbol{x}, t, -\boldsymbol{\eta}, \eta_0)$,

時間反転　　　$\psi''(x_\mu, \eta_\nu) = e^{i\delta'}\psi^*(\boldsymbol{x}, -t, \boldsymbol{\eta}, -\eta_0)$,

荷電共役変換　$\psi^C(x_\mu, \eta_\nu) = e^{i\delta''}\psi^*(x_\mu, \eta_\nu)$.

いうまでもなく，$e^{i\delta}, e^{i\delta'}, e^{i\delta''}$ は不定な位相因子である．

b)　2価表現に属する粒子

この粒子は(5.2.38)～(5.2.42)で定義される．$S=1/2$ と $-1/2$ の表現は互いにユニタリー同値であることは既に述べたが，§7.1の議論を利用するために，正振動に対しては $S=1/2$，負振動に対しては $S=-1/2$ を用いることにし，(7.1.11)と同様

$$\varphi^{(+)}(\boldsymbol{k}, \xi_1, \xi_2) = \begin{pmatrix}\phi_{1/2}{}^{(+)}(\boldsymbol{k}, \xi_1, \xi_2)\\ 0\end{pmatrix}, \quad \varphi^{(-)}(\boldsymbol{k}, \xi_1, \xi_2) = \begin{pmatrix}0\\ \phi_{-1/2}{}^{(-)}(\boldsymbol{k}, \xi_1, \xi_2)\end{pmatrix},$$

$$\varphi(\boldsymbol{k}, \xi_1, \xi_2) = \varphi^{(+)}(\boldsymbol{k}, \xi_1, \xi_2)+\varphi^{(-)}(\boldsymbol{k}, \xi_1, \xi_2) \tag{7.4.55}$$

とおき，さらに $\varphi(\boldsymbol{k}, \boldsymbol{\xi}) = \delta(\xi_3)\varphi(\boldsymbol{k}, \xi_1, \xi_2)$ とすれば

$$\xi_3\varphi(\boldsymbol{k}, \boldsymbol{\xi}) = 0, \tag{7.4.56}$$

$$k_0\varphi(\boldsymbol{k}, \boldsymbol{\xi}) = |\boldsymbol{k}|\sigma_3\varphi(\boldsymbol{k}, \boldsymbol{\xi}) \tag{7.4.57}$$

を得る．$\varphi(\boldsymbol{k}, \boldsymbol{\xi})$ のローレンツ変換の生成子は(5.2.38), (5.2.39)により

$$\boldsymbol{J} = \boldsymbol{k}\times\left\{\frac{1}{i}\frac{\partial}{\partial\boldsymbol{k}}+\left(\hat{l}_3+\frac{\sigma_3}{2}\right)\frac{\boldsymbol{n}\times\boldsymbol{k}}{|\boldsymbol{k}|(|\boldsymbol{k}|+k_3)}\right\}+\left(\hat{l}_3+\frac{\sigma_3}{2}\right)\frac{\boldsymbol{k}}{|\boldsymbol{k}|}, \tag{7.4.58}$$

$$\boldsymbol{K} = -k_0\left\{\frac{1}{i}\frac{\partial}{\partial\boldsymbol{k}}+\left(\hat{l}_3+\frac{\sigma_3}{2}\right)\frac{\boldsymbol{n}\times\boldsymbol{k}}{|\boldsymbol{k}|(|\boldsymbol{k}|+k_3)}\right\}-\boldsymbol{F}\frac{k_0}{\boldsymbol{k}^2} \tag{7.4.59}$$

で与えられる．これらの式は $\varphi(\boldsymbol{k},\boldsymbol{\xi})$ のスピン部分が，1 価連続スピンの $\phi(\boldsymbol{k},\boldsymbol{\xi})$ (7.4.2)と，(7.1.13)に与えられた $\varphi^R(\boldsymbol{k})$ のスピン部分の直積にほかならないことを示している．したがってこの粒子の共変形式を得るには，上記二つの場合の議論を組み合わせればよいことがわかる．その計算はすでに行ったので，ここではくり返さない．

$\Psi(\boldsymbol{k},\eta_\mu)$ はローレンツ変換のもとで

$$\Psi'(\boldsymbol{k},\eta_\mu)=\left\{1+i\boldsymbol{\theta}\left(\frac{1}{i}\boldsymbol{k}\times\frac{\partial}{\partial\boldsymbol{k}}+\frac{1}{i}\boldsymbol{\eta}\times\frac{\partial}{\partial\boldsymbol{\eta}}+\frac{\boldsymbol{\sigma}}{2}\right)\right\}\Psi(\boldsymbol{k},\eta_\mu)\qquad(\theta\text{-変換}),\tag{7.4.60}$$

$$\Psi'(\boldsymbol{k},\eta_\mu)=\left\{1+\boldsymbol{\tau}\left(k_0\frac{\partial}{\partial\boldsymbol{k}}+\eta_0\frac{\partial}{\partial\boldsymbol{\eta}}+\boldsymbol{\eta}\frac{\partial}{\partial\eta_0}-\frac{\boldsymbol{\sigma}}{2}\right)\right\}\Psi(\boldsymbol{k},\eta_\mu)\qquad(\tau\text{-変換}),\tag{7.4.61}$$

かつ

$$k_0\Psi(\boldsymbol{k},\eta_\mu)=\boldsymbol{k\sigma}\Psi(\boldsymbol{k},\eta_\mu),\tag{7.4.62}$$

$$k_\mu\eta_\mu\Psi(\boldsymbol{k},\eta_\mu)=0,\tag{7.4.63}$$

$$({\eta_\mu}^2-\Xi)\Psi(\boldsymbol{k},\eta_\mu)=0,\tag{7.4.64}$$

$$\left(k_\mu\frac{\partial}{\partial\eta_\mu}-i\right)\Psi(\boldsymbol{k},\eta_\mu)=0\tag{7.4.65}$$

をみたすとすると，$\varphi(\boldsymbol{k},\boldsymbol{\xi})$ との間には

$$\begin{aligned}&\Psi(\boldsymbol{k},\eta_\mu)\\&=|\boldsymbol{k}|^{-1/2}\exp\left[i\theta\left\{\left(\hat{l}_1+\frac{\sigma_1}{2}\right)\sin\varphi-\left(\hat{l}_2+\frac{\sigma_2}{2}\right)\cos\varphi\right\}+i\frac{\eta_0}{k_0}\right]\varphi(\boldsymbol{k},\boldsymbol{\xi})\Big|_{\boldsymbol{\xi}=\boldsymbol{\eta}-\frac{\eta_0}{k_0}\boldsymbol{k}},\end{aligned}\tag{7.4.66}$$

$$\begin{aligned}\varphi(\boldsymbol{k},\boldsymbol{\xi})&=|\boldsymbol{k}|^{1/2}\exp\left[-i\theta\left\{\left(\hat{l}_1+\frac{\sigma_1}{2}\right)\sin\varphi-\left(\hat{l}_2+\frac{\sigma_2}{2}\right)\cos\varphi\right\}-i\frac{\eta_0}{k_0}\right]\\&\quad\times\int d\boldsymbol{\eta}\delta\left(\boldsymbol{\eta}-\frac{\eta_0}{k_0}\boldsymbol{k}-\boldsymbol{\xi}\right)\Psi(\boldsymbol{k},\eta_\mu)\end{aligned}\tag{7.4.67}$$

なる関係が存在する．さらに(7.4.62)，(7.4.63)により

$$\Psi(\boldsymbol{k},\eta_\mu)=\delta({\eta_\mu}^2-\Xi)\delta(k_\mu\eta_\mu)\tilde{\Psi}(\boldsymbol{k},\eta_\mu)\tag{7.4.68}$$

となるから，この $\tilde{\Psi}(\boldsymbol{k},\eta_\mu)$ を用いると，(5.2.42)の内積は

$$\langle 1, \pm|2, \pm\rangle = \int \frac{d\boldsymbol{k}}{|\boldsymbol{k}|} d\boldsymbol{\eta}\delta(k_\mu\eta_\mu)\delta(\eta_\mu{}^2-\Xi)\tilde{\Psi}^{(\pm)*}(\boldsymbol{k}, \eta_\mu)_1\tilde{\Psi}^{(\pm)}(\boldsymbol{k}, \eta_\mu)_2$$
$$= \pm\int \frac{k_0}{|\boldsymbol{k}|^2} d\boldsymbol{k}d\boldsymbol{\eta}\delta(k_\mu\eta_\mu)\delta(\eta_\mu{}^2-\Xi)\tilde{\Psi}^{(\pm)*}(\boldsymbol{k}, \eta_\mu)_1\tilde{\Psi}^{(\pm)}(\boldsymbol{k}, \eta_\mu)_2 \quad (7.4.69)$$

であらわされる．

ここで，x-表示の振幅を，(7.4.42)と同じように

$$\Psi(x_\mu, \eta_\nu) = \frac{1}{2\pi}\int \frac{d\boldsymbol{k}}{|\boldsymbol{k}|} e^{i(\boldsymbol{k}\boldsymbol{x}-k_0 t)}\Psi(\boldsymbol{k}, \eta_\nu) \quad (7.4.70)$$

で定義する．このとき1価表現の場合と同様の計算を経て，共変内積

$$\langle\!\langle 1|2\rangle\!\rangle = \frac{1}{2i}\int d\boldsymbol{x}d\boldsymbol{\eta}\delta(\boldsymbol{x}\boldsymbol{\eta})\delta(\boldsymbol{\eta}^2-\Xi)\left\{\frac{\partial\tilde{\Psi}^*(x_\mu, \boldsymbol{\eta})_1}{\partial t}\tilde{\Psi}(x_\mu, \boldsymbol{\eta})_2 - \tilde{\Psi}^*(x_\mu, \boldsymbol{\eta})_1\frac{\partial\tilde{\Psi}(x_\mu\boldsymbol{\eta})_2}{\partial t}\right\}, \quad (7.4.71)$$

$$\tilde{\Psi}(x_\mu, \boldsymbol{\eta}) = \frac{\sqrt{\Xi}}{2\pi}\int \frac{d\boldsymbol{k}}{|\boldsymbol{k}|} e^{i(\boldsymbol{k}\boldsymbol{x}-k_0 t)}\tilde{\Psi}(\boldsymbol{k}, \eta_\nu)\delta(\boldsymbol{\eta}\boldsymbol{k})|_{\eta_0=0} \quad (7.4.72)$$

が得られる．(7.4.70)は(7.4.69)と

$$\langle\!\langle 1, \pm|2, \pm\rangle\!\rangle = \pm\langle 1, \pm|2, \pm\rangle \quad (7.4.73)$$

なる関係にあり，1価表現の場合と異なって，共変ノルムは負振動に対しては負の値をとる．これはまた，スピン自由度有限の2価表現に従う粒子と全く異なる点である．

$\psi(x_\mu, \eta_\nu)$ のみたす方程式は(7.4.62)～(7.4.64)，(7.4.70)により

$$\left(\frac{\partial}{\partial t}+\boldsymbol{\sigma}\boldsymbol{\nabla}\right)\Psi(x_\mu, \eta_\nu) = 0, \quad (7.4.74)$$

$$\eta_\mu\frac{\partial}{\partial x_\mu}\Psi(x_\mu, \eta_\nu) = 0, \quad (7.4.75)$$

$$(\eta_\mu{}^2-\Xi)\Psi(x_\mu, \eta_\nu) = 0, \quad (7.4.76)$$

$$\left(\frac{\partial^2}{\partial x_\mu\partial\eta_\mu}+1\right)\Psi(x_\mu, \eta_\nu) = 0. \quad (7.4.77)$$

またローレンツ変換は(7.4.60)，(7.4.61)より

$$\Psi'(x_\mu, \eta_\nu) = \left(1+\frac{i}{2}\boldsymbol{\theta\sigma}\right)\Psi(\Lambda(\boldsymbol{\theta})^{-1}{}_{\mu\lambda}x_\lambda, \Lambda(\boldsymbol{\theta})^{-1}{}_{\nu\rho}\eta_\rho) \qquad (\theta\text{-変換}),$$

(7.4.78)

$$\Psi'(x_\mu, \eta_\nu) = \left(1-\frac{1}{2}\boldsymbol{\tau\sigma}\right)\Psi(\Lambda(\boldsymbol{\tau})^{-1}{}_{\mu\lambda}x_\lambda, \Lambda(\boldsymbol{\tau})^{-1}{}_{\nu\rho}\eta_\rho) \qquad (\tau\text{-変換})$$

(7.4.79)

で与えられる．(7.4.71)および(7.4.74)～(7.4.79)により2価の連続スピンの粒子に対する共変形式は完全に求められたことになる．

われわれは(7.4.55)に与えられた $\varphi(\boldsymbol{k}, \xi_1, \xi_2)$ を出発点として議論を進めてきた．このような振幅を選んだのは(7.1.11)との類似性を利用するためであったが，これとは別に(7.1.12)と似た形の，すなわち正振動に対しては $S=-1/2$，負振動に対しては $S=1/2$ なる2成分の振幅を用いることももちろん可能である．この際得られる共変形式は，(7.4.74)の $\boldsymbol{\sigma}\nabla$，および(7.4.79)の $\boldsymbol{\tau\sigma}/2$ の符号をそれぞれ逆転させたものとなることは，§7.1におけるスピン1/2粒子の議論から容易に推察できるであろう．この形式が上に具体的に記した共変形式と同値であることはいうまでもない．実際，$\hat{\Psi}(x_\mu, \eta_\nu)=\Xi^{-1/2}(\sigma_\mu\eta_\mu)\Psi(x_\mu, \eta_\nu)$ とおけば，$\hat{\Psi}(x_\mu, \eta_\nu)$ は上記のように符号を逆転させた式を満足することがわかる．ただし σ_μ は(2.2.1)で与えられたものである．このことは，§7.2の議論を参照すれば，ユニタリーな空間反転の演算子がポアンカレ群の規約表現空間において定義され得ることを示す．この点もまた，質量0の不連続スピンの粒子($|S|\geqq 1/2$)とは異なるところである．その結果 $\Psi(x_\mu, \eta_\nu)$ に対して次のような不連続変換が与えられる．

空間反転　　$\Psi'(x_\mu, \eta_\nu) = e^{i\delta}\Xi^{-1/2}(\sigma_\mu{}^\dagger\eta_\mu)\Psi(-\boldsymbol{x}, t, -\boldsymbol{\eta}, \eta_0),$　　(7.4.80)

時間反転　　$\Psi''(x_\mu, \eta_\nu) = e^{i\delta'}\sigma_2\Psi^*(\boldsymbol{x}, -t, \boldsymbol{\eta}, -\eta_0),$　　(7.4.81)

荷電共役変換　　$\Psi^C(x_\mu, \eta_\nu) = e^{i\delta''}\Xi^{-1/2}(\sigma_\mu{}^\dagger\eta_\mu)\sigma_2\Psi^*(x_\mu, \eta_\nu).$　　(7.4.82)

これらの変換のもとで理論が不変であることは，読者自ら確めていただきたい．ただし，荷電共役変換においては正負の振動が入れかわる．

第8章　量子化された場

§8.1　物質波の量子論

第6章，第7章において理論の共変的な記述について述べてきたが，1体の自由粒子を扱うという限りにおいては，これは必ずしも必要でなく，ポアンカレ群の既約表現が求められればそれで十分のはずである．もっとも，一般的には負振動の状態という，解釈に窮する既約表現も現われてくるが，これは物理的には無意味であるという理由で捨て去ってしまってよい*)．たしかに自由粒子に関する限りこれで悪いはずはないが，しかしこのような状態にある粒子に外から相互作用が加えられると，話はそれほど簡単ではなくなる．相互作用を通じて外部とのエネルギーや運動量のやりとりが生じ，その結果この粒子のもつエネルギー・運動量 k_μ が運動の恒量でなくなるばかりか，${k_\mu}^2$ が時間的に一定な定数とはもはやおけなくなるので，この粒子についてのウィグナー回転そのものが意味を失うという結果になる．つまり，ポアンカレ群の既約表現における波動関数は，相互作用を含む系へはうまくつながらず，仮に相当に複雑なことをやれば何とかなるであろうとしたところで，理論的な見通しは決して明るいとはいえない．

この点，共変的な形式にかきかえておくと，理論形式が k_μ にはあらわに依存していないために，ローレンツ変換については話は楽になるが，しかしここでも，相互作用が存在する場合には正負の振動の区別ができなくなり，最初に正振動にあった状態に，ある時間の間相互作用が加えられ，その後再び自由粒子にもどったとすると，粒子は負振動の状態に入っているということが起り得る．もっとも共変形式では整数スピンの場合には内積の定義が変わり，k_0 の期待値はつねに正になるので，これが観測されるエネルギーの値だとすれば，負

*) このようにすると，虚数質量の粒子は，正負振動の分離がローレンツ不変に行えないためその存在理由を失うことになる．そのためこの粒子を何とか生かそうとする人々は，負振動についての新しい再解釈を試みている．例えば，G. Feinberg: Phys. Rev., **159** (1967) 1089 およびそこでの引用文献参照．

のエネルギーという非物理的なものは考えなくてすむかもしれない．しかし負振動状態のノルムが負になるという困難は避けられない．一方半整数スピンの場合には，ノルムは振動の正負にかかわらず負になることはないが，その代りエネルギー期待値は負振動状態では負になってしまう．

これに加えて，相互作用の存在する場合には，これまで述べてきた1体の粒子という描像自身が怪しくなる．よく知られているように光子は原子によって吸収，あるいは放出され，相互作用を通じて光子数の増減が生ずる．似たようなことは，半整数スピンの粒子の場合にも起り，例えばβ崩壊ではニュートロンが消滅して，陽子，電子，ニュートリノが発生する．

このようにしてみてくると，相互作用をもつ系へ理論がうまくつながるためには，粒子の生成，消滅を記述できるように理論の枠を拡げておかなければならない．そうしてその結果として，負振動にまつわる上記の困難をも回避できることが望ましいのであるが，それにこたえるのがこの章で述べようとする**場の量子化**(field quantization)の考えである．もちろん，この場合でも，相互作用の起る以前，あるいは相互作用が行われて十分に時間が経ったあとでは，自由粒子の描像がなりたち，そこではポアンカレ群の既約表現というこれまでの考え方はそのまま通用しなければならないから，場の量子化に際してもこの考えは粒子像との関連において欠かすことのできない基本的なものである．ただこの理論では，負振動については新たな解釈が可能となり，それによってこれに関する困難は克服されることになる．

ただし本書においては，場の量子論の相互作用をも含めた一般論にまで立ち入るつもりはない．これはそれ自身独立した大きな分野を形成しており，それを述べることは，限られたページ数をもってしては不可能なこともあるが，他方また，これに関する書物は既に多数書かれているのでそれを学ぶ便宜には事欠かないと思うからである．本書では話を限定して，これまで論じてきたポアンカレ群の既約表現と自由場(相互作用をしていない場)の量子化との関連という基礎的な事項に議論の焦点を絞ることにする．この限られた枠内でも，相対論的な場の量子化の基本的な考えはある程度述べることができると思う．

古典論においては光子という粒子像は存在せず，光に関する現象を記述するのは，マックスウェルの方程式に従う電磁場である．場(field)は時間と空間座標の関数であって，それによって任意の時空点 x_μ における場の量が与えられる．この際 x_μ は座標の目盛りで単なるパラメータに過ぎない．また場の量である電場や磁場，$\boldsymbol{E}(x), \boldsymbol{H}(x)$ に量子論的な意味での確率振幅という考えを適用することはできない．これらは現実の時空間の中に実在する波であって，量子論的な状態ベクトルのつくる空間において定義された抽象的な波動とは全く異なり，実際にエネルギーを伝播して2点間の信号にも使える波である．このような現実の時空間の中に実在する波を一般に**物質波**といい，これは時空点の関数である場としてあらわされる．

ところで，もし物質波としての電磁場と量子論的な光子の存在が無関係でないとした場合，その他の粒子のそれぞれに対応した物質波つまり場が存在すると考えてもよいであろう．ただし，電磁場がマックスウェルの方程式に従うことは経験的に知られているが，その他の粒子の場がどんな方程式をみたすかは，はじめから明らかではない．しかし，光子を記述する確率振幅を共変的な形式にかきなおしたとき，§7.3のa)項でみたように，共変振幅がマックスウェルの方程式を満足していることは，他の物質波の従う方程式がいかなるものかを暗示するものである．本来物質波は，確率波を変形して得られた共変振幅とは概念上全く別のものであるが，われわれはここで，前者をあらわす場もやはり共変振幅のみたす方程式に従うものと仮定しよう．この仮定の導入の仕方は決して論理的とはいえないが，その妥当性はこの章の以後の議論によって示されるであろう．

話を簡単にするためにわれわれは質量有限の粒子に議論を限ることにする*)．そうしてスピン0の粒子に対してはクライン・ゴルドンの方程式をみたす場 $U(x)$，スピン $n/2\,(n\geqq 1)$ の粒子に対してはバーグマン・ウィグナー方程式に従う $\psi_{(\dots)_n}(x)$ なる場を考えることにする．$U(x)$ や $\psi_{(\dots)_n}(x)$ には共変振幅と同じ記号をつかってあるが，この章ではこれらは場の量であることに注意すべきである．もちろん共変振幅のかき方にいろいろあったように，それと平行して場にも種々の表わし方が可能となるが，それらの相互関係は単なるかきかえに過ぎぬことはいうまでもなく，どれを用いてもよい．また $U(x)$ や $\psi_{(\dots)_n}(x)$

*）質量0の粒子も同様にして扱えるが，この場合議論が多少複雑になる．

に対するローレンツ変換はそれぞれ(6.1.10)および(6.3.26), (6.3.27)で与えられる.

さて，場のみたす方程式についての仮定により，スピン0の粒子に対しては

$$(\partial_\mu{}^2-m^2)U(x)=0, \tag{8.1.1}$$

またスピン $n/2$ の粒子に対しては

$$(\gamma_\mu{}^{(i)}\partial_\mu+m)\psi_{(\ldots)_n}(x)=0 \qquad (i=1,2,\cdots,n) \tag{8.1.2}$$

がなりたつ．場の量子化とは，上記の方程式に従う $U(x)$ や $\psi_{(\ldots)_n}(x)$ を，単なる実数や複素数ではなく量子論的な演算子とみなすことにある*)．これが具体的にどのような関係によって規定される演算子でなければならないかは追々述べることにするが，通常の量子力学が古典的な質点の量子化から得られたものと考えるならば，これは場というある種の連続体の量子論的取扱いとみなすことができよう．そうして前者においては系の運動を記述するパラメータが時間であるのに対して，後者では時空点 x_μ がパラメータとなっている．

このような連続体としての場のもつ全エネルギーを $\mathcal{H}$ とかく．$\mathcal{H}$ はこの系のハミルトニアンであってもちろんエルミート，そして場の量の関数である．例えば古典電磁気学においては $\mathcal{H}$ は $\int d\boldsymbol{x}(\boldsymbol{E}(x)^2+\boldsymbol{H}(x)^2)$ に比例するものであることはよく知られている．ところで場の量子論における $\mathcal{H}$ はその固有値が全系のもつエネルギーを与えるような演算子である．そして量子力学の規則により，$U(x)$ の時間微分はハイゼンベルク(Heisenberg)の運動方程式

$$i\frac{\partial U(x)}{\partial t}=[U(x),\mathcal{H}] \tag{8.1.3}$$

をみたすものと考える．$\psi_{(\ldots)_n}(x)$ に対しても同様の式がなりたつものとする．もちろん，これらは場の運動方程式，例えば相互作用のないときには，(8.1.1)あるいは(8.1.2)と矛盾するものであってはならない．

微小空間 $d\boldsymbol{x}$ $(=dx_1dx_2dx_3)$ に含まれるエネルギーを $\mathcal{H}(x)d\boldsymbol{x}$ とかき，$\mathcal{H}(x)$ を**エネルギー密度**という．$\mathcal{H}$ が $\mathcal{H}(x)$ の全空間にわたっての積分 $\int d\boldsymbol{x}\mathcal{H}(x)$ であることはいうまでもない．ところで2点 x_μ と y_μ が空間的に離れている場合すなわち $(x_\mu-y_\mu)^2>0$ のとき，作用は光速より速くは伝わらないという相

---

*) したがって振幅 $U(x)$, $\psi_{(\ldots)_n}(x)$ の複素共役に対応するものとして，場の量子論では $U^\dagger(x)$, $\psi_{(\ldots)_n}{}^\dagger(x)$ を用いなければならない．

対性理論の要求から

$$[U(x), \mathcal{H}(y)] = 0 \qquad ((x_\mu - y_\mu)^2 > 0) \tag{8.1.4}$$

とおくことができる．つまり，点 x_μ での場 $U(x)$ の時間的な変化に関し，$(x_\mu - y_\mu)^2 > 0$ なる y_μ におけるエネルギー密度 $\mathcal{H}(y)$ は何の影響もおよぼさないということである．これは相対論的な意味での因果律に他ならない．$\psi_{(\ldots)n}(x)$ についても同様な式がなりたたねばならぬことは勿論である．条件(8.1.4)は，局所的なエネルギー密度が意味をもつという考えに基づくものであって，われわれはこの式を**局所性の条件**(locality condition)とよぶことにする*)．

$\mathcal{H}$ は場の量の関数であるが，それが一般にはどのような形のものであるかはまだわからない．そこで物理的な理由から，つぎの条件を $\mathcal{H}$ に課することにする．すなわち $\mathcal{H}$ の固有値には下限が存在し，適当な附加定数を加えればその最低固有値を0にすることができる．このようにすれば系のエネルギーは負になることはない．最低エネルギーの状態を**真空**(vacuum)とよび，しかもこの状態は縮退していないものとする．すなわち真空は $\mathcal{H}$ の最低固有状態として一意的に与えられなければならない．

以上の条件のもとにわれわれは，演算子としての場を規定する関係式，$\mathcal{H}$ の関数形，そうして同時にまたこれらの演算子の作用するヒルベルト空間を決定する必要がある．もしこれができれば，この節の前半に述べた負振動にまつわる困難を回避することが可能となるであろう．すなわち，負振動とはいっても，いまや物質波が単にそういう振動をもつというだけであるから，これは系のエネルギーが負であるという意味には結びつかない．実際，エネルギーは $\mathcal{H}$ の固有値で与えられることになり，そうして仮定によりそれは負の値をとることはないのである．また状態ベクトルは，場の量や $\mathcal{H}$ が作用するヒルベルト空間で定義されることになるから，ここでのノルムが正であれば前に述べたような負のノルムに煩わされることはないはずである．

話を具体的にするために，自由場 $U(x)$ の場合を考えてみよう．(8.1.1)をみたす $U(x)$ は

$$U(x) = U^{(+)}(x) + U^{(-)}(x), \tag{8.1.5}$$

---

*)　(8.1.4)の代りに，これより条件の弱い $[\mathcal{H}(x), \mathcal{H}(y)]=0$, $(x_\mu - y_\mu)^2 > 0$ を用いて，以下で同様の議論を行うこともできるが，ここでは簡単のために(8.1.4)を採用した．

$$U^{(+)}(x)=\frac{1}{(2\pi)^{3/2}}\int\frac{d\boldsymbol{k}}{\sqrt{2\,\omega_k}}e^{i(\boldsymbol{kx}-\omega_k t)}A(\boldsymbol{k}),\tag{8.1.6}$$

$$U^{(-)}(x)=\frac{1}{(2\pi)^{3/2}}\int\frac{d\boldsymbol{k}}{\sqrt{2\,\omega_k}}e^{-i(\boldsymbol{kx}-\omega_k t)}B^{\dagger}(\boldsymbol{k})\tag{8.1.7}$$

とかくことができる．$A(\boldsymbol{k}), B^{\dagger}(-\boldsymbol{k})$ は§6.1の $\phi^{(+)}(\boldsymbol{k}), \phi^{(-)}(\boldsymbol{k})$ に対応するものであるが，ここでは演算子である．また(8.1.6), (8.1.7)の右辺に $1/\sqrt{2}$ を附したのは単なる便宜である．$A(\boldsymbol{k}), B^{\dagger}(-\boldsymbol{k})$ のローレンツ変換は $\phi^{(\pm)}(\boldsymbol{k})$ のそれと同形であるから，(6.1.1), (6.1.2)により

$$\left.\begin{aligned}A'(\boldsymbol{k})&=A(\Lambda^{-1}\boldsymbol{k}),\\B'(\boldsymbol{k})&=B(\Lambda^{-1}\boldsymbol{k})\end{aligned}\right\}\tag{8.1.8}$$

で与えられる．ただし，ここで $\Lambda^{-1}\boldsymbol{k}$ の意味は，$k_\mu=(\boldsymbol{k}, i\omega_k)$ つまり $k_0=\omega_k$ なる k_μ に Λ^{-1} を作用させたものの空間成分である．

(8.1.3)は任意の x_μ についてなりたち，しかも $\mathcal{H}$ は運動の恒量すなわち $d\mathcal{H}/dt=0$ である．それゆえ(8.1.5)を(8.1.3)に代入したものおよびそれの時間微分の式から

$$\left.\begin{aligned}\omega_k A(\boldsymbol{k})&=[A(\boldsymbol{k}), \mathcal{H}],\\\omega_k B(\boldsymbol{k})&=[B(\boldsymbol{k}), \mathcal{H}]\end{aligned}\right\}\tag{8.1.9}$$

を得る．ここで $\mathcal{H}$ の固有値が E の固有状態を $|E\rangle$ とかき，これに(8.1.9)を作用させよう．その結果，容易にわかるように $A(\boldsymbol{k})|E\rangle, B(\boldsymbol{k})|E\rangle$ も $\mathcal{H}$ の固有状態であって，その固有値はともに $(E-\omega_k)$ となる．さらに，(8.1.9)のエルミート共役の式を用いれば，同様の議論により $A^{\dagger}(\boldsymbol{k})|E\rangle, B^{\dagger}(\boldsymbol{k})|E\rangle$ もまた $\mathcal{H}$ の固有状態となり，このとき固有値は $(E+\omega_k)$ である．すなわち $A(\boldsymbol{k}), B(\boldsymbol{k})$，および $A^{\dagger}(\boldsymbol{k}), B^{\dagger}(\boldsymbol{k})$ はそれぞれ $\mathcal{H}$ の固有値を ω_k だけ増加させあるいは減少させる働きをし，その意味で $A(\boldsymbol{k}), B(\boldsymbol{k})$ は**生成**(creation)**演算子**，$A^{\dagger}(\boldsymbol{k})$，$B^{\dagger}(\boldsymbol{k})$ は**消滅**(annihilation または destruction)**演算子**とよばれる．また真空を $|0\rangle$ とかけば，定義により

$$A(\boldsymbol{k})|0\rangle=B(\boldsymbol{k})|0\rangle=0\tag{8.1.10}$$

でなければならぬ．$A(\boldsymbol{k}), B(\boldsymbol{k})$ のより詳しい意味は§8.3で述べる予定であるが，要するにわれわれは(8.1.9)を出発点として $A(\boldsymbol{k}), B(\boldsymbol{k})$，そのエルミート共役の間になりたつべき関係式，それと同時に前述の性質をみたす $\mathcal{H}$ の関数

形を求める必要がある．そのための準備は次節で行うことにしよう．なお，$U(x)=U^{\dagger}(x)$ の場合は $A(\boldsymbol{k})=B(\boldsymbol{k})$ となる．このとき $U(x)$ を**実スカラー場**(real scalar field)という．また $U(x)\neq U^{\dagger}(x)$ なる $U(x)$ は**複素スカラー場**(complex scalar field)とよばれる．以上，$U(x)$ をとりあげて議論をしてきたが，$\psi_{(\cdots)_n}(x)$ については§8.4で述べるつもりである．

§8.2　調和振動子

$U(x)$ の量子化とは(8.1.9)を解くことであって，実はこの式は無限個の**調和振動子**(harmonic oscillator)の系を意味する．その内容は以下にみるとおりであるが，$\psi_{(\cdots)_n}(x)$ の場合にも(8.1.9)と同様の式が導かれる(§8.4)．

そこで，まず最も簡単な場合として1次元の調和振動子，

$$\ddot{x}=-\omega^2 x \tag{8.2.1}$$

の量子論に関する考察から話をはじめよう．いうまでもなく $\omega/2\pi(>0)$ は振動数，˙記号は時間微分である．また x はエルミート演算子とする．(8.2.1)を二つの式に分けて

$$\left.\begin{aligned}\dot{x}&=\omega p,\\ \dot{p}&=-\omega x\end{aligned}\right\} \tag{8.2.2}$$

とかき，ハミルトニアン $\mathcal{H}$ の存在を仮定して，ハイゼンベルクの方程式 $i\dot{x}=[x,\mathcal{H}]$，　$i\dot{p}=[p,\mathcal{H}]$ を用いれば，上式は

$$\left.\begin{aligned}i\omega p&=[x,\mathcal{H}],\\ -i\omega x&=[p,\mathcal{H}]\end{aligned}\right\} \tag{8.2.3}$$

となる．ここで

$$a=\frac{x+ip}{\sqrt{2}},\qquad a^{\dagger}=\frac{x-ip}{\sqrt{2}} \tag{8.2.4}$$

を，x および p の代りに用いることにすると，直ちに

$$\omega a=[a,\mathcal{H}] \tag{8.2.5}$$

およびこれのエルミート共役の式が導かれる．(8.2.5)が(8.2.1)と同等であることはいうまでもない．a は(8.1.9)の $A(\boldsymbol{k}),B(\boldsymbol{k})$ に対応するものであることは容易にわかる．それゆえ $A(\boldsymbol{k}),B(\boldsymbol{k})$ はそれぞれ各 $\boldsymbol{k}$ の値に応じて調和振動子を記述することになり，しかも $\boldsymbol{k}$ のとり得る値は無限個，したがって

(8.1.9)は無限個の調和振動子の系である．

このように調和振動子だけを扱う限りでは，そうしてこれは場の量子論では基本的なことであるが，(8.2.5)が成立すればわれわれの議論は差し当り十分であって，通常の量子力学のように x と p との間に正準交換関係すなわち $[x, p] = i$ が成立することを始めから仮定する必要がないことに注意しなければならない．いわば p は，時間についての2階の微分方程式(8.2.1)を単に1階の微分方程式に直すために導入された変数に過ぎないわけで，この限りでは運動量という特殊なイメージをこれに附与する必要はないのである．この意味で以下われわれは，正準交換関係を前提とせずに，調和振動子(8.2.5)の性質をしらべていくことにしよう．

(8.2.5)を解くためには，$\mathscr{H}$ の形を知る必要がある．ところで，(8.2.5)およびハイゼンベルクの方程式によれば，$\dot{a}=-i\omega a$, $\dot{a}^\dagger=i\omega a^\dagger$ となるから，この系の運動の恒量は $\mathscr{H}$ をも含めて一般に $a^{\dagger n}a^n, a^m a^{\dagger m}$ $(n, m=1, 2, \cdots)$ の関数である．この $\mathscr{H}$ を(8.2.5)に用いたものが，$a, a^\dagger$ のみたす関係式を与えることになる．もちろん，この関係式により，また必要とあればこれと矛盾しない条件を課することによって，a が演算子として定義される必要があり，さらにこれを通じて $\mathscr{H}$ の縮退をもたぬ最低固有値の存在が示されねばならない．これができれば a はつねに調和振動子(8.2.1)を与えることになる．

しかし，これでは議論があまり一般的に過ぎるので，$\mathscr{H}$ が次のような $a^\dagger, a$ の2次形式という最も簡単な場合を考えてみよう．すなわち $\mathscr{H}$ としては

$$\mathscr{H} = \mathscr{H}_A = \frac{\omega}{2}[a^\dagger, a] \tag{8.2.6}$$

あるいは

$$\mathscr{H} = \mathscr{H}_S = \frac{\omega}{2}\{a^\dagger, a\} \tag{8.2.7}$$

とする．これでも以下のように多くの解が存在する．なお，右辺の $\omega/2$ は便宜上こうとったまでで，a のスケールのとり方により $\omega/2c$ $(c>0)$ としてもよい*)．

*) $c<0$ の場合は考えない．実際，$\omega/2$ の代りに $-\omega/2$ を用いると(8.2.7)ではエネルギー固有値に下限が存在せず，また(8.2.6)ではこのままでは矛盾はないが，もし場の理論に直結するように，そのような調和振動子を多数考えると，ヒルベルト空間に負のノルムが入るのを避けられないからである(Y. Ohnuki, M. Yamada and S. Kamefuchi : Phys. Letters, **36 B** (1971), 51 参照)．

まず，$\mathcal{H}_A$ の場合を考えてみよう．(8.2.5)より $a, a^\dagger$ のみたす式は

$$\left.\begin{aligned} 2a &= [a, [a^\dagger, a]], \\ -2a^\dagger &= [a^\dagger, [a^\dagger, a]] \end{aligned}\right\} \tag{8.2.8}$$

となる．ところでこの式は回転群の生成子のみたす式と同一であることに注意しよう．すなわち(4.1.3), (4.1.6)の $\boldsymbol{S}$, あるいは $S^{(\pm)}$ および S_3 との間に

$$S^{(+)} \leftrightarrow a^\dagger, \quad S^{(-)} \leftrightarrow a, \quad S_3 \leftrightarrow \frac{1}{2}[a^\dagger, a] \tag{8.2.9}$$

なる対応関係が存在する．それゆえ回転群の既約表現を用いれば a のマトリックスは容易に決定される．そこで‘角運動量’$\dfrac{r}{2}(r=0, 1, 2, \cdots)$ の既約表現を考えよう．そのとき $\mathcal{H}_A$ の最低固有値は S_3 の最低固有値の ω 倍となり，それに対応する規格化された固有状態を $|0\rangle$ とかけば，

$$a|0\rangle = 0, \tag{8.2.10}$$

$$\mathcal{H}_A|0\rangle = -\frac{\omega}{2}r|0\rangle \tag{8.2.11}$$

が導かれる．エネルギー固有値を ω だけ増加させる演算子 $a^\dagger$ を次々に $|0\rangle$ に作用させれば，$\mathcal{H}_A$ のすべて固有状態が求まることは，角運動量のときの議論から明らかである．その結果，$a^{\dagger n}|0\rangle$ を規格化して $|n\rangle$ とするとき，(4.1.7)により，$\xi \leftrightarrow n-\dfrac{r}{2}, s \leftrightarrow \dfrac{r}{2}$ なる対応を用いて，

$$\left.\begin{aligned} a^\dagger|n\rangle &= \sqrt{(r-n)(n+1)}\,|n+1\rangle, \\ a|n\rangle &= \sqrt{n(r-n+1)}\,|n-1\rangle \end{aligned}\right\} \tag{8.2.12}$$

を得る．つまり，負でない整数 r が与えられるとそれに応じて $a, a^\dagger$ は一意的に決定する．ところで(8.2.12)によれば $a^\dagger|r\rangle=0$ となる．このことは，$a^\dagger$ の r 回の作用によりエネルギー ω を r 個だけ $|0\rangle$ に生成させることはできても，$(r+1)$ 個以上の生成が不可能であることを示す．特に $r=1$ の場合，真空より生成される ω は高々1個でこのとき調和振動子は**1次元のフェルミ**(Fermi)**統計**に従うといい，(8.2.12)によれば，よく知られた $\{a, a^\dagger\}=1, a^{\dagger 2}=a^2=0$ なる関係が得られる．なお，$r=0$ は回転群の1次元表現に対応し，$a|0\rangle=a^\dagger|0\rangle=0$, したがって $a=a^\dagger=0$ を与える．それゆえ，$r=0$ の場合は振動子そのものがなくなってしまうので物理的に興味のある解とはいえない．

次に $\mathscr{H}_S$ の場合を考察しよう．(8.2.7) よりわかるように $\mathscr{H}_S$ は負でない最低固有値をもつ．それを $\omega r'/2$ とおこう．そのとき

$$\left.\begin{aligned} &a|0\rangle = 0, \\ &\mathscr{H}_S|0\rangle = \frac{\omega}{2}r'|0\rangle \qquad (r' \geqq 0) \end{aligned}\right\} \tag{8.2.13}$$

とかくことができる．上式より

$$aa^\dagger|0\rangle = r'|0\rangle. \tag{8.2.14}$$

これは真空の一意性を示す．なお $r'=0$ の場合は，(8.2.14) より $a^\dagger|0\rangle$ のノルムは 0，したがって $a^\dagger|0\rangle=a|0\rangle=0$ すなわち $a=a^\dagger=0$ となり，この解は興味がないので以下 $r'>0$ とする．$a, a^\dagger$ のみたす関係式は，(8.2.5), (8.2.7) より

$$\left.\begin{aligned} 2a &= [a, \{a^\dagger, a\}], \\ -2a^\dagger &= [a^\dagger, \{a^\dagger, a\}] \end{aligned}\right\} \tag{8.2.15}$$

となる．これより得られる $aa^{\dagger 2}=a^{\dagger 2}a+2a^\dagger$ を用いれば，(8.2.13) の第 1 式および (8.2.14) により，$\mathscr{H}_S$ の固有状態はつねに $(a^\dagger)^n|0\rangle$ とかかれ，その固有値は $\omega\left(n+\dfrac{r'}{2}\right)$ である．ここで $a, a^\dagger$ を決定するために，$a^{\dagger 2}/2, a^2/2, \{a^\dagger, a\}/4$ なる演算子を考えよう．(8.2.15) によればこれらの間には

$$\left.\begin{aligned} &\left[\frac{\{a^\dagger, a\}}{4}, \frac{a^{\dagger 2}}{2}\right] = \frac{a^{\dagger 2}}{2}, \qquad \left[\frac{\{a^\dagger, a\}}{4}, \frac{a^2}{2}\right] = -\frac{a^2}{2}, \\ &\left[\frac{a^{\dagger 2}}{2}, \frac{a^2}{2}\right] = -\frac{1}{2}\{a^\dagger, a\} \end{aligned}\right\} \tag{8.2.16}$$

なる交換関係がなりたち，(4.4.11), (4.4.12) と較べると，これら 3 個の演算子は 3 次元ローレンツ群の生成子である．すなわち §4.4 の $H^{(\pm)}, H_0$ と

$$H^{(+)} \leftrightarrow \frac{a^{\dagger 2}}{2}, \qquad H^{(-)} \leftrightarrow \frac{a^2}{2}, \qquad H_0 \leftrightarrow \frac{\{a^\dagger, a\}}{4} \tag{8.2.17}$$

なる対応関係にある．ただし $\{a^\dagger, a\}/4$ の固有値は負にならないので，ここでは H_0 の固有値に下限がある場合のみが問題となる．前と同様 $|n\rangle$ を $(a^\dagger)^n|0\rangle$ の規格化された状態とするとき，そのような下限を与える状態は $|n\rangle$ の張るヒルベルト空間の中に 2 個存在し，それらは $|0\rangle$ と $|1\rangle$ である．実際，これらに $a^2/2$ を作用させれば 0 になることは直ちにわかる．そうして $|0\rangle, |1\rangle$ に $a^{\dagger 2}/2$ をくり返し作用させることによって，3 次元ローレンツ群のユニタリーな 2 個の既約表現空間が生成される．すなわち状態ベクトル $|n\rangle$ は，n の偶数，奇数

に応じ，上記の二つの既約表現空間のいずれかに属することになる．このとき，$a, a^\dagger$ はそれらをつなぐ役割をする．

以上の議論にもとづき，$a, a^\dagger$ を求めることは容易である．まず，$\mathcal{H}_S|n\rangle=\omega(n+\frac{r'}{2})|n\rangle$ より

$$\frac{1}{4}\{a^\dagger, a\}|0\rangle=\frac{r'}{4}|0\rangle, \tag{8.2.18}$$

$$\frac{1}{4}\{a^\dagger, a\}|1\rangle=\left(\frac{1}{2}+\frac{r'}{4}\right)|1\rangle \tag{8.2.19}$$

となるから，既約表現を指定する μ_0 (§4.4)は，n の偶，奇に応じ，それぞれ $\frac{r'}{4}, \frac{1}{2}+\frac{r'}{4}$ となる．ただし今の場合これらを整数または半整数に限る必要はない．実際，§4.4においては，ポアンカレ群のリトル・グループという理由で，表現を1価または2価に限定しなければならなかったが，現在はそうする理由がないからである．しかしながら，われわれは§4.4の議論を単に $\mu_0>0$ としてそのまま使うことができる．つまり，表4.1の $D_{\mu_0}{}^{(+)}$ において μ_0 をただ $\mu_0>0$ とすればよい．その結果，

$$\frac{a^{\dagger 2}}{2}|2n\rangle=\sqrt{\left(n+\frac{r'}{2}\right)(n+1)}|2n+2\rangle, \tag{8.2.20}$$

$$\frac{a^{\dagger 2}}{2}|2n+1\rangle=\sqrt{\left(n+1+\frac{r'}{2}\right)(n+1)}|2n+3\rangle \tag{8.2.21}$$

を得る．ただし，表4.1との対応は，$|n\rangle$ の n が偶数のときは $\mu_0=\frac{r'}{4}, \mu=\frac{n}{2}+\frac{r'}{4}$，また奇数のときは $\mu_0=\frac{1}{2}+\frac{r'}{4}, \mu=\frac{n}{2}+\frac{r'}{4}$ である．ここで，$a^\dagger, a$ を求めるために

$$a^\dagger|2n\rangle=\alpha_n|2n+1\rangle, \qquad a^\dagger|2n+1\rangle=\beta_n|2n+2\rangle \tag{8.2.22}$$

としよう．(8.2.20), (8.2.21)により

$$\alpha_n\beta_n=2\sqrt{\left(n+\frac{r'}{2}\right)(n+1)}, \tag{8.2.23}$$

$$\alpha_{n+1}\beta_n=2\sqrt{\left(n+1+\frac{r'}{2}\right)(n+1)}, \tag{8.2.24}$$

したがって，両式の比をとって

$$\frac{\alpha_n}{\alpha_{n-1}}=\sqrt{\frac{2n+r'}{2(n-1)+r'}},$$

ゆえに

$$\alpha_n = \alpha_0\sqrt{\frac{2n+r'}{r'}} = \sqrt{2n+r'} \qquad (8.2.25)$$

を得る．ここでは，$a^\dagger|0\rangle=\sqrt{r'}\,|1\rangle$ つまり $\alpha_0=\sqrt{r'}$ を用いた．これを(8.2.23)に代入すると β_n が求まる．以上の結果をまとめて

$$a^\dagger|n\rangle = \begin{cases} \sqrt{n+r'}|n+1\rangle & (n:\text{偶数}), \\ \sqrt{n+1}|n+1\rangle & (n:\text{奇数}), \end{cases} \qquad (8.2.26)$$

また，これから直ちに

$$a|n\rangle = \begin{cases} \sqrt{n}\,|n-1\rangle & (n:\text{偶数}), \\ \sqrt{n-1+r'}|n-1\rangle & (n:\text{奇数}) \end{cases} \qquad (8.2.27)$$

が導かれる．

このようにして，$\mathscr{H}_S$ の場合，任意の実数 $r'(>0)$ が与えられれば，$a, a^\dagger$ は一意的に決定することがわかる．なお(8.2.26), (8.2.27)より

$$[a, a^\dagger]|n\rangle = \begin{cases} r'|n\rangle & (n:\text{偶数}), \\ (2-r')|n\rangle & (n:\text{奇数}) \end{cases} \qquad (8.2.28)$$

となるので $r'=1$ のときのみ n の偶奇に関係なく $[a, a^\dagger]=1$ とすることができる．このとき系は**1次元のボーズ**(Bose)**統計**に従うという．

以上，われわれは1次元の調和振動子を考察してきた．そして(8.2.1)を与えるものとしては，ハミルトニアンを(8.2.6)もしくは(8.2.7)に制限した場合においてすら，r または r' に対応してなお多様な可能性が存在することをみてきた．ハミルトニアンの枠を拡げれば，その可能性はさらに増すであろう．ただ注意しなければならないことは，先に述べたように，これはあくまでも調和振動子の量子論であって，任意の力学系に適用できるものではない．したがって，$x=(a+a^\dagger)/\sqrt{2}$ および $p=(a-a^\dagger)/\sqrt{2}\,i$ を，系の具体的な構造と無関係に定義され得る，粒子の位置あるいは運動量の演算子と同じものとみなすことはできない．もし仮に，一般的な意味で x を位置，p を運動量の演算子とみなすならば，座標原点のとり方を変えても，つまり c を任意の実数として $x\to x+c, p\to p$ なる変換を行っても，x と p の関係式は不変でなければならないが，これが満たされるものは(8.2.8)には存在せず，(8.2.15)に従うものの中で特に $[x, p]=i$ という通常の正準交換関係 ($[a, a^\dagger]=1$ と同等)に限られることがわかる．いい

かえれば，この節の議論は調和振動子に特有のものであって，そのためにフェルミ統計のようなものも考えることができたのである．

ここで多数の調和振動子の系$(\omega_n>0, n=1, 2, \cdots)$,

$$\omega_n a_n = i\dot{a}_n = [a_n, \mathcal{H}] \tag{8.2.29}$$

に話を移そう．各振動は独立であるから，n に対応したハミルトニアンを $\mathcal{H}^{(n)}$ とすれば，

$$\omega_n \delta_{nm} a_n = [a_m, \mathcal{H}^{(n)}]. \tag{8.2.30}$$

ただし，$\mathcal{H}=\sum_n \mathcal{H}^{(n)}$ である．$\mathcal{H}^{(n)}$ は第 n 番目の1次元調和振動子のハミルトニアンであるから，(8.2.6), (8.2.7)に対応して $\mathcal{H}_A{}^{(n)}=\dfrac{\omega_n}{2}[a_n{}^\dagger, a_n]$，または $\mathcal{H}_S{}^{(n)}=\dfrac{\omega_n}{2}\{a_n{}^\dagger, a_n\}$ を用いてよい．しかし，$a_n\,(n=1, 2, \cdots)$ を一つの場から導かれた調和振動子とするとき，$\mathcal{H}_A{}^{(n)}$ と $\mathcal{H}_S{}^{(m)}\,(n\neq m)$ が共存すると，前節に述べた局所的なエルギー密度 $\mathcal{H}(x)$ が実は定義できなくなる．その事情は§8.3, §8.4の議論で明らかになるであろうが，ここでは一つの場に対する全ハミルトニアンは，(8.2.6), (8.2.7)の拡張として

$$\mathcal{H}_A = \sum_n \mathcal{H}_A{}^{(n)} = \sum_n \frac{\omega_n}{2}[a_n{}^\dagger, a_n] \tag{8.2.31}$$

または

$$\mathcal{H}_S = \sum_n \mathcal{H}_S{}^{(n)} = \sum_n \frac{\omega_n}{2}\{a_n{}^\dagger, a_n\} \tag{8.2.32}$$

とする．もちろんこれに定数を加えてもよい．ところで，(8.1.4)の右辺を計算しようとすると，(8.2.30)だけでは不十分である．なぜならば，(8.1.4)は時空点 x_μ や y_μ における場の量の間の関係式が与えられることを要求するからで，つまり a_n のみたす関係式は，時空点を変数とする場の量の間の関係式にかき換えられるものでなければならない．そこで $\mathcal{H}_A$ の場合，(8.2.30)をさらに一般化した，

$$\left.\begin{aligned}
&[a_n, [a_m{}^\dagger, a_l]] = 2\delta_{nm}a_l,\\
&[a_n, [a_m{}^\dagger, a_l{}^\dagger]] = 2(\delta_{nm}a_l{}^\dagger - \delta_{nl}a_m{}^\dagger),\\
&[a_n, [a_m, a_l]] = 0,
\end{aligned}\right\} \tag{8.2.33}$$

およびそのエルミート共役の式を要求しよう．

同様の理由により $\mathcal{H}_S$ の場合には

$$\left.\begin{aligned}&[a_n, \{a_m^\dagger, a_l\}] = 2\delta_{nm},\\&[a_n, \{a_m^\dagger, a_l^\dagger\}] = 2(\delta_{nm}a_l^\dagger+\delta_{nl}a_m^\dagger),\\&[a_n, \{a_m, a_l\}] = 0,\end{aligned}\right\} \tag{8.2.34}$$

およびこれのエルミート共役式を a_n のみたすべき式とする*).

(8.2.33), (8.2.34)はそれぞれフェルミ統計，ボーズ統計の一般化としてグリーン(Green)によって提案されたものである**).

真空に対する条件は，この二つの場合とも

$$a_n|0\rangle = 0, \tag{8.2.35}$$

$$a_m a_n^\dagger|0\rangle = \delta_{mn} r|0\rangle \qquad (r = 0, 1, 2, \cdots) \tag{8.2.36}$$

で与えられる．(8.2.36)は真空の一意性に対応する．調和振動子の数が無限個になると(8.2.13)と異なり，(8.2.33), (8.2.34)の場合 r はともに整数値となることに注意すべきである．これはグリーンベルグ(Greenberg)とメシア(Messiah)***)によって，真空の一意性に加えて，調和振動子の数が無限個ということとヒルベルト空間のノルムが正であるという条件のもとに導かれ，さらにこのような r が与えられれば既約な演算子 $a_n, a_n^\dagger$ が一意的に決定されることがまた彼等によって示された．なお，(8.2.33), (8.2.34)の第2式および(8.2.35), (8.2.36)を用いれば，任意の状態ベクトルは，真空に生成演算子のみを作用させて得られる状態ベクトルの，適当な重ね合わせとなることがわかる．

フェルミ統計を与える関係式

$$\left.\begin{aligned}&\{a_n, a_m^\dagger\} = \delta_{nm},\\&\{a_n, a_m\} = \{a_n^\dagger, a_m^\dagger\} = 0\end{aligned}\right\} \tag{8.2.37}$$

は(8.2.33), (8.2.36)をみたしており，しかも $r=1$ となることが確かめられる．逆に，(8.2.36)で $r=1$ とおくと(8.2.33)より上の関係式(8.2.37)が導かれる．これを示す方法はいろいろあるであろうが，r が与えられれば a_n は一意的に

*) (8.2.30)からの(8.2.33), (8.2.34)の別の導き方としては，例えば任意のユニタリー変換 $a_\kappa=\sum_n U_{\kappa n}a_n$ で添字 n を κ にかきかえても a のみたすべき式は不変であること，および任意の状態ベクトルは $|0\rangle$ に生成演算子のみを作用して得られることを条件とするものもある(I.Bialynicki-Birula : Nuclear Phys., **49** (1963), 605).

) H. S. Green : Phys. Rev., **90 (1953), 270.

***) O. W. Greenberg and A. M. Messiah : Phys. Rev., **138** (1965), B 1155.

決まるという，さきに述べたグリーンベルグとメシアの結果を認めれば容易に理解されることである．他方，a_n が(8.2.34)をみたすとき $r=1$ とするとボーズ統計

$$\left.\begin{aligned} [a_n, a_m{}^\dagger] &= \delta_{nm}, \\ [a_n, a_m] &= [a_n{}^\dagger, a_m{}^\dagger] = 0 \end{aligned}\right\} \tag{8.2.38}$$

が与えられる．つまり，**フェルミ統計**や**ボーズ統計**は(8.2.33)または(8.2.34)の $r=1$ とした特殊解である．一般の r に対して，a_n が(8.2.33)をみたすとき系はオーダー(order) r の**パラ・フェルミ**(para-Fermi)**統計**に，また(8.2.34)をみたすときはオーダー r の**パラ・ボーズ**(para-Bose)**統計**に従うという．$r>1$ の場合は，生成演算子は互いに可換または反可換とはおけないので，状態ベクトルの性質は単純ではなくなるが，$r=1$ のときと同様矛盾のない場の量子論が実際につくられることが示される*)．しかしながら，それを詳述する余裕はないので，以下では主として $r=1$ のときの議論を行う．なお，$r>1$ の統計に従わざるを得ないような粒子の存在は，実験ではまだ直接確認されておらず，現在のところこのような統計は単に理論的な可能性にとどまっているが，素粒子の内部構造の記述に，これが必要かも知れないという議論もある．

以上はハミルトニアンを(8.2.31), (8.2.32)としたときの議論である．他の適当なハミルトニアンをとれば，やはり無限個の調和振動子を与える別の相対論的自由場の量子論が可能と思われるが，そのような具体例はまだ発見されていない．

§8.3　スカラー場

手はじめとして複素スカラー場 $U(x)$ の量子化を考えてみよう．簡単のために $r=1$ とする．すなわちハミルトニアンが $\mathscr{H}_S$ であればボーズ統計，$\mathscr{H}_A$ であればフェルミ統計である．

まず，$U(x)$ がボーズ統計に従うものとして話をはじめる．a_n には $A(\boldsymbol{k})$, $B(\boldsymbol{k})$ が，$a_n{}^\dagger$ には $A^\dagger(\boldsymbol{k})$, $B^\dagger(\boldsymbol{k})$ が対応することは前節の議論から明らかであるが，すでに述べたように a_n のスケール(一般に n に依存してよい)のとり方に

*)　大貫義郎・亀淵迪：日本物理学会誌，**28** (1973), 698, およびそこでの引用文献．

は任意性があるので，(8.2.38)の第1式は $[A(\boldsymbol{k}),\ A^{\dagger}(\boldsymbol{k}')]=[B(\boldsymbol{k}),\ B^{\dagger}(\boldsymbol{k}')]$ $=f(\boldsymbol{k})\delta(\boldsymbol{k}-\boldsymbol{k}')$ ($f(\boldsymbol{k})>0$) とかいてよい．ここでローレンツ変換(8.1.8)および $\omega_k\delta(\boldsymbol{k}-\boldsymbol{k}')$ がローレンツ不変(§3.1)であることを考慮すると，上記の交換関係がローレンツ不変であるためには $f(\boldsymbol{k})$ は ω_k に比例せねばならぬ．したがって，次のようにかくことができる．すなわち

$$\left.\begin{aligned}&[A(\boldsymbol{k}), A^{\dagger}(\boldsymbol{k}')] = [B(\boldsymbol{k}), B^{\dagger}(\boldsymbol{k}')] = \omega_k\delta(\boldsymbol{k}-\boldsymbol{k}'),\\ &[A(\boldsymbol{k}), A(\boldsymbol{k}')] = [B(\boldsymbol{k}), B(\boldsymbol{k}')] = [A(\boldsymbol{k}), B(\boldsymbol{k}')] = [A(\boldsymbol{k}), B^{\dagger}(\boldsymbol{k})] = 0,\end{aligned}\right\} \tag{8.3.1}$$

そして(8.2.32)より

$$\mathscr{H} = \mathscr{H}_S = \frac{1}{2}\int d\boldsymbol{k}(\{A^{\dagger}(\boldsymbol{k}), A(\boldsymbol{k})\}+\{B^{\dagger}(\boldsymbol{k}), B(\boldsymbol{k})\}). \qquad (8.3.2)^{*)}$$

これを $U(x), U^{\dagger}(x)$ を用いて表わそう．このとき(8.1.5)～(8.1.7), (8.3.1)を用いれば容易に

$$\left.\begin{aligned}&[U(x), U^{\dagger}(y)] = i\varDelta(x-y),\\ &[U(x), U(y)] = 0\end{aligned}\right\} \tag{8.3.3}$$

を得る．ただし $\varDelta(x)$ はローレンツ不変な x_μ の奇関数 ($\varDelta(x)=-\varDelta(-x)$) で，

$$\epsilon(k) = \begin{cases} 1 & (k_0>0)\\ -1 & (k_0<0)\end{cases} \tag{8.3.4}$$

とかくとき

$$\begin{aligned}\varDelta(x) &= \frac{-i}{(2\pi)^3}\int\frac{d\boldsymbol{k}}{2\omega_k}(e^{i(\boldsymbol{kx}-\omega_k x_0)}-e^{-i(\boldsymbol{kx}-\omega_k x_0)})\\ &= \frac{-i}{(2\pi)^3}\int d^4k\epsilon(k)\delta(k_\mu{}^2+m^2)e^{ik_\mu x_\mu}\end{aligned} \tag{8.3.5}$$

で与えられる．これが

$$(\partial_\mu{}^2-m^2)\varDelta(x) = 0, \tag{8.3.6}$$

$$\left.\frac{\partial}{\partial x_0}\varDelta(x)\right|_{x_0=0} = -\delta(\boldsymbol{x}) \tag{8.3.7}$$

を満足していることは(8.3.5)から直ちにわかる．(8.3.5)の右辺において x_0 $=0$ とおけば被積分関数は $\boldsymbol{k}$ については偶関数，k_0 については奇関数となる

---

*) $\mathscr{H}|0\rangle=0$ とするためには(8.3.2)の右辺に(マイナス無限大の)附加定数を加える必要があるが，いちいちこれをかくのは面倒なので以下これは落してある．

から $\Delta(x)|_{x_0=0}=0$，したがって $\Delta(x)$ のローレンツ不変性から空間的なすべての x_μ に対して

$$\Delta(x)=0 \qquad ({x_\mu}^2>0) \tag{8.3.8}$$

である．また(8.3.8),(8.3.6)をみたすような x_μ のローレンツ不変な関数は，$\Delta(x)$ に比例するもの以外には存在しないことも確かめることができる．さらに

$$A(\boldsymbol{k})=\frac{1}{\sqrt{2}(2\pi)^{3/2}}\int d\boldsymbol{x}(\omega_k U(x)+i\dot{U}(x))e^{-i(\boldsymbol{kx}-\omega_k t)}$$

$$B(\boldsymbol{k})=\frac{1}{\sqrt{2}(2\pi)^{3/2}}\int d\boldsymbol{x}(\omega_k U^\dagger(x)+i\dot{U}^\dagger(x))e^{-i(\boldsymbol{kx}-\omega_k t)} \tag{8.3.9}$$

が(8.1.5)～(8.1.7)より得られる．これを(8.3.2)に代入しハミルトニアンを求めよう．そうするとエネルギー密度を

$$\mathcal{H}(x)=\frac{1}{2}\left(\{\nabla U^\dagger(x),\nabla U(x)\}+\left\{\frac{\partial U^\dagger(x)}{\partial t},\frac{\partial U(x)}{\partial t}\right\}+m^2\{U^\dagger(x),U(x)\}\right) \tag{8.3.10}$$

として，$\mathcal{H}$ は

$$\mathcal{H}=\int d\boldsymbol{x}\mathcal{H}(x) \tag{8.3.11}$$

とかかれることがわかる．ただしこれを導く際に $|\boldsymbol{x}|\to\infty$ で $U(x)$ は0となること，つまり空間的な部分積分を行うときに現われる表面積分は0になることを使った．このような操作は以下しばしば行われる．(8.3.3)を用いれば，エネルギー密度(8.3.10)が局所性の条件(8.1.4)を満足していることは容易に確かめられる．なおこの場合，共変的な2階の対称テンソル $\theta_{\mu\nu}(x)$ を

$$\theta_{\mu\nu}(x)=\frac{1}{2}\left(\left\{\frac{\partial U^\dagger(x)}{\partial x_\mu},\frac{\partial U(x)}{\partial x_\nu}\right\}+\left\{\frac{\partial U^\dagger(x)}{\partial x_\nu},\frac{\partial U(x)}{\partial x_\mu}\right\}\right)$$
$$-\frac{1}{2}\delta_{\mu\nu}\left(\left\{\frac{\partial U^\dagger(x)}{\partial x_\lambda},\frac{\partial U(x)}{\partial x_\lambda}\right\}+m^2\{U^\dagger(x),U(x)\}\right) \tag{8.3.12}$$

とするとき，$\mathcal{H}(x)$ は

$$\mathcal{H}(x)=\theta_{00}(x) \tag{8.3.13}$$

で表わされる*)．通常 $\theta_{\mu\nu}(x)$ は**エネルギー・運動量テンソル**とよばれ，運動

---

*) 前ページの註における $\mathcal{H}(x)$ への定数附加項を与えるためには(8.3.12)の $\theta_{\mu\nu}(x)$ に const. $\delta_{\mu\nu}$ を加えておく必要がある．

方程式(8.1.1)によれば

$$\partial_\mu \theta_{\mu\nu}(x) = 0 \tag{8.3.14}$$

をみたす.

次に $U(x)$ がフェルミ統計に従うと仮定した場合を考えてみよう. このときは, (8.2.37)およびローレンツ不変性から

$$\left.\begin{aligned} &\{A(\boldsymbol{k}),A^\dagger(\boldsymbol{k}')\} = \{B(\boldsymbol{k}),B^\dagger(\boldsymbol{k}')\} = \omega_k\delta(\boldsymbol{k}-\boldsymbol{k}'), \\ &\{A(\boldsymbol{k}),A(\boldsymbol{k}')\} = \{B(\boldsymbol{k}),B(\boldsymbol{k}')\} = \{A(\boldsymbol{k}),B(\boldsymbol{k}')\} \\ &\qquad = \{A(\boldsymbol{k}),B^\dagger(\boldsymbol{k}')\} = 0, \end{aligned}\right\} \tag{8.3.15}$$

さらに(8.2.31)から

$$\mathcal{H} = \mathcal{H}_A = \frac{1}{2}\int d\boldsymbol{k}([A^\dagger(\boldsymbol{k}),A(\boldsymbol{k})]+[B^\dagger(\boldsymbol{k}),B(\boldsymbol{k})]) \tag{8.3.16}$$

が得られる. (8.3.9)を用いてこれらを x-表示にかき換えると

$$\left.\begin{aligned} &\{U(x),\,U^\dagger(y)\} = \Delta^{(1)}(x-y), \\ &\{U(x),\,U(y)\} = 0 \end{aligned}\right\} \tag{8.3.17}$$

およびエネルギー密度

$$\mathcal{H}(x) = \frac{1}{2i}\left(\left[\frac{\partial U^\dagger(x)}{\partial t},\sqrt{-\nabla^2+m^2}\,U(x)\right]-\left[\sqrt{-\nabla^2+m^2}\,U^\dagger(x),\frac{\partial U(x)}{\partial t}\right]\right) \tag{8.3.18}$$

を得る. ここで $\Delta^{(1)}(x)$ はローレンツ不変な x_μ の偶関数 $(\Delta^{(1)}(x)=\Delta^{(1)}(-x))$ であって

$$\begin{aligned} \Delta^{(1)}(x) &= \frac{1}{(2\pi)^3}\int\frac{d\boldsymbol{k}}{2\omega_k}(e^{i(\boldsymbol{kx}-\omega_k x_0)}+e^{-i(\boldsymbol{kx}-\omega_k x_0)}) \\ &= \frac{1}{(2\pi)^3}\int d^4k\delta({k_\mu}^2+m^2)e^{ik_\mu x_\mu} \end{aligned} \tag{8.3.19}$$

で定義される. $\Delta^{(1)}(x)$ がクライン・ゴルドン方程式(8.3.6)をみたすことは明らかであるが, $\Delta(x)$ と違って空間的な任意の x_μ $({x_\mu}^2>0)$ に対して常に 0 になるということはあり得ない. 実際 ${x_\mu}^2>0$ として, (8.3.19)の積分を行うと

$$\Delta^{(1)}(x) = \frac{m}{4\pi}\frac{N_1(m\sqrt{{x_\mu}^2})}{\sqrt{{x_\mu}^2}} \qquad ({x_\mu}^2>0) \tag{8.3.20}$$

となる. N_1 はノイマン関数(第2種ベッセル関数)である.

ここで局所性の条件をしらべるために，$[U(x), \mathscr{H}(y)]$ を計算しよう．(8.3.17), (8.3.18)によれば

$$[U(x), \mathscr{H}(y)]$$
$$= i\left(\frac{\partial \Delta^{(1)}(x-y)}{\partial x_0}\sqrt{-\boldsymbol{\nabla}_y{}^2+m^2}\,U(y)+\sqrt{-\boldsymbol{\nabla}_x{}^2+m^2}\,\Delta^{(1)}(x-y)\frac{\partial U(y)}{\partial y_0}\right) \tag{8.3.21}$$

となる．ただし $\boldsymbol{\nabla}_x{}^2, \boldsymbol{\nabla}_y{}^2$ は $\partial^2/\partial \boldsymbol{x}^2, \partial^2/\partial \boldsymbol{y}^2$ の略記である．(8.3.21)の右辺は $(x_\mu-y_\mu)^2>0$ に対して明らかに0ではない．もっとも $x_0=y_0, \boldsymbol{x}\neq\boldsymbol{y}$ のとき，つまり同時刻の異なる点に対してのみは，(8.3.19)から与えられる $\partial\Delta^{(1)}(x)/\partial x_0|_{x_0=0}=0, \sqrt{-\boldsymbol{\nabla}^2+m^2}\,\Delta^{(1)}(x)|_{x_0=0}=\delta(\boldsymbol{x})$ なる関係を用いれば，(8.3.21)の右辺は0である．しかし他の空間的な隔たりのとき0でなくなるのは，明らかに相対論の要求に反することであって，これはエネルギー密度(8.3.18)が $\sqrt{-\boldsymbol{\nabla}^2+m^2}\,U(x)$ およびそのエルミート共役という非共変的な量を含んでいることによる．いいかえれば，$\mathscr{H}(x)$ が共変的にかかれていない限り局所性の条件はみたされない．この意味で，相対論的な場の理論においては，共変性は極めて基本的な概念である．われわれが第6,7章で共変形式について多くのページを費やしたのは，このような議論への準備でもあった．

このようにして，相対論の要求をみたすためには，'$U(x)$ はボーズ統計に従わなければならない'，という結論に達した．

以下 $U(x)$ によるスカラー粒子の記述に関し若干の補足をしておこう．

(8.3.12)の $\theta_{0\mu}(x)$ を空間積分し

$$P_\mu = \int d\boldsymbol{x}\,\theta_{0\mu}(x) \tag{8.3.22}$$

とかくと，P_μ はローレンツ変換のもとで4次元ベクトルとして変換する．これは次のようにしてわかる．まず4次元空間の中に3次元の面 σ をつくり，σ 上の任意の2点 x_μ, x_μ' の隔たりは常に空間的つまり $(x_\mu-x_\mu')^2>0$ とする．このような σ は**空間的な面**(space-like surface)あるいは単に **σ 面**と呼ばれる．つぎにこの面上の積分を考えるため微小な面素 $d\sigma_\mu\ (\mu=1,2,3,4)$ を

$$d\sigma_\mu = (dx_2dx_3dx_0,\ dx_1dx_3dx_0,\ dx_1dx_2dx_0,\ -idx_1dx_2dx_3) \tag{8.3.23}$$

で定義する．$d\sigma_\mu$ が4次元ベクトルとしての変換性をもつことは容易にわかる．さて x は σ 面上にあるとして，その面上の積分を行って

$$P_\mu(\sigma) = \int_\sigma d\sigma_\nu \theta_{\nu\mu}(x) \tag{8.3.24}$$

とおこう．ところで $U(x) \to U'(x) = U(\Lambda^{-1}x)$ なるローレンツ変換のもとでは

$$P_\mu(\sigma) \to P_\mu'(\sigma) = \Lambda_{\mu\nu} P_\nu(\Lambda^{-1}\sigma) \tag{8.3.25}$$

である．右辺の $\Lambda^{-1}\sigma$ は σ 上のすべての点に Λ^{-1} の変換を行って得られる空間的な面を意味する．いま σ を微小変形させて σ' なる面をつくろう(図8.1)．

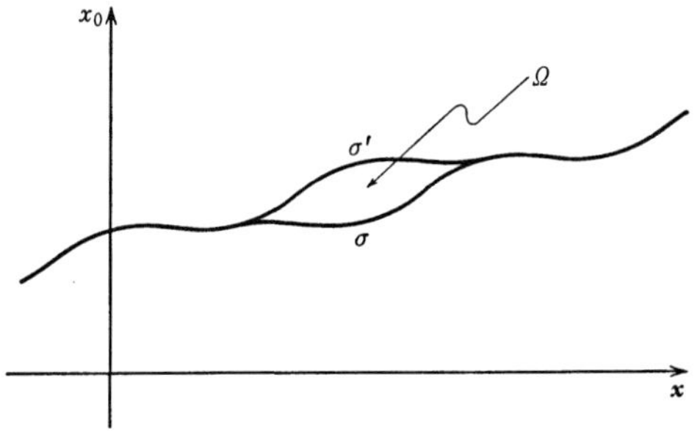

図 8.1

そのとき $\int_{\sigma'} - \int_\sigma$ は，σ' と σ に囲まれた微小4次元領域 Ω の表面上での面積分であるから，ガウスの定理により体積積分にかきかえて

$$P_\mu(\sigma') - P_\mu(\sigma) = \int_\Omega d^4x \partial_\nu \theta_{\nu\mu}(x) = 0. \tag{8.3.26}$$

ここで(8.3.14)を用いた．それゆえ，$P_\mu(\sigma)$ は σ には依存しない．そこで σ として時間軸に直交する平らな面，つまり通常の3次元空間をとれば $P_\mu(\sigma) = P_\mu$ とすることができ，しかも(8.3.25)からこれは4次元ベクトルとしての変換性をもつことがわかる．

$P_0 = \mathscr{H}$ はエネルギーであるから，これとともに4次元ベクトルをつくる P_i $(i=1, 2, 3)$ は場の運動量を与える演算子である．他方(8.3.3)を用いれば

$$[P_\mu, U(x)] = i\partial_\mu U(x), \tag{8.3.27}$$

$$[P_\mu, P_\nu] = 0 \tag{8.3.28}$$

が導かれる．(8.3.27)はまた

$$[A(\boldsymbol{k}), P_\mu] = k_\mu A(\boldsymbol{k}), \tag{8.3.29}$$

$$[B(\boldsymbol{k}), P_\mu] = k_\mu B(\boldsymbol{k}) \qquad (k_\mu = (\boldsymbol{k}, i\omega_k)) \tag{8.3.30}$$

とかかれるので，$A(\boldsymbol{k}), B(\boldsymbol{k})$ は運動量・エネルギーが $(\boldsymbol{k}, \omega_k)$ なる粒子の消滅を，また $A^\dagger(\boldsymbol{k}), B^\dagger(\boldsymbol{k})$ はそのような粒子の生成を行う演算子であることがわかる．ただし，$A^\dagger(\boldsymbol{k}), A(\boldsymbol{k})$ によって生成，消滅される粒子と，$B^\dagger(\boldsymbol{k}), B(\boldsymbol{k})$ により生成，消滅される粒子は同じでない．後者は前者の反粒子とよばれる．

(8.3.11)によって与えられた $\mathscr{H}$ は，§6.1で述べた共変ノルムによる1体系のエネルギーの期待値 $\langle\!\langle k_0 \rangle\!\rangle = \int d\boldsymbol{k}(|\phi^{(+)}(\boldsymbol{k})|^2 + |\phi^{(-)}(\boldsymbol{k})|^2)$ を(6.1.8)の共変振幅 $U(x)$ を用いてかきかえ，次にこの $U(x)$ を改めて演算子とみなしてそこに現われる積を対称化したものに他ならない．同様の操作を，(6.1.9)で $U(x)_1 = U(x)_2 = U(x)$ とした共変ノルムに対して行うと

$$\langle\!\langle \mid \rangle\!\rangle \to \mathscr{N} = \int d\boldsymbol{x} \mathscr{J}_0(x) \tag{8.3.31}$$

$$\mathscr{J}_0(x) = \frac{1}{4i}\left(\left\{\frac{\partial U^\dagger(x)}{\partial t}, U(x)\right\} - \left\{U^\dagger(x), \frac{\partial U(x)}{\partial t}\right\}\right) \tag{8.3.32}$$

を得る．ただし

$$\mathscr{J}_\mu = \frac{i}{4}(\{\partial_\mu U^\dagger(x), U(x)\} - \{U^\dagger(x), \partial_\mu U(x)\}). \tag{8.3.33}$$

(8.1.1)から容易にわかるように

$$\partial_\mu \mathscr{J}_\mu(x) = 0, \tag{8.3.34}$$

したがって，前と同様の議論により

$$\mathscr{N} = \int_\sigma d\sigma_\mu \mathscr{J}_\mu(x) \tag{8.3.35}$$

とかくことができる．$\mathscr{N}$ は σ には依存しない運動の恒量，すなわち σ を σ' にわずかに変化させても(8.3.34)により上式は不変であって，しかもローレンツ変換のもとでスカラー量となる．$A(\boldsymbol{k}), B(\boldsymbol{k})$ を用いてこれをかくと

$$\mathscr{N} = \frac{1}{2}\int \frac{d\boldsymbol{k}}{\omega_k}(\{A^\dagger(\boldsymbol{k}), A(\boldsymbol{k})\} - \{B^\dagger(\boldsymbol{k}), B(\boldsymbol{k})\}) \tag{8.3.36}$$

となる．上式からわかるように，$\mathscr{N}$ は，$A(\boldsymbol{k})$ によってあらわされる粒子の数からその反粒子数を引いたもので，固有値は正負の双方の値をとり得るが，ここではこれは演算子であって，§6.1に述べたような1体粒子のノルムという意味はなくなっている．したがって，さきに述べた負のノルムに関する問題は

もはや存在しない．$\mathcal{N}$ は**ナンバー演算子**(number operator)，$\mathcal{J}_\mu(x)$ は**カーレント密度**(current density)とよばれる．

以上われわれは $U(x)$ が，ボーズ統計，フェルミ統計のうち前者に従うべきこと，そうしてそれによって§8.1に述べた問題点がどのように回避されるかをみてきた．これに基づいて相互作用のある場合をも考えなければ議論は必ずしも充分とはいえないであろうが，それを論ずるのは本書の予定を越える．ただ，上の議論はパラ統計の場合にも容易に拡張でき，$U(x)$ はパラ・フェルミ統計ではなくパラ・ボーズ統計に従わなければならないことを全く同様の議論を経て示すことができる．このとき $\theta_{\mu\nu}(x)$, $\mathcal{J}_\mu(x)$ は(8.3.12), (8.3.33)と同じ形になる．ただし交換関係は，(8.2.34)に対応して，

$$\left.\begin{aligned}&[U(x), \{U^\dagger(y), U(z)\}] = 2i\Delta(x-y)U(z),\\&[U(x), \{U^\dagger(y), U^\dagger(z)\}] = 2i(\Delta(x-y)U^\dagger(z)+\Delta(x-z)U^\dagger(y)),\\&[U(x), \{U(y), U(z)\}] = 0,\end{aligned}\right\} \tag{8.3.37}$$

またオーダーが r のとき(8.2.36)は

$$\left.\begin{aligned}&A(\boldsymbol{k})A^\dagger(\boldsymbol{k}')|0\rangle = B(\boldsymbol{k})B^\dagger(\boldsymbol{k}')|0\rangle = r\omega_k\delta(\boldsymbol{k}-\boldsymbol{k}')|0\rangle,\\&A(\boldsymbol{k})B^\dagger(\boldsymbol{k}')|0\rangle = B(\boldsymbol{k})A^\dagger(\boldsymbol{k}')|0\rangle = 0\end{aligned}\right\} \tag{8.3.38}$$

となることがわかる．

§8.4 スピンと統計

前節の議論を一般化してスピンが $n/2(n\geqq 1)$ の粒子の場の量子論をしらべるため，バーグマン・ウィグナーの方程式(8.1.2)に従う自由場 $\psi_{(\dots)_n}(x)$ を考察しよう．そのローレンツ変換は(6.3.26), (6.3.27)で与えられる．この場合も場の量子化には，ハイゼンベルクの運動方程式

$$i\frac{\partial\psi_{(\dots)_n}(x)}{\partial t} = [\psi_{(\dots)_n}(x), \mathcal{H}] \tag{8.4.1}$$

が基本的である．われわれはまず $\psi_{(\dots)_n}(x)$ から独立な調和振動子をとり出す必要があるが，そのためには§6.3の議論を逆にたどればよい．すなわち(6.3.24)により $\psi_{(\dots)_n}(\boldsymbol{k})(=\psi_{(\dots)_n}{}^{(+)}(\boldsymbol{k})+\psi_{(\dots)_n}{}^{(-)}(\boldsymbol{k}))$ を導き，(6.3.17), (6.3.5), (6.3.6)を経て $\phi_\xi{}^{(\pm)}(\boldsymbol{k})$ $(\xi=1, 2, \cdots, n+1)$ をつくる．もちろん，いまの場合こ

れらはすべて演算子である．この章での記号の統一の便宜上

$$\left.\begin{aligned} A_\xi(\boldsymbol{k}) &= \phi_\xi{}^{(+)}(\boldsymbol{k}), \\ B_\xi{}^\dagger(-\boldsymbol{k}) &= \phi_\xi{}^{(-)}(\boldsymbol{k}) \end{aligned}\right\} \qquad (8.4.2)$$

とかくことにすると，$A_\xi(\boldsymbol{k}), B_\xi(\boldsymbol{k})$ のローレンツ変換としては(5.1.16), (5.1.17)および(5.1.6)により

$$\left.\begin{aligned} A_\xi(\boldsymbol{k}) &\to \sum_{\xi'} Q^{(+)}(\lambda_{\boldsymbol{k}}, l)_{\xi\xi'} A_{\xi'}(\Lambda^{-1}\boldsymbol{k}), \\ B_\xi(\boldsymbol{k}) &\to \sum_{\xi'} [Q^{(+)}(\lambda_{\boldsymbol{k}}, l)_{\xi\xi'}]^* B_{\xi'}(\Lambda^{-1}\boldsymbol{k}) \end{aligned}\right\} \qquad (8.4.3)$$

を得る．ここでの $Q^{(+)}(\lambda_{\boldsymbol{k}}, l)$ は質量 m の粒子の正振動のウィグナー回転である*)．$A_\xi(\boldsymbol{k}), B_\xi(\boldsymbol{k})$ は独立な演算子であり，これらが調和振動子をつくることは，(8.4.1)より

$$\left.\begin{aligned} \omega_k A_\xi(\boldsymbol{k}) &= [A_\xi(\boldsymbol{k}), \mathscr{H}], \\ \omega_k B_\xi(\boldsymbol{k}) &= [B_\xi(\boldsymbol{k}), \mathscr{H}] \end{aligned}\right\} \qquad (8.4.4)$$

となることから容易にわかる．したがって，§8.2の議論およびローレンツ不変性から交換関係は

$$\left.\begin{aligned} &[A_\xi(\boldsymbol{k}), A_{\xi'}{}^\dagger(\boldsymbol{k}')]_\mp = [B_\xi(\boldsymbol{k}), B_{\xi'}{}^\dagger(\boldsymbol{k}')]_\mp = \delta_{\xi\xi'}\omega_k\delta(\boldsymbol{k}-\boldsymbol{k}'), \\ &[A_\xi(\boldsymbol{k}), A_{\xi'}(\boldsymbol{k}')]_\mp = [B_\xi(\boldsymbol{k}), B_{\xi'}(\boldsymbol{k}')]_\mp = [A_\xi(\boldsymbol{k}), B_{\xi'}(\boldsymbol{k}')]_\mp \\ &\qquad = [A_\xi(\boldsymbol{k}), B_{\xi'}{}^\dagger(\boldsymbol{k}')]_\mp = 0, \end{aligned}\right\}$$

(8.4.5)

また対応するハミルトニアンは

$$\mathscr{H} = \frac{1}{2}\sum_\xi \int d\boldsymbol{k}([A_\xi{}^\dagger(\boldsymbol{k}), A_\xi(\boldsymbol{k})]_\pm + [B_\xi{}^\dagger(\boldsymbol{k}), B_\xi(\boldsymbol{k})]_\pm) \qquad (8.4.6)$$

で与えられる．ここで $[\ ,\ ]_-$ はマイナス型交換関係 $[\ ,\ ]$ を，また $[\ ,\ ]_+$ はプラス型交換関係 $\{\ ,\ \}$ を意味する．すなわち議論をボーズ統計，フェルミ統計に限定すれば，$[\ ,\ ]$ につけられた添字のうち上のものがボーズ統計，下のものがフェルミ統計の場合を示す．以後すべてこの約束に従う．

われわれは以下において，これらの式を $\psi_{(\cdots)_n}(x)$ を用いてかき直し，スピ

---

*) $[Q^{(+)}(\lambda_{\boldsymbol{k}}, l)]^*$ と $Q^{(+)}(\lambda_{\boldsymbol{k}}, l)$ とはリトル・グループの表現としてユニタリー同値である．すなわち，リトル・グループのスピン・マトリックスとして(4.1.5)～(4.1.7)の表示をとれば，無限小変換における $Q^{(+)}(\lambda_{\boldsymbol{k}}, l)$ の形(§5.1)から，$[Q^{(+)}(\lambda_{\boldsymbol{k}}, l)]^* = e^{-i\pi S_2} \times Q^{(+)}(\lambda_{\boldsymbol{k}}, l)e^{i\pi S_2}$ であることがわかる．

ンと統計の関係を導こうと思う．そのためにまず(6.3.5), (6.3.6)を用いて $\phi_\xi^{(\pm)}(\boldsymbol{k})$ を $\varphi_{(\dots)_n}{}^{(\pm)}(\boldsymbol{k})$ にかきかえよう．その結果，(8.4.2)を考慮して

$$\left.\begin{aligned} A_{(\dots)_n}(\boldsymbol{k}) &= \varphi_{(\dots)_n}{}^{(+)}(\boldsymbol{k}), \\ B_{(\dots)_n}{}^\dagger(-\boldsymbol{k}) &= \varphi_{(\dots)_n}{}^{(-)}(\boldsymbol{k}) \end{aligned}\right\} \tag{8.4.7}$$

とおけば，(8.4.5)および(8.4.6)は

$$\left.\begin{aligned} &[A_{(a_1\cdots a_n)}(\boldsymbol{k}), A_{(a_1'\cdots a_n')}{}^\dagger(\boldsymbol{k})]_\mp = \frac{\omega_k\delta(\boldsymbol{k}-\boldsymbol{k}')}{2^n n!}|N|^2 \sum_{\substack{\text{all perm. of} \\ a_1,\cdots,a_n}} \prod_{i=1}^n (1+\beta)_{a_i a_i'}, \\ &[B_{(a_1\cdots a_n)}(\boldsymbol{k}), B_{(a_1'\cdots a_n')}{}^\dagger(\boldsymbol{k})]_\mp = \frac{\omega_k\delta(\boldsymbol{k}-\boldsymbol{k}')}{2^n n!}|N|^2 \sum_{\substack{\text{all perm. of} \\ a_1,\cdots,a_n}} \prod_{i=1}^n (1-\beta)_{a_i a_i'}, \\ &[A_{(a_1\cdots a_n)}(\boldsymbol{k}), A_{(a_1'\cdots a_n')}(\boldsymbol{k}')]_\mp = [B_{(a_1\cdots a_n)}(\boldsymbol{k}), B_{(a_1'\cdots a_n')}(\boldsymbol{k}')]_\mp \\ &\quad = [A_{(a_1\cdots a_n)}(\boldsymbol{k}), B_{(a_1'\cdots a_n')}(\boldsymbol{k}')]_\mp = [A_{(a_1\cdots a_n)}(\boldsymbol{k}), B_{(a_1'\cdots a_n')}{}^\dagger(\boldsymbol{k}')]_\mp = 0 \end{aligned}\right\} \tag{8.4.8}$$

を得る．$N(\neq 0)$ は(6.3.5), (6.3.6)における規格化のための不定定数であって，具体的な問題においては計算に都合のよいようにとればよい．

また $\sum_{\text{all perm. of } a_1,\cdots,a_n}$ は添字 $a_1, \cdots, a_n$ のすべての順列について和をとることを意味する．さらに(8.4.5)のハミルトニアンは

$$\mathscr{H} = \frac{1}{2|N|^2}\sum_{a_1,\cdots,a_n}\int d\boldsymbol{k}([A_{(a_1\cdots a_n)}{}^\dagger(\boldsymbol{k}), A_{(a_1\cdots a_n)}(\boldsymbol{k})]_\pm + [B_{(a_1\cdots a_n)}{}^\dagger(\boldsymbol{k}), B_{(a_1\cdots a_n)}(\boldsymbol{k})]_\pm) \tag{8.4.9}$$

となる．

$\psi_{(\dots)_n}(x)$ は(8.4.7), (6.3.7), (6.3.17), (6.3.24)により

$$\psi_{(\dots)_n}(x) = \frac{1}{(2\pi)^{3/2}}\int \frac{d\boldsymbol{k}}{\omega_k}\omega_k{}^{n/2}\prod_{i=1}^n U_{\mathrm{F}}{}^{(i)}(\boldsymbol{k}) \times (A_{(\dots)_n}(\boldsymbol{k})e^{i(\boldsymbol{kx}-\omega_k t)} + B_{(\dots)_n}{}^\dagger(-\boldsymbol{k})e^{i(\boldsymbol{kx}+\omega_k t)}) \tag{8.4.10}$$

とかくことができる．したがって，これに対する交換関係は，(8.4.8)を用いれば，

$$[\psi_{(a_1\cdots a_n)}(x), \psi_{(a_1'\cdots a_n')}(y)]_\mp = 0, \tag{8.4.11}$$

また，ϵ をボーズ統計に対しては -1，フェルミ統計に対しては 1 とすると

$$[\psi_{(a_1\cdots a_n)}(x),\, \psi_{(a_1'\cdots a_n')}{}^{\dagger}(y)]_{\mp}$$

$$= \frac{|N|^2}{2^{n-1}n!(2\pi)^3} \sum_{\substack{\text{all perm. of}\\ a_1,\cdots,a_n}} \int \frac{d\boldsymbol{k}}{2\omega_k}$$

$$\left(\prod_{i=1}^{n} [U_{\mathrm{F}}(\boldsymbol{k})(\omega_k+\beta\omega_k)U_{\mathrm{F}}(\boldsymbol{k})^{-1}]_{a_i a_i'} e^{i\{\boldsymbol{k}(\boldsymbol{x}-\boldsymbol{y})-\omega_k(x_0-y_0)\}}\right.$$

$$\left. +\epsilon \prod_{i=1}^{n} [U_{\mathrm{F}}(-\boldsymbol{k})(\omega_k-\beta\omega_k)U_{\mathrm{F}}(-\boldsymbol{k})^{-1}]_{a_i a_i'} e^{-i\{\boldsymbol{k}(\boldsymbol{x}-\boldsymbol{y})-\omega_k(x_0-y_0)\}}\right)$$

$$= \frac{|N|^2}{2^{n-1}n!(2\pi)^3} \sum_{\substack{\text{all perm. of}\\ a_1,\cdots,a_n}} \int \frac{d\boldsymbol{k}}{2\omega_k}$$

$$\left(\prod_{i=1}^{n} [(\omega_k\beta-\beta\boldsymbol{\alpha k}+m)\beta]_{a_i a_i'} e^{i\{\boldsymbol{k}(\boldsymbol{x}-\boldsymbol{y})-\omega_k(x_0-y_0)\}}\right.$$

$$\left. +\epsilon \prod_{i=1}^{n} [(\omega_k\beta-\beta\boldsymbol{\alpha k}-m)\beta]_{a_i a_i'} e^{-i\{\boldsymbol{k}(\boldsymbol{x}-\boldsymbol{y})-\omega_k(x_0-y_0)\}}\right)$$

$$= \frac{|N|^2}{2^{n-1}n!(2\pi)^3} \sum_{\substack{\text{all perm. of}\\ a_1,\cdots,a_n}} \prod_{i=1}^{n} \left[\left(m-\gamma_\mu \frac{\partial}{\partial x_\mu}\right)\beta\right]_{a_i a_i'}$$

$$\times \int \frac{1}{2\omega_k}\left(e^{i\{\boldsymbol{k}(\boldsymbol{x}-\boldsymbol{y})-\omega_k(x_0-y_0)\}} + (-1)^n \epsilon e^{-i\{\boldsymbol{k}(\boldsymbol{x}-\boldsymbol{y})-\omega_k(x_0-y_0)\}}\right) \qquad (8.4.12)$$

が得られる．これを導くにあたって，(6.2.15)および(6.2.42)を用いた．それゆえ(8.4.12)より

(i)　n＝偶数(整数スピン)の場合

ボーズ統計 ($(-1)^{n-1}\epsilon=1$) なら

$$[\psi_{(a_1\cdots a_n)}(x),\, \bar{\psi}_{(a_1'\cdots a_n')}(y)]$$

$$= \frac{|N|^2 i}{2^{n-1}n!} \sum_{\substack{\text{all perm. of}\\ a_1,\cdots,a_n}} \prod_{i=1}^{n} \left(m-\gamma_\mu \frac{\partial}{\partial x_\mu}\right)_{a_i a_i'} \Delta(x-y), \qquad (8.4.13)$$

またフェルミ統計 ($(-1)^n\epsilon=1$) なら

$$\{\psi_{(a_1\cdots a_n)}(x),\, \bar{\psi}_{(a_1'\cdots a_n')}(y)\}$$

$$= \frac{|N|^2}{2^{n-1}n!} \sum_{\substack{\text{all perm. of}\\ a_1,\cdots,a_n}} \prod_{i=1}^{n} \left(m-\gamma_\mu \frac{\partial}{\partial x_\mu}\right)_{a_i a_i'} \Delta^{(1)}(x-y). \qquad (8.4.13')$$

(ii)　n＝奇数(半整数スピン)の場合

ボーズ統計 ($(-1)^n\epsilon=1$) なら

$$[\psi_{(a_1\cdots a_n)}(x),\bar{\psi}_{(a_1'\cdots a_n')}(y)]$$
$$=\frac{|N|^2}{2^{n-1}n!}\sum_{\substack{\text{all perm. of}\\ a_1,\cdots,a_n}}\prod_{i=1}^{n}\left(m-\gamma_\mu\frac{\partial}{\partial x_\mu}\right)_{a_ia_i'}\Delta^{(1)}(x-y),\qquad(8.4.14)$$

フェルミ統計 $((-1)^{n-1}\epsilon=1)$ なら

$$\{\psi_{(a_1\cdots a_n)}(x),\bar{\psi}_{(a_1\cdots a_n)}(y)\}$$
$$=\frac{|N|^2i}{2^{n-1}n!}\sum_{\substack{\text{all perm. of}\\ a_1,\cdots,a_n}}\prod_{i=1}^{n}\left(m-\gamma_\mu\frac{\partial}{\partial x_\mu}\right)_{a_ia_i'}\Delta(x-y)\qquad(8.4.14')$$

を得る．

以上の議論により，空間的な $x_\mu-y_\mu$ に対して交換関係が0になるのは，$(-1)^{n-1}\epsilon=1$ であって，整数スピンに対してはボーズ統計，半整数スピンに対してはフェルミ統計の場合であることがわかる．しかもこのときに限って局所性の条件がみたされることは，後に与えられる $\mathcal{H}(x)$ の形からわかるように，$[\psi(x),\mathcal{H}(y)]$ が $\Delta(x-y)$ の有限階の微分と場の量との積の1次結合となることから理解される．実際，もし逆に整数スピンでフェルミ統計，半整数スピンでボーズ統計とするならば，$[\psi(x),\mathcal{H}(y)]$ には $\Delta^{(1)}(x-y)$ およびその微分が現われ局所性の条件は破られることになる．

$\mathcal{H}(x)$ の具体的な形を求める前に，ナンバー演算子

$$\mathcal{N}=\sum_\xi\int\frac{d\boldsymbol{k}}{2\omega_{\boldsymbol{k}}}([A_\xi{}^\dagger(\boldsymbol{k}),A_\xi(\boldsymbol{k})]_\pm-[B_\xi{}^\dagger(\boldsymbol{k}),B_\xi(\boldsymbol{k})]_\pm)$$
$$=\frac{1}{2|N|^2}\sum_{a_1,\cdots,a_n}\int\frac{d\boldsymbol{k}}{\omega_{\boldsymbol{k}}}([A_{(a_1\cdots a_n)}{}^\dagger(\boldsymbol{k}),A_{(a_1\cdots a_n)}(\boldsymbol{k})]_\pm$$
$$+\epsilon[B_{(a_1\cdots a_n)}(\boldsymbol{k}),B_{(a_1\cdots a_n)}{}^\dagger(\boldsymbol{k})]_\pm)\qquad(8.4.15)$$

を考察しよう．スピン0のときと同様，この場合も $A_\xi(\boldsymbol{k}),B_\xi(\boldsymbol{k})$ はそれぞれ粒子，反粒子の消滅演算子である．(8.4.7)および(6.3.29)～(6.3.37)の議論を用いれば

$$\mathcal{N}=\frac{1}{2n|N|^2m^{n-1}}\sum_{j=1}^{n}\int d\boldsymbol{x}([\overline{\psi_{(\cdots)_n}{}^{(+)}}(x),\gamma_4{}^{(j)}\psi_{(\cdots)_n}{}^{(+)}(x)]_\pm$$
$$+(-1)^{n-1}\epsilon[\overline{\psi_{(\cdots)_n}{}^{(-)}}(x),\gamma_4{}^{(j)}\psi_{(\cdots)_n}{}^{(-)}(x)]_\pm)\qquad(8.4.16)$$

となる．もちろん $\psi_{(\cdots)_n}{}^{(+)}(x)$，$\psi_{(\cdots)_n}{}^{(-)}(x)$ は $\psi_{(\cdots)_n}(x)$ の正，負振動の部分で

$$\psi_{(\cdots)_n}(x)=\psi_{(\cdots)_n}{}^{(+)}(x)+\psi_{(\cdots)_n}{}^{(-)}(x).\qquad(8.4.17)$$

ところで，(8.4.16)が共変的にかけるためには $(-1)^{n-1}\epsilon=1$ が必要である．すなわち

$$\mathcal{N}=\int_\sigma d\sigma_\mu \mathcal{J}_\mu(x) \tag{8.4.18}$$

とかくとき，$(-1)^{n-1}\epsilon=1$ として

$$\mathcal{J}_\mu(x)=\begin{cases}\dfrac{i}{n|N|^2m^{n-1}}\displaystyle\sum_{i=1}^n\sum_{a_1,\cdots,a_n}\dfrac{1}{2}\{\bar{\psi}_{(a_1\cdots a_n)}(x),\gamma_\mu{}^{(i)}\psi_{(a_1\cdots a_n)}(x)\} \\ \hfill (n=\text{偶数}) \\ \dfrac{i}{n|N|^2m^{n-1}}\displaystyle\sum_{i=1}^n\sum_{a_1,\cdots,a_n}\dfrac{1}{2}[\bar{\psi}_{(a_1\cdots a_n)}(x),\gamma_\mu{}^{(i)}\psi_{(a_1\cdots a_n)}(x)] \\ \hfill (n=\text{奇数})\end{cases} \tag{8.4.19}$$

を得る．バーグマン・ウィグナーの方程式より，カーレント演算子 $\mathcal{J}_\mu(x)$ は

$$\partial_\mu\mathcal{J}_\mu(x)=0 \tag{8.4.20}$$

を満足するから(8.4.18)は σ には無関係なスカラー量である．なお，もし $(-1)^{n-1}\epsilon=-1$ とすれば共変的な形で $\mathcal{N}$ があらわせないことは，§6.3の議論からすでに明らかであろうが，具体的にこれをみるには，次のようにやればよい．少々強引だが(8.4.17)の両辺を時間で微分し，これと(8.4.17)を連立させて $\psi_{(\cdots)_n}{}^{(\pm)}(x)$ を解くと

$$\psi_{(\cdots)_n}{}^{(\pm)}(x)=\frac{1}{2}(\psi_{(\cdots)_n}(x)\pm i(-\nabla^2+m^2)^{-1/2}\dot{\psi}_{(\cdots)_n}(x)). \tag{8.4.21}$$

ここで $(-\nabla^2+m^2)^{-1/2}\dot{\psi}_{(\cdots)_n}(x)$ は，$\dot{\psi}_{(\cdots)_n}(x)=\int d\boldsymbol{k}e^{-i\boldsymbol{kx}}\varphi_{(\cdots)_n}(\boldsymbol{k})$ としたとき，$\int d\boldsymbol{k}(\boldsymbol{k}^2+m^2)^{-1/2}\varphi_{(\cdots)_n}(\boldsymbol{k})$ を意味する．(8.4.21)によれば，$\psi_{(\cdots)_n}{}^{(\pm)}(x)$ をこれと同じ時刻の場の量であらわそうとすると，$(-\nabla^2+m^2)^{-1/2}$ というような非共変的な，微分演算が入るのを避けることができない．それゆえ，上記の $\psi_{(\cdots)_n}{}^{(\pm)}(x)$ を(8.4.16)に代入したとき，これが共変的にかかれるためには，$(-\nabla^2+m)^{-1/2}$ が消える必要があるが，$(-1)^{n-1}\epsilon=-1$ ではそれが不可能なことは簡単な計算でわかる．同様の議論は次に述べる $\mathcal{H}(x)$ の場合にもあてはまることである．なお，(8.4.19)で与えられた $\mathcal{J}_0(x)$ は，(6.3.39)の共変ノルムにおける被積分関数の $\bar{\psi}_{(\cdots)}(x),\psi_{(\cdots)}(x)$ を演算子とみなし，これを対称化，または反対称化し

たものになっている．

次に，$\mathscr{H}(x)$ を考えよう．(8.4.9)は

$$\mathscr{H}=\frac{1}{2|N|^2}\sum_{a_1,\cdots,a_n}\int\frac{d\boldsymbol{k}}{\omega_{\boldsymbol{k}}}(\omega_{\boldsymbol{k}}[A_{(a_1\cdots a_n)}{}^\dagger(\boldsymbol{k}),A_{(a_1\cdots a_n)}(\boldsymbol{k})]_\pm +(-\omega_{\boldsymbol{k}})\epsilon[B_{(a_1\cdots a_n)}(\boldsymbol{k}),B_{(a_1\cdots a_n)}{}^\dagger(\boldsymbol{k})]_\pm) \tag{8.4.22}$$

とかけるので，(8.4.15)から(8.4.16)を導いたのと同様にして

$$\begin{aligned}\mathscr{H}&=\frac{1}{2n|N|^2m^{n-1}}\sum_{j=1}^n\sum_{a_1,\cdots,a_n}\int d\boldsymbol{x}\Bigg(\Bigg[\overline{\psi_{(a_1\cdots a_n)}{}^{(+)}}(x),i\gamma_4{}^{(j)}\frac{\partial}{\partial x_0}\psi_{(a_1\cdots a_n)}{}^{(+)}(x)\Bigg]_\pm\\&\quad+(-1)^{n-1}\epsilon\Bigg[\overline{\psi_{(a_1\cdots a_n)}{}^{(-)}}(x),i\gamma_4{}^{(j)}\frac{\partial}{\partial x_0}\psi_{(a_1\cdots a_n)}{}^{(-)}(x)\Bigg]_\pm\Bigg)\\&=\frac{1}{4n|N|^2m^{n-1}}\sum_{j=1}^n\sum_{a_1,\cdots,a_n}\int d\boldsymbol{x}\Bigg(\Bigg[\overline{\psi_{(a_1\cdots a_n)}{}^{(+)}}(x),\frac{\overleftrightarrow{\partial}}{\partial x_4}\gamma_4{}^{(j)}\psi_{(a_1\cdots a_n)}{}^{(+)}(x)\Bigg]_\pm\\&\quad+(-1)^{n-1}\epsilon\Bigg[\overline{\psi_{(a_1\cdots a_n)}{}^{(-)}}(x),\frac{\overleftrightarrow{\partial}}{\partial x_4}\gamma_4{}^{(j)}\psi_{(a_1\cdots a_n)}{}^{(-)}(x)\Bigg]_\pm\Bigg)\end{aligned} \tag{8.4.23}$$

を得る．ただし $\overleftrightarrow{\partial}/\partial x_4$ は一般に

$$\left[F(x),\frac{\overleftrightarrow{\partial}}{\partial x_\mu}G(x)\right]_\pm=\left[\frac{\partial F(x)}{\partial x_\mu},G(x)\right]_\pm-\left[F(x),\frac{\partial G(x)}{\partial x_\mu}\right]_\pm \tag{8.4.24}$$

で定義される．(8.4.23)が共変的にかかれるためには再び $(-1)^{n-1}\epsilon=1$ であって，このときエネルギー・運動量テンソル $\theta_{\mu\nu}(x)$ を

$$\theta_{\mu\nu}(x)=\begin{cases}\dfrac{-1}{8n|N|^2m^{n-1}}\displaystyle\sum_{j=1}^n\Bigg(\Bigg\{\bar{\psi}_{(\dots)n}(x),\frac{\overleftrightarrow{\partial}}{\partial x_\mu}\gamma_\nu{}^{(j)}\psi_{(\dots)n}(x)\Bigg\}\\\qquad+\Bigg\{\bar{\psi}_{(\dots)n}(x),\dfrac{\overleftrightarrow{\partial}}{\partial x_\nu}\gamma_\mu{}^{(j)}\psi_{(\dots)n}(x)\Bigg\}\Bigg)\qquad(n=\text{偶数}),\\\dfrac{-1}{8n|N|^2m^{n-1}}\displaystyle\sum_{j=1}^n\Bigg(\Bigg[\bar{\psi}_{(\dots)n}(x),\frac{\overleftrightarrow{\partial}}{\partial x_\mu}\gamma_\nu{}^{(j)}\psi_{(\dots)n}(x)\Bigg]\\\qquad+\Bigg[\bar{\psi}_{(\dots)n}(x),\dfrac{\overleftrightarrow{\partial}}{\partial x_\nu}\gamma_\mu{}^{(j)}\psi_{(\dots)n}(x)\Bigg]\Bigg)\qquad(n=\text{奇数})\end{cases}$$

(8.4.25) *)

とすれば，運動方程式(8.1.2)により

$$\partial_\mu\theta_{\mu\nu}(x)=0, \tag{8.4.26}$$

*) もちろんここで n 個のディラック・スピノルの添字についての和がとられているが，それをあらわにかくのを省略した．

したがって

$$\mathscr{H} = \int_\sigma d\sigma_\mu \theta_{\mu 0}(x) = \int d\boldsymbol{x}\, \theta_{00}(x) \qquad (8.4.27)$$

とかくことができる．いうまでもなくエネルギー密度は $\theta_{00}(x)$ で共変的なテンソル $\theta_{\mu\nu}(x)$ の 0-0 成分である．なお(8.4.27)の右辺は§6.3の共変ノルムを用いての k_0 の期待値《k_0》において $\bar{\psi}_{(\dots)_n}(x), \psi_{(\dots)_n}(x)$ を対称化または反対称化したものであることに注意すべきである．

以上われわれは相対論的な場の量子論における，有限質量粒子のスピンと統計の関係をしらべてきた．基礎にとった仮定は，(1) §8.2で述べた調和振動子の量子論，および(2) 局所性の条件，である．(1)は適当な附加定数を加えればハミルトニアンの最小の固有値を0にすることができ，対応する状態(真空)は一意的，そしてヒルベルト空間のノルムは正であるという内容を含んでいる．また，これまでの議論からもわかるように，(2)に代るものとして，次の条件を用いることもできる．すなわち，(2′) 空間的に隔った点での場の量の間の交換関係(または反交換関係)は常に0，あるいはこのとき与えられる $(-1)^{n-1}\epsilon=1$ が共変形式の条件となっているので，(2″) $\mathscr{H}(x)$ は共変的な形をもたなければならない，としてもよい．いずれも無理のない条件であるが，その結果として

‘粒子の従う統計がボーズ統計，フェルミ統計のいずれかであるとするならば，整数スピンの粒子はボーズ統計，半整数スピンの粒子はフェルミ統計に従わなければならぬ’

ということが導かれた．この結果は，質量0の不連続スピンの粒子へも拡張される．なお，(1)の内容と(2), (2′), (2″)のそれとを適当に組み合わせて別の形の条件をつくることもできるであろうが，これ以上ここでは立ち入らない．スピンと統計に関するこの美しい定理を最初に導いたのはパウリである*)．彼の議論の筋道はここで述べたものとは幾分異なるが，本質的な内容については変わるところはない．ただ，この本ではポアンカレ群の既約表現との関連においてこれを述べたまでであって，その結果として，交換関係の具体的な形や，$\theta_{\mu\nu}(x), \mathscr{J}_\mu(x)$ などをも同時に与えることができたわけである．

なお，これまでの議論からわかるように，スピンと統計の関係には，1体系

---

*) W. Pauli : Phys. Rev., **58** (1940), 716.

における共変内積の性質が密接に関連している．すでにみてきたように，これは $\mathcal{H}(x)$（そして同時に $\mathcal{J}_0(x)$）の共変性に係わるものであって，1体系においては，$\langle 1, \pm|2, \pm\rangle = \pm\langle\!\langle 1, \pm|2, \pm\rangle\!\rangle$ ならばその粒子の従う統計はボーズ統計，$\langle 1, \pm|2, \pm\rangle = \langle\!\langle 1, \pm|2, \pm\rangle\!\rangle$ に対してはフェルミ統計となる．この意味で，§7.4 に述べたようなスピン自由度無限大の粒子に対してはその共変内積の性質がこれまでのものと全く逆になるので，スピンと統計の関係は，ポアンカレ群の1価表現に対してはフェルミ統計，2価表現に対してはボーズ統計となることが推測される．この点は，スピン自由度有限の粒子と本質的に異なるものであることに注意しなければならない．

§8.5 ポアンカレ群と自由場

有限質量の場合の話を続けよう．(8.3.24) と同様に P_μ を

$$P_\mu = \int_\sigma d\sigma_\nu \theta_{\nu\mu}(x) = \frac{1}{2}\sum_\xi \int d\boldsymbol{k}\frac{k_\mu}{\omega_{\boldsymbol{k}}}([A_\xi^\dagger(\boldsymbol{k}), A_\xi(\boldsymbol{k})]_\pm + [B_\xi^\dagger(\boldsymbol{k}), B_\xi(\boldsymbol{k})]_\pm)$$

$$(k_\mu = (\boldsymbol{k}, i\omega_{\boldsymbol{k}})) \tag{8.5.1}$$

とすれば，P_μ は場のエネルギー・運動量を与える4次元ベクトルである．ただしスピンと統計の関係から上式右辺の $[\ ,\ ]_+$ は整数スピン，また $[\ ,\ ]_-$ は半整数スピンの場合にあたる．以下すべて物理量の中の $[\ ,\ ]_\pm$ はこのような意味で用いる．P_μ が互いに可換であることは (8.5.1) の右辺から明らかである．$\theta_{00}(x)$ がエネルギー密度であるのに対し，$\theta_{0i}(x)$ $(i=1,2,3)$ は運動量密度をあらわすと考えてよい．それゆえ，$x_i\theta_{0j}(x) - x_j\theta_{0i}(x)$ は i, j 軸で張られる平面内の回転での角運動量密度とみなすことができる．これを一般化して

$$M_{\rho[\mu\nu]}(x) = x_\mu\theta_{\rho\nu}(x) - x_\nu\theta_{\rho\mu}(x) \tag{8.5.2}$$

とおこう．(8.4.26) および $\theta_{\mu\nu}(x) = \theta_{\nu\mu}(x)$ によれば

$$\partial_\rho M_{\rho[\mu\nu]}(x) = 0, \tag{8.5.3}$$

したがって，運動の恒量としての反対称テンソル

$$M_{[\mu\nu]} = \int_\sigma d\sigma_\rho M_{\rho[\mu\nu]}(x) = \int d\boldsymbol{x} M_{0[\mu\nu]}(x) \tag{8.5.4}$$

は P_μ とともに場の量子論におけるポアンカレ群の主成子をつくることが予想

される．実際

$$\left.\begin{aligned} [M_{[\mu\nu]}, P_\lambda] &= i(\delta_{\mu\lambda}P_\nu - \delta_{\nu\lambda}P_\mu), \\ [M_{[\mu\nu]}, M_{[\lambda\rho]}] &= i(\delta_{\mu\lambda}M_{[\nu\rho]} + \delta_{\mu\rho}M_{[\lambda\nu]} + \delta_{\nu\rho}M_{[\mu\lambda]} + \delta_{\nu\lambda}M_{[\rho\mu]}) \end{aligned}\right\} \tag{8.5.5}$$

がみたされるので，この予想は正しい．(8.5.5)を導くには，交換関係つまり整数スピンに対しては(8.4.13)，半整数スピンに対しては(8.4.14′)を用いてもよいが，計算が少し複雑になるので，むしろ $M_{[\mu\nu]}$ を $A_\xi(\boldsymbol{k}), B_\xi(\boldsymbol{k})$ であらわしたものを使う方がわかりやすい．それには，$\theta_{\mu\nu}(x)$ の中に出てくる時間微分を場の方程式(8.1.2)を用いて空間微分に変え部分積分を行ってこれをすべて $\psi_{(\dots)_n}(x)$ に作用させるようにし，さらにフーリエ変換で運動量表示に移行した後，§6.3の議論の逆をたどってゆけばよい．ただし，γ マトリックスはディラック表示を用いる．そのような計算の結果として

$$\begin{aligned} M_{[\mu\nu]} = \frac{1}{2}\sum_{\xi,\xi'}\int\frac{d\boldsymbol{k}}{\omega_{\boldsymbol{k}}}&([A_\xi^\dagger(\boldsymbol{k}), (J_{[\mu\nu]})_{\xi\xi'}A_{\xi'}(\boldsymbol{k})]_\pm \\ &+(-1)^{n-1}[B_\xi(-\boldsymbol{k}), (J_{[\mu\nu]})_{\xi\xi'}B_{\xi'}^\dagger(-\boldsymbol{k})]_\pm) \end{aligned} \tag{8.5.6}$$

が得られる．$J_{[\mu\nu]}$ は，(5.1.21), (5.1.22)の $\boldsymbol{J}, \boldsymbol{K}$ を用いて(2.3.14)により定義されたものである．ただし，$\boldsymbol{K}$ の中の k_0 は，$A_\xi(\boldsymbol{k})$ に作用するときは $\omega_{\boldsymbol{k}}$，$B_\xi^\dagger(-\boldsymbol{k})$ に作用するときは $-\omega_{\boldsymbol{k}}$ である．ここで，スピンと統計の関係を考慮し(8.4.5), (8.5.6)を用いれば

$$\left.\begin{aligned} [A_\xi(\boldsymbol{k}), M_{[\mu\nu]}] &= \sum_{\xi'}(J_{[\mu\nu]})_{\xi\xi'}A_{\xi'}(\boldsymbol{k}), \\ [B_\xi^\dagger(-\boldsymbol{k}), M_{[\mu\nu]}] &= \sum_{\xi'}(J_{[\mu\nu]})_{\xi\xi'}B_{\xi'}^\dagger(-\boldsymbol{k}) \end{aligned}\right\} \tag{8.5.7}$$

が得られる．これとそのエルミート共役および(2.3.14)より，(8.5.5)の第2式が，また(8.5.1)の右辺を用いれば(8.5.5)の第1式が容易に導かれる．

$M_{[i,j]}, M_{[i,0]}$ $(i, j=1, 2, 3)$ はエルミート演算子であるから，$1+\frac{i}{2}M_{[\mu\nu]}\omega_{[\mu\nu]}$ はユニタリー演算子であって無限小ローレンツ変換を与える．ただし $\omega_{[\mu\nu]}$ は(2.3.16)で定義した，ローレンツ変換の無限小パラメータである．したがって，これによる $A_\xi(\boldsymbol{k})$ の変換は，(8.5.7)により

$$\begin{aligned} A_\xi(\boldsymbol{k}) &\to \left(1-\frac{i}{2}M_{[\mu\nu]}\omega_{[\mu\nu]}\right)A_\xi(\boldsymbol{k})\left(1+\frac{i}{2}M_{[\mu\nu]}\omega_{[\mu\nu]}\right) \\ &= A_\xi(\boldsymbol{k}) + \frac{i}{2}\omega_{[\mu\nu]}\sum_{\xi'}(J_{[\mu\nu]})_{\xi\xi'}A_{\xi'}(\boldsymbol{k}), \end{aligned} \tag{8.5.8}$$

このような変換を積み重ねることによって有限の Λ に対するユニタリーな $\mathscr{L}(\Lambda)$ をつくれば

$$\mathscr{L}(\Lambda)^{-1}A_\xi(\boldsymbol{k})\mathscr{L}(\Lambda)=\sum_{\xi'}Q_{\xi\xi'}{}^{(+)}(\lambda_k,l)A_{\xi'}(\Lambda^{-1}\boldsymbol{k}), \tag{8.5.9}$$

同様にして

$$\mathscr{L}(\Lambda)^{-1}B_\xi(\boldsymbol{k})\mathscr{L}(\Lambda)=\sum_{\xi'}[Q_{\xi\xi'}{}^{(+)}(\lambda_k,l)]^*B_{\xi'}(\Lambda^{-1}\boldsymbol{k}) \tag{8.5.10}$$

が得られる．したがって，(8.4.3)の変換は，上式により与えられることがわかる．

演算子が上のような変換を受けるときは，状態ベクトルは変換されない．これはちょうどハイゼンベルク表示では，演算子のみが時間的な変化を受けて，状態ベクトルは変わらないのと同じである．したがってローレンツ変換のもとで演算子が変わらなければ，状態ベクトル$|\ \ \rangle$の方が $\mathscr{L}(\Lambda)|\ \ \rangle$ に変換されなければならない．これを具体的にみるために，例えば，$|\ \ \rangle$が粒子1個の状態 $A_\xi{}^\dagger(\boldsymbol{k})|0\rangle$ のときを考えてみよう．ただし，$M_{\mu\nu}$ には適当な附加定数をつけて

$$\mathscr{L}(\Lambda)|0\rangle=|0\rangle \tag{8.5.11}$$

がみたされているとする．このとき(8.5.9)の Λ を Λ^{-1} として

$$\begin{aligned}\mathscr{L}(\Lambda)A_\xi{}^\dagger(\boldsymbol{k})|0\rangle&=\mathscr{L}(\Lambda)A_\xi{}^\dagger(\boldsymbol{k})\mathscr{L}(\Lambda)^{-1}|0\rangle\\&=\sum_{\xi'}[Q_{\xi\xi'}{}^{(+)}(\tilde{\lambda}_k,l)]^*A_{\xi'}{}^\dagger(\Lambda\boldsymbol{k})|0\rangle\end{aligned} \tag{8.5.12}$$

を得る．$\tilde{\lambda}_k$ は Λ^{-1} に対するリトル・グループの元，すなわち(3.3.4)より $\tilde{\lambda}_k=\alpha_k{}^{-1}\Lambda^{-1}\alpha_{\Lambda k}$，これは $(\lambda_{\Lambda k})^{-1}$ だから，(3.3.16)により $Q^{(+)}(\tilde{\lambda}_k,l)=Q^{(+)}(\lambda_{\Lambda k},l)^{-1}$，したがって $[Q_{\xi\xi'}{}^{(+)}(\tilde{\lambda}_k,l)]^*=Q_{\xi'\xi}{}^{(+)}(\lambda_{\Lambda k},l)$ とかける．ここで $Q^{(+)}(\lambda_{\Lambda k},l)$ がユニタリー・マトリックスであることを用いた．その結果，状態 $A_\xi{}^\dagger(\boldsymbol{k})|0\rangle$ の変換は

$$\mathscr{L}(\Lambda)A_\xi{}^\dagger(\boldsymbol{k})|0\rangle=\sum_{\xi'}Q_{\xi'\xi}{}^{(+)}(\lambda_{\Lambda k},l)A_{\xi'}{}^\dagger(\Lambda\boldsymbol{k})|0\rangle \tag{8.5.13}$$

となるが，これは§3.2に述べた，(正振動の)1体状態 $|\bar{k},\xi\rangle$ のローレンツ変換 $L(\Lambda)|\bar{k},\xi\rangle$ と全く同じものになっている．なぜならば，

$$\begin{aligned}L(\Lambda)|\bar{k},\xi\rangle&=Q^{(+)}(\lambda_k,l)|\Lambda\bar{k},\xi\rangle=Q^{(+)}(\lambda_{\Lambda\bar{k}},l)|\Lambda\bar{k},\xi\rangle\\&=\sum_{\xi'}Q_{\xi'\xi}{}^{(+)}(\lambda_{\Lambda\bar{k}},l)|\Lambda\bar{k},\xi'\rangle.\end{aligned} \tag{8.5.14}$$

反粒子の1体状態 $B^\dagger(\boldsymbol{k})|0\rangle$ に対しても全く同様の議論をすることができるこ

とは明らかであろう*). このようにして，第3章に述べた1体系における k_μ, $L(\Lambda)$の代りに，場の量子論では P_μ, $\mathscr{L}(\Lambda)$ が同じ役割を荷うものとして用いられる．ただし後者の場合には，これらの演算子は1体のみならず多体の状態ベクトルの変換をも与え得るものであり，しかも状態ベクトルには負のエネルギーは存在しないという利点がある**).

空間反転(6.6.1)や荷電共役変換(6.6.27)を与えるような場の理論のユニタリー演算子，すなわち

$$P^{-1}\psi_{(\dots)_n}(\boldsymbol{x},t)P=e^{i\delta}\prod_{j=1}^{n}(i\gamma_4{}^{(j)})\psi_{(\dots)_n}(-\boldsymbol{x},t), \tag{8.5.15}$$

$$\mathscr{C}^{-1}\psi_{(\dots)_n}(x)\mathscr{C}=\psi^{C}{}_{(\dots)_n}(x) \tag{8.5.16}$$

をみたすユニタリーな P や $\mathscr{C}$ も，$\psi_{(\dots)_n}(x)$ を用いてあらわすことができる．これがどのようにかかれるかは，演習問題として読者にやってみていただくことにしよう．上式の P や $\mathscr{C}$ を用いれば次の関係が導かれる．

$$\left.\begin{aligned}&P^{-1}P_iP=-P_i,\qquad P^{-1}HP=H,\\&P^{-1}M_{[ij]}P=M_{[i,j]},\qquad P^{-1}M_{[i,0]}P=-M_{[i,0]},\\&P^{-1}\mathscr{N}P=\mathscr{N},\end{aligned}\right\} \tag{8.5.17}$$

および

$$\mathscr{C}^{-1}P_\mu\mathscr{C}=P_\mu,\qquad \mathscr{C}^{-1}M_{[\mu\nu]}\mathscr{C}=M_{[\mu,\nu]},\qquad \mathscr{C}^{-1}\mathscr{N}\mathscr{C}^{-1}=-\mathscr{N}. \tag{8.5.18}$$

特に，(8.5.18)はスピンと統計の関係があるために導かれる式である．この点 $\psi_{(\dots)_n}(x)$ を単なる複素数として扱った(6.6.35)と比較していただきたい．

時間反転は場の理論でもユニタリー変換では行えず，アンチ・ユニタリー変換を用いなければならない．§6.6ではこの変換を表わすのに波動関数の複素共役をとったが，場の理論では状態ベクトルを一般に波動関数でかくわけにはいかない．そこでまず次のような準備から話を始める．

ヒルベルト空間 $\mathfrak{H}$ の任意の状態ベクトル $|\ \ \rangle$ に1対1に対応して $|\,\tilde{}\,\rangle$ を次式で定義する．すなわち

---

*)　ただし，このときは $Q^{(+)}(\lambda_{\Lambda k},l)$ の代りに $[Q^{(+)}(\lambda_{\Lambda k},l)]^*$ が現われるが，(8.4.3)のすぐあとの注で述べたように，これらは互いにユニタリー同値である．

**)　ここではスピン $n/2\,(n\geqq1)$ で $\mathscr{L}(\Lambda)$ を論じてきたが，前節のスピン0のときにも同様にして $\theta_{\mu\nu}$ から $M_{\rho[\mu\nu]}$，したがって $\mathscr{L}(\Lambda)$ をつくることができる．

$$|1\rangle \leftrightarrow |\tilde{1}\rangle,\quad |2\rangle \leftrightarrow |\tilde{2}\rangle,\quad |3\rangle \leftrightarrow |\tilde{3}\rangle,\quad \cdots$$

とするとき，

$$\langle\tilde{1}|\tilde{2}\rangle = \langle 2|1\rangle, \tag{8.5.19}$$

$$c_1|1\rangle + c_2|2\rangle \leftrightarrow c_1{}^*|\tilde{1}\rangle + c_2{}^*|\tilde{2}\rangle, \tag{8.5.20}$$

ただし c_1, c_2 は複素数である．$|\tilde{\ }\rangle$ のつくるヒルベルト空間を $\tilde{\mathfrak{H}}$ とかき，これを $\mathfrak{H}$ の**双対空間**(dual space)とよぶ．$\mathfrak{H}$ における任意の演算子 F に対応して $\tilde{\mathfrak{H}}$ での演算子 $\tilde{F}$ を

$$F|\ \ \rangle \leftrightarrow \widetilde{F|\ \ \rangle} = \tilde{F}|\tilde{\ }\rangle \tag{8.5.21}$$

で定義しよう．このとき

$$F_3 = c_1F_1 + c_2F_2 \tag{8.5.22}$$

とすれば，(8.5.20), (8.5.21)により

$$\tilde{F}_3 = c_1{}^*\tilde{F}_1 + c_2{}^*\tilde{F}_2, \tag{8.5.23}$$

$$(\widetilde{F_1F_2}) = \tilde{F}_1\tilde{F}_2 \tag{8.5.24}$$

がなりたつ．また，(8.5.19), (8.5.20)から

$$\langle\tilde{1}|\tilde{F}|\tilde{2}\rangle = \langle\tilde{1}|(\widetilde{F|2\rangle}) = (\langle 2|F)|1\rangle = \langle 2|F^\dagger|1\rangle, \tag{8.5.25}$$

その結果，$\tilde{F}^\dagger = \widetilde{F^\dagger}$ となるのでこれを F^t とかこう．すなわち

$$F^t = \tilde{F}^\dagger = \widetilde{F^\dagger} \tag{8.5.26}$$

とすれば，(8.5.22)～(8.5.25)によって

$$F_3{}^t = c_1F_1{}^t + c_2F_2{}^t, \tag{8.5.27}$$

$$(F_1F_2)^t = F_2{}^tF_1{}^t, \tag{8.5.28}$$

$$\langle\tilde{1}|F^t|\tilde{2}\rangle = \langle 2|F|1\rangle, \tag{8.5.29}$$

$$F^{t\dagger} = F^{\dagger t} \tag{8.5.30}$$

が導かれる．いうまでもなく F^t は $\tilde{F}$ と同様，$\tilde{\mathfrak{H}}$ における演算子である．

さて以上の議論のもとに場の量子論における時間反転を

$$|\ \ \rangle \to |\tilde{\ }\rangle, \tag{8.5.31}$$

$$\psi_{(\dots)_n}(\boldsymbol{x}, t) \to \psi_{(\dots)_n}{}'(\boldsymbol{x}, t) = e^{i\delta'}\prod_{j=1}^{n}(i\gamma_5{}^{(j)}\gamma_4{}^{(j)})(\psi_{(\dots)_n}{}^C(\boldsymbol{x}, -t))^t \tag{8.5.32}$$

*)

---

*) 複素スカラー場ではこの代りに $U(\boldsymbol{x}, t) \to U'(\boldsymbol{x}, t) = U^{\dagger t}(\boldsymbol{x}, -t) = \tilde{U}(\boldsymbol{x}, -t)$．なおこの場合空間反転は $\mathcal{P}^{-1}U(\boldsymbol{x}, t)\mathcal{P} = e^{i\delta}U(-\boldsymbol{x}, t)$，荷電共役変換は $\mathcal{C}^{-1}U(x)\mathcal{C} = U^\dagger(x)$ である．

で定義しよう．(8.5.32)は(6.6.28)に対応するものであるが，演算子としての場を双対空間上に移行させるために，その肩に t がつけられている．(8.5.32)の $\psi_{(\dots)_n}{}'(x)$ が運動方程式(8.1.2)，および n の偶奇に応じて交換関係(8.4.13)または(8.4.14′)を満足することは容易にわかる．したがって，時間の反転した世界での物理量，例えばエネルギー，運動量は P_μ の中の $\psi_{(\dots)_n}(x)$ を $\psi_{(\dots)_n}{}'(x)$ で置きかえたものを用いればよい．これを $P_\mu{}'=(\boldsymbol{P}', iH')$ とかき，P_μ が保存量であって時間を含まないことを用いれば，

$$H' = H^t, \qquad P_i{}' = -P_i{}^t, \tag{8.5.33}$$

それゆえ，これらの期待値は(8.5.29)により

$$\langle \tilde{}\ |H'|\ \tilde{}\rangle = \langle\ \ |H|\ \ \rangle, \qquad \langle \tilde{}\ |P_i{}'|\ \tilde{}\rangle = -\langle\ \ |P_i|\ \ \rangle \tag{8.5.34}$$

となる．すなわち，時間反転でエネルギー期待値は変わらないが，運動量の期待値は符号が逆転する．同様にして，$M_{[\mu\nu]}$, $\mathcal{N}$ の中の $\psi_{(\dots)_n}(x)$ を $\psi_{(\dots)_n}{}'(x)$ で置きかえて $M_{[\mu\nu]}{}'$, $\mathcal{N}'$ をつくってやると

$$\left.\begin{aligned}
\langle \tilde{}\ |M_{[i,j]}{}'|\ \tilde{}\rangle &= -\langle\ \ |M_{[i,j]}|\ \ \rangle, \\
\langle \tilde{}\ |M_{[i0]}{}'|\ \tilde{}\rangle &= \langle\ \ |M_{[i0]}|\ \ \rangle, \\
\langle \tilde{}\ |\mathcal{N}|\ \tilde{}\rangle &= \langle\ \ |\mathcal{N}|\ \ \rangle
\end{aligned}\right\} \tag{8.5.35}$$

なる関係が得られる．

このようにして不連続変換が場の量子論に導入されたが，これについてのさらに立ち入った議論は話が長くなるので省略することにしたい．

われわれは，$\psi_{(\dots)_n}(x)$ と $A_\xi(\boldsymbol{k})$, $B_\xi{}^\dagger(-\boldsymbol{k})$ の関係を $U_{\rm F}(\boldsymbol{k})$ を用いて与えたが，最後にこれまでの議論の補足として，別の形でこれをあらわすことを述べておこう．

$\zeta, \xi = 1, 2, \cdots, n+1$ として複素数 $f_\xi{}^\zeta(\boldsymbol{k})$, $g_\xi{}^\zeta(\boldsymbol{k})$ をともにスピンの自由度についての完全直交系，すなわち

$$\sum_\xi f_\xi{}^{\zeta *}(\boldsymbol{k}) f_\xi{}^{\zeta'}(\boldsymbol{k}) = \sum_\xi g_\xi{}^{\zeta *}(\boldsymbol{k}) g_\xi{}^{\zeta'}(\boldsymbol{k}) = \delta_{\zeta\zeta'}, \tag{8.5.36}$$

$$\sum_\xi f_\xi{}^\zeta(\boldsymbol{k}) f_{\xi'}{}^{\zeta *}(\boldsymbol{k}) = \sum_\zeta g_\xi{}^\zeta(\boldsymbol{k}) g_{\xi'}{}^{\zeta *}(\boldsymbol{k}) = \delta_{\xi\xi'} \tag{8.5.37}$$

とする．これを用いて

$$\left.\begin{aligned} A_\xi(\boldsymbol{k}) &= \sum_\zeta A_\zeta(\boldsymbol{k}) f_\xi{}^\zeta(\boldsymbol{k}), \\ B_\xi{}^\dagger(\boldsymbol{k}) &= \sum_\zeta B_\zeta{}^\dagger(\boldsymbol{k}) g_\xi{}^\zeta(\boldsymbol{k}) \end{aligned}\right\} \tag{8.5.38}$$

とかこう．ξ によるスピンの向きと ζ によるそれとは必ずしも同じにする必要はないが*)，$A_\zeta(\boldsymbol{k}), B_\zeta(\boldsymbol{k})$ もまた $A_\xi(\boldsymbol{k}), B_\xi(\boldsymbol{k})$ と同様独立な調和振動子を与えることは勿論である．§6.3のはじめでやったように，$f_\xi{}^\zeta(\boldsymbol{k}), g_\xi{}^\zeta(\boldsymbol{k})$ の添字 ξ を見かけ上ふやして $f_{(a_1\cdots a_n)}{}^\zeta(\boldsymbol{k}), g_{(a_1\cdots a_n)}{}^\zeta(\boldsymbol{k})$ を導入し，(6.3.13)，(6.3.14)すなわち

$$\left.\begin{aligned} \omega_k f_{(\dots)_n}{}^\zeta(\boldsymbol{k}) &= \omega_k \beta^{(i)} f_{(\dots)_n}{}^\zeta(\boldsymbol{k}), \\ \omega_k g_{(\dots)_n}{}^\zeta(\boldsymbol{k}) &= -\omega_k \beta^{(i)} g_{(\dots)_n}{}^\zeta(\boldsymbol{k}) \end{aligned}\right\} \tag{8.5.39}$$

を満足するようにする．$f_{(\dots)_n}{}^\zeta(\boldsymbol{k}), g_{(\dots)_n}{}^\zeta(\boldsymbol{k})$ はそれぞれ正，負振動の1体系の振幅 $\varphi_{(\dots)_n}{}^{(+)}(\boldsymbol{k}), \varphi_{(\dots)_n}{}^{(-)}(\boldsymbol{k})$ に対応し，定義により

$$\sum_{a_1,\cdots,a_n} f_{(a_1\cdots a_n)}{}^{\zeta*}(\boldsymbol{k}) g_{(a_1\cdots a_n)}{}^{\zeta'}(\boldsymbol{k}) = 0 \tag{8.5.40}$$

をみたす．また(8.5.36)，(8.5.37)は

$$\begin{aligned} \sum_{a_1,\cdots,a_n} f_{(a_1\cdots a_n)}{}^{\zeta*}(\boldsymbol{k}) f_{(a_1\cdots a_n)}{}^{\zeta'}(\boldsymbol{k}) &= \sum_{a_1,\cdots,a_n} g_{(a_1\cdots a_n)}{}^{\zeta*}(\boldsymbol{k}) g_{(a_1\cdots a_n)}{}^{\zeta'}(\boldsymbol{k}) \\ &= |N|^2 \delta_{\zeta\zeta'}, \end{aligned} \tag{8.5.41}$$

$$\sum_\zeta f_{(a_1\cdots a_n)}{}^\zeta(\boldsymbol{k}) f_{(a_1'\cdots a_n')}{}^{\zeta*}(\boldsymbol{k}) = \frac{|N|^2}{2^n n!} \sum_{\substack{\text{all perm. of} \\ a_1,\cdots,a_n}} \prod_{i=1}^n (1+\beta)_{a_i a_i'}, \tag{8.5.42}$$

$$\sum_\zeta g_{(a_1\cdots a_n)}{}^\zeta(\boldsymbol{k}) g_{(a_1'\cdots a_n')}{}^{\zeta*}(\boldsymbol{k}) = \frac{|N|^2}{2^n n!} \sum_{\substack{\text{all perm. of} \\ a_1,\cdots,a_n}} \prod_{i=1}^n (1-\beta)_{a_i a_i'} \tag{8.5.43}$$

となる．$|N|^2$ は規格化のための正の任意定数である．ここで

$$\left.\begin{aligned} u_{(\dots)_n}{}^\zeta(\boldsymbol{k}) &= \omega_k{}^{n/2} \prod_{i=1}^n U_{\mathrm{F}}{}^{(i)}(\boldsymbol{k}) f_{(\dots)_n}{}^\zeta(\boldsymbol{k}), \\ v_{(\dots)_n}{}^\zeta(-\boldsymbol{k}) &= \omega_k{}^{n/2} \prod_{i=1}^n U_{\mathrm{F}}{}^{(i)}(\boldsymbol{k}) g_{(\dots)_n}{}^\zeta(\boldsymbol{k}) \end{aligned}\right\} \tag{8.5.44}$$

とおこう．以下ここでも

$$k_\mu = (\boldsymbol{k}, i\omega_k), \tag{8.5.45}$$

---

*) もし，これを同じにしようと思えば $f_\xi{}^\zeta(\boldsymbol{k}) = g_\xi{}^\zeta(\boldsymbol{k}) = \delta_{\zeta\xi}$ とすればよい．

つまり $k_0=\omega_k$ とかくことにして，§6.3の議論を踏襲すれば，(8.5.39)は

$$\left.\begin{aligned}&(ik_\mu\gamma_\mu{}^{(j)}+m)u_{(\dots)_n}{}^\zeta(\boldsymbol{k})=0,\\&(ik_\mu\gamma_\mu{}^{(j)}-m)v_{(\dots)_n}{}^\zeta(\boldsymbol{k})=0\qquad(j=1,2,\cdots,n)\end{aligned}\right\}\tag{8.5.46}$$

(8.5.40)～(8.5.43)は

$$\sum_{a_1,\cdots,a_n}\bar{u}_{(a_1\cdots a_n)}{}^\zeta(\boldsymbol{k})v_{(a_1\cdots a_n)}{}^{\zeta'}(\boldsymbol{k})=0\tag{8.5.47}$$

$$\sum_{a_1,\cdots,a_n}\bar{u}_{(a_1\cdots a_n)}{}^\zeta(\boldsymbol{k})u_{(a_1\cdots a_n)}{}^{\zeta'}(\boldsymbol{k})=m^n|N|^2\delta_{\zeta\zeta'},\tag{8.5.48}$$

$$\sum_{a_1,\cdots,a_n}\bar{v}_{(a_1\cdots a_n)}{}^\zeta(\boldsymbol{k})v_{(a_1\cdots a_n)}{}^{\zeta'}(\boldsymbol{k})=(-m)^n|N|^2\delta_{\zeta\zeta'},\tag{8.5.49}$$

$$\sum_\zeta u_{(a_1\cdots a_n)}{}^\zeta(\boldsymbol{k})\bar{u}_{(a_1'\cdots a_n')}{}^\zeta(\boldsymbol{k})=\frac{|N|^2}{2^n n!}\sum_{\substack{\text{all perm. of}\\a_1,\cdots,a_n}}\prod_{j=1}^n(m-ik_\mu\gamma_\mu)_{a_ja_j'},\tag{8.5.50}$$

$$\sum_\zeta v_{(a_1\cdots a_n)}{}^\zeta(\boldsymbol{k})\bar{v}_{(a_1'\cdots a_n')}{}^\zeta(\boldsymbol{k})=\frac{|N|^2}{2^n n!}\sum_{\substack{\text{all perm. of}\\a_1,\cdots,a_n}}\prod_{j=1}^n(-m-ik_\mu\gamma_\mu)_{a_ja_j'},\tag{8.5.51}$$

そうして $\psi_{(\dots)_n}(x)$ は

$$\psi_{(\dots)_n}(x)=\frac{1}{(2\pi)^{3/2}}\sum_\zeta\int\frac{d\boldsymbol{k}}{\omega_k}(A_\zeta(\boldsymbol{k})u_{(\dots)_n}{}^\zeta(\boldsymbol{k})e^{ik_\mu x_\mu}+B_\zeta{}^\dagger(\boldsymbol{k})v_{(\dots)_n}{}^\zeta(\boldsymbol{k})e^{-ik_\mu x_\mu})\tag{8.5.52}$$

で与えられる．

われわれは上の議論で，$f_\xi{}^\zeta(\boldsymbol{k}),g_\xi{}^\zeta(\boldsymbol{k})$ から $u_{(\dots)_n}{}^\zeta(\boldsymbol{k}),v_{(\dots)_n}{}^\zeta(\boldsymbol{k})$ を導入したが，その過程を忘れて，(8.5.46)～(8.5.51)をもって $u_{(\dots)_n}{}^\zeta(\boldsymbol{k}),v_{(\dots)_n}{}^\zeta(\boldsymbol{k})$ の定義とすることもできる．このとき $A_\zeta(\boldsymbol{k}),B_\zeta(\boldsymbol{k})$ は，(8.5.46)～(8.5.49)を用いて，(8.5.52)から求められる．特に $v_{(\dots)_n}{}^\zeta(\boldsymbol{k})$ を

$$v_{(\dots)_n}{}^\zeta(\boldsymbol{k})=(u_{(\dots)_n}{}^\zeta(\boldsymbol{k}))^C\tag{8.5.53}$$

であるように選ぶと(これは常に可能)，

$$\left.\begin{aligned}A_\zeta(\boldsymbol{k})&=\frac{1}{(2\pi)^{3/2}nm^{n-1}|N|^2}\sum_{j=1}^n\int d\boldsymbol{x}e^{-ik_\mu x_\mu}\bar{u}_{(\dots)_n}{}^\zeta(\boldsymbol{k})\gamma_4{}^{(j)}\psi_{(\dots)_n}(x),\\B_\zeta(\boldsymbol{k})&=\frac{1}{(2\pi)^{3/2}nm^{n-1}|N|^2}\sum_{j=1}^n\int d\boldsymbol{x}e^{-ik_\mu x_\mu}\bar{u}_{(\dots)_n}{}^\zeta(\boldsymbol{k})\gamma_4{}^{(j)}\psi_{(\dots)_n}{}^C(x)\end{aligned}\right\}\tag{8.5.54}$$

を得る．これを導くにあたっては(6.3.35)の関係を用いた．なお(8.5.16)を考慮すれば $A_\zeta(\boldsymbol{k})$, $B_\zeta(\boldsymbol{k})$ の間には

$$\mathcal{C}^{-1}A_\zeta(\boldsymbol{k})\mathcal{C}=B_\zeta(\boldsymbol{k}) \tag{8.5.55}$$

がなりたつことがわかる．

通常，場の量子論では $A_\zeta(\boldsymbol{k})$, $B_\zeta(\boldsymbol{k})$ の代りに

$$\left.\begin{aligned} a_\zeta(\boldsymbol{k}) &= {\omega_{\boldsymbol{k}}}^{-1/2}A_\zeta(\boldsymbol{k}), \\ b_\zeta(\boldsymbol{k}) &= {\omega_{\boldsymbol{k}}}^{-1/2}B_\zeta(\boldsymbol{k}) \end{aligned}\right\} \tag{8.5.56}$$

を用いることが多い．このとき交換関係は

$$\left.\begin{aligned} [a_\zeta(\boldsymbol{k}), {a_{\zeta'}}^\dagger(\boldsymbol{k}')]_\mp &= [b_\zeta(\boldsymbol{k}), {b_{\zeta'}}^\dagger(\boldsymbol{k}')]_\mp = \delta_{\zeta\zeta'}\delta(\boldsymbol{k}-\boldsymbol{k}'), \\ [a_\zeta(\boldsymbol{k}), a_{\zeta'}(\boldsymbol{k}')]_\mp &= [b_\zeta(\boldsymbol{k}), b_{\zeta'}(\boldsymbol{k}')]_\mp = [a_\zeta(\boldsymbol{k}), b_{\zeta'}(\boldsymbol{k}')]_\mp \\ &= [a_\zeta(\boldsymbol{k}), {b_{\zeta'}}^\dagger(\boldsymbol{k}')]_\mp = 0 \end{aligned}\right\} \tag{8.5.57}$$

となるが，第1行の右辺は $\boldsymbol{k}\to\Lambda^{-1}\boldsymbol{k}, \boldsymbol{k}'\to\Lambda^{-1}\boldsymbol{k}'$ でローレンツ不変になっていないことに注意すべきである．

なお，場が ${\psi_{(\cdots)_n}}^C(x)=e^{i\delta}\psi_{(\cdots)_n}(x)$ なる関係に従う場合もまた考えられるが，(8.5.54)からわかるように，このときは $A_\zeta(\boldsymbol{k})=e^{i\delta}B_\zeta(\boldsymbol{k})$ となって粒子と反粒子は同じものとなる．このような場を**マヨラナ場**(Majorana field)という．マヨラナ場では(8.4.15)により $\mathcal{N}=0$ である．また，生成演算子は ${a_\zeta}^\dagger(\boldsymbol{k})$(または ${A_\zeta}^\dagger(\boldsymbol{k})$)だけになるので，交換関係は，(8.5.57)の代りに単に

$$\left.\begin{aligned} [a_\zeta(\boldsymbol{k}), {a_{\zeta'}}^\dagger(\boldsymbol{k}')]_\mp &= \delta_{\zeta\zeta'}\delta(\boldsymbol{k}-\boldsymbol{k}'), \\ [a_\zeta(\boldsymbol{k}), a_{\zeta'}(\boldsymbol{k}')]_\mp &= 0 \end{aligned}\right\} \tag{8.5.58}$$

を用いればよい．

前節およびこの節では，議論をボーズとフェルミの2種類の統計に限ったが，これをパラ統計に拡張することは難しくない．この場合，スピン自由度有限の粒子に対するスピンと統計の関係は，前と同じ理由により，整数スピンの粒子はパラ・ボーズ統計，半整数スピンの粒子はパラ・フェルミ統計に従うことが示される．またこの際 $\theta_{\mu\nu}(x)$, $\mathcal{N}$ は(附加定数を除けば)ここに求めたものと同じである．

文献・参考書

本書は自分なりに一応のまとまりをつけた積りであるが，内容からみて関連あると思われる若干の文献を参考までに掲げておく．

量子力学における群論の応用については

[1] H. Weyl: *The Theory of Groups and Quanium Mechanics*, Dover (1931)

[2] E. P. Wigner: *Group Theory and its Application to the Quantum Mechanics of Atomic Spectra*, Academic Press (1959)

[3] B. L. van der Waerden: *Die Gruppen Theoretische Methode in der Quanten Mechanik*, Springer (1932)

などが古典的な著作として知られている．最近では

[4] M. Hamermesh: *Group Theory and its Application to Physical Problems*, Addison-Wesley (1962)

も読まれることが多い．また回転群の表現論は

[5] 山内恭彦: 回転群とその表現，岩波書店 (1957)

が手頃な入門書であろう．

斉次ローレンツ群の表現論の厳密な取扱いは

[6] M. A. Naimark: *Linear Representations of the Lorentz Group*, Pergamon Press (1964)

[7] I. M. Gel'fand, R. A. Minlos & Z. Y. Shapiro: *Representations of Rotation and Lorentz Groups and their Applications*, Pergamon Press (1963)

などにみられる．

ポアンカレ群のユニタリー表現論に関しては，教科書にまとまったものはないようであるが，論文として，ウィグナーの古典的な労作

[8] E. P. Wigner: On Unitary Representation of the Inhomogeneous Lorentz Group, *Ann. Math.*, **40** (1939), 149

は基本的な文献である．これに関連したものとしては，例えば

[9] E. P. Wigner: Relativistische Wellengleichungen, *Z. Physik*, **124** (1947), 665

[10] V. Bargmann & E. P. Wigner: Group Theoretical Discussion of Relativistic Wave Equations, *Proc. Natl. Acad. Sci. U. S.*, **34** (1948), 211

などがあげられる．綜合報告的なものとしては

[11] Ju M. Shirokov: A Group-Theoretical Consideration of the Basis of Relativistic Quantum Mechanics I, II, III, IV, *Soviet Phys.-JETP*, **6** (1958), 664, 918,

929: *ibid.*, **7** (1958), 493

また，本書で扱われなかったポアンカレ群の直積表現の既約分解やS行列の運動学は

[12] H. Joos: Zur Darstellungstheorie der Inhomogenen Lorentzgruppe als Grundlage Quantenmechanischer Kinematik, *Fortschritte der Phys.*, **10** (1962), 65

にみられる．

相対論的な波動方程式に関する古い文献は，

[13] F. M. Corson: *Introduction to Tensors, Spinors, and Relativistic Wave-Equations*, Hafner (1953)

に数多く引用されている．

場の量子化の基本的な考察および相互作用をする系への適用についての一般論は，

[14] Y. Takahashi: *An Introduction to Field Quantization*, Pergamon Press (1968)

場の量子論の素粒子論への具体的な適用については，例えば

[15] K. Nishijima: *Fields and Particles*, Benjamin (1969)

[16] 中西襄: 場の量子論，培風館 (1975)

[17] 湯川秀樹・片山泰久(編): 素粒子論(岩波講座現代物理学の基礎 11)，岩波書店 (1974)

などを参照されたい．

索　　引

ア 行

アンチ・ユニタリー　3, 113, 198
位置の演算子　85
$E(2)$　42
1価表現　14, 153
一般1次変換群　100
ウィグナー回転　35
右旋性　143
運動量密度　195
$SL(2, C)$　19
$SU(2)$　20
エネルギー・運動量テンソル　182, 193
エネルギー密度　169

カ 行

回転群　39
回転軸　11
角運動量　63, 72
角運動量密度　195
重ね合せの原理　1
カシミア演算子　24
偏り　79
荷電共役変換　115, 116, 162, 165
荷電共役マトリックス　107
カーレント演算子　192
カーレント密度　187
γ_5 が対角化された表示　108
γ マトリックス　104
軌道角運動量　63
既約表現　7
共変形式　81
共変内積　82, 145
共役表現　20
局所性の条件　170
虚数質量　58, 70
空間回転　9, 11
空間的　27
——な面　184
空間反転　111, 140, 162, 165, 198
空孔理論　57
クライン・ゴルドンの方程式　83
ゲージ変換　148
ケンマー型の方程式　84
光円錐上にある　27
高階スピン　90
恒等変換　3

サ 行

左旋性　143
3次元ローレンツ群　52
$GL(p)$　100
時間的　27
時間反転　113, 143, 162, 165, 198
σ 面　184
自然単位系　4
θ-変換　60
実スカラー場　172
シューアの補題　19
自由場　167, 195
自由粒子　6, 56
主系列　51
消滅演算子　171
真空　170
スカラー場　180
スピノル表現　14, 19
スピン　40
——0　81
——1/2　136
——1　117, 145
——3/2　119, 148

——$n/2$　139
——n　126
——$n+1/2$　131
スピン角運動量　63
スピン自由度　28, 56
スピン・ベクトル　40
スプーリオン　57
正振動　57
生成演算子　171
生成子　22
双対空間　199

タ 行

対角的　31
対角和　15
τ-変換　60
タキオン　58
単連結　8
調和振動子　172
ディラック・スピノル　108
ディラック表示　108
ディラック方程式　90, 137
ディラック粒子　85

ナ 行

ナル・ベクトル　27
ナンバー演算子　187
2価表現　14, 162
2次元特殊ユニタリー群　20
2次元ユークリッド群　40, 42
ノルム　1

ハ 行

場　167
ハイゼンベルクの運動方程式　169
パウリ・マトリックス　14
バーグマン・ウィグナー
　——の振幅　94
　——の方程式　94, 104, 139
波動関数　59
パラ・フェルミ統計　180, 203
パラ・ボーズ統計　180, 187, 203
パラメータ空間　8
反粒子　186
表現　3
ファリーの定理　110
フィールツの恒等式　110
フィールツ・パウリの方程式　126
フェルミ統計　174, 180, 194
フォルディ変換　86
副系列　51
複素共役表現　20
複素スカラー場　172
負振動　57
物質波　168
不連続スピン　43, 132
不連続表現　55
不連続変換　111
プロカの方程式　118
平行移動　5, 26
ヘリシティ　79
ポアンカレ群　5
ボーズ統計　177, 180, 194

マ 行

マヨラナ場　203
マヨラナ表示　109
無限小回転　21
無限小変換　21
無限小ローレンツ変換　22

ヤ 行

ヤング
　——の対称子　100
　——の標準盤　99
ヤング図形　99
ユニタリー同値　7
ユニタリー表現　3

ラ 行

ラリタ・シュヴィンガーの方程式
　122, 131

リトル・グループ　33
連続スピン　46, 153
連続表現　54
ローレンツ群　5, 46
ローレンツ変換　5, 30

ワ　行

ワイルの方程式　136

■岩波オンデマンドブックス■

ポアンカレ群と波動方程式

1976年9月17日 第1刷発行
2008年6月19日 第7刷発行
2015年7月10日 オンデマンド版発行

著　者　大貫義郎（おおぬきよしお）

発行者　岡本　厚

発行所　株式会社 岩波書店
〒101-8002 東京都千代田区一ツ橋2-5-5
電話案内 03-5210-4000
http://www.iwanami.co.jp/

印刷／製本・法令印刷

ISBN 978-4-00-730237-4　　Printed in Japan